Data Analysis

数据分析

应用技能、思维框架与行业洞悉

马文豪 李翔宇 编著

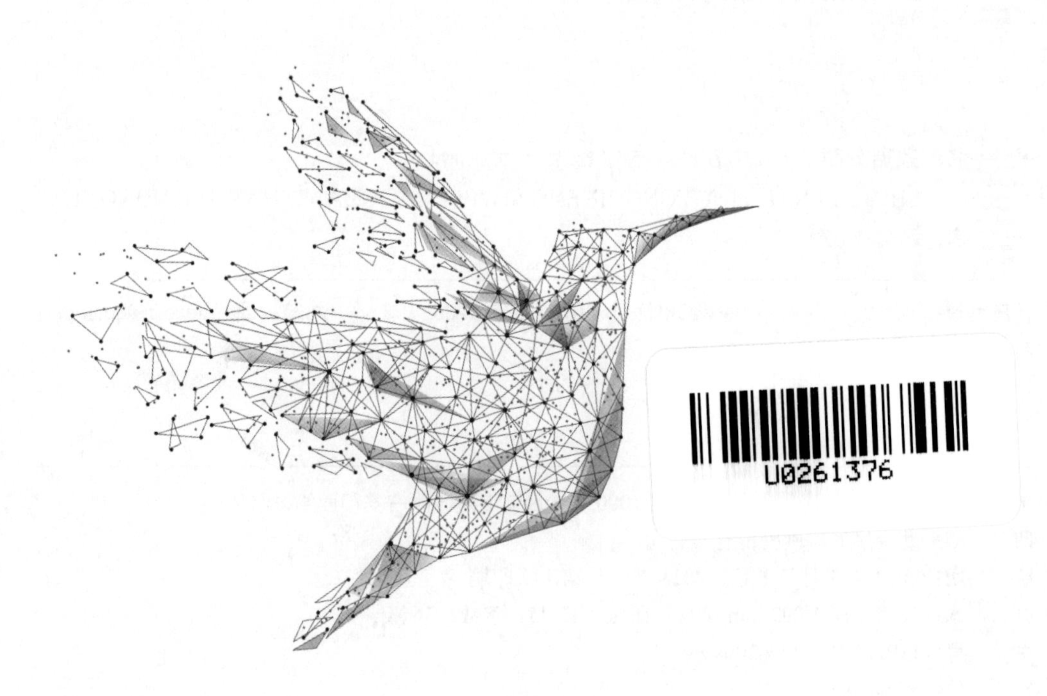

中国铁道出版社有限公司
CHINA RAILWAY PUBLISHING HOUSE CO., LTD.

内容简介

立足于数据分析的实践特点和行业发展现状，作者将自身多年从事数据分析师的经验融入图书，精练地描述数据分析行业的过去和未来，然后拾级而上，精确地分析各项技术的具体应用场景，最后从行业角度阐述优秀数据分析师应当具备的能力，旨在为读者打造一部既具有理论指导性，也具有实践性的数据分析行业的图书。

本书力求为读者粗略地勾勒出数据分析行业的全景图，并包含尽可能多的细节，可以指导数据分析师有的放矢地开始自己的数据分析工作，更可以为初入职场的数据分析师提供一套行之有效的职业发展规划，凝练出个人能力提升路径。

图书在版编目（CIP）数据

数据分析：应用技能、思维框架与行业洞悉 / 马文豪，李翔宇编著. —北京：中国铁道出版社有限公司，2023.7

ISBN 978-7-113-30049-4

Ⅰ.①数…　Ⅱ.①马…　②李…　Ⅲ.①数据处理　Ⅳ.①TP274

中国国家版本馆 CIP 数据核字（2023）第 049299 号

书　　名：数据分析——应用技能、思维框架与行业洞悉
SHUJU FENXI: YINGYONG JINENG SIWEI KUANGJIA YU HANGYE DONGXI

作　　者：马文豪 李翔宇

责任编辑：荆　波　　**编辑部电话：**（010）63549480　　**邮箱：**the-tradeoff@qq.com

封面设计：MXK DESIGN STUDIO

责任校对：刘　畅

责任印制：赵星辰

出版发行：中国铁道出版社有限公司（100054，北京市西城区右安门西街 8 号）

印　　刷：北京盛通印刷股份有限公司

版　　次：2023 年 7 月第 1 版　2023 年 7 月第 1 次印刷

开　　本：787 mm×1 092 mm 1/16　**印张：**17.75　**字数：**367 千

书　　号：ISBN 978-7-113-30049-4

定　　价：89.00 元

前 言

在笔者完成《SAS数据统计分析与编程实践》一书后，中国铁道出版社有限公司的编辑邀请笔者创作一本讲解数据分析行业的图书。闻听此言，笔者的第一个反应是拒绝，乃至产生一种恐惧的感觉。

数据分析行业是一个庞杂而体系化的产业，从最开始的数据收集，再到后续的数据前处理、统计分析、建模，再到更靠后的数据可视化，乃至人工智能、机器学习的应用。笔者仅仅是处于数据统计分析阶段的一位从业者，更具体地，笔者所处理的数据仅仅是临床试验数据这一个数据量极小的分支，笔者又有何德何能撰写一本图书，来为从业者和计划从事数据行业的人士提供指导呢？

出版社的编辑听到笔者的顾虑后，反问了一个很有深意的问题：那么您觉得谁能够完整地洞悉各个数据行业中每个产业链环节的技术呢？

此言一出，笔者的第一感觉是不知如何回答，继续思考后发现这其实是一个很有价值的问题。随着数据分析行业的细化，数据分析师这个名词其实也变得具有很多的内涵，在有些公司，数据分析师是指使用Excel完成报表创建和整理的工作人员，而有的公司的数据分析师则需要掌握人工智能的复杂编程技能，同样的职位名称对应着不同的工作内容，这也是数据分析行业尚处于发展阶段的一个例证。

进一步思考，笔者发现，纵观整个产业界，无论是所谓的大师、专家或学者，每个人的视野其实都只能局限于数据分析的某个环节。认清了这一点，笔者也不妨大方承认，本书中所述内容，数据处理方法、缺失值处理、统计分析方法、数据分析标准化和数据可视化，笔者有过亲身经历，并使用代码完成过本书绝大多数细节；而针对机器学习、人工智能、大数据等领域，笔者仅进行过系统性的学习，并未在项目中有过实际操作的经验。

承认以上不足正是因为笔者清醒地意识到：数据分析行业的分工正在快速细化，与其给读者营造一种自己什么都懂的假象，不妨大方承认自己仅仅是复杂产业链中一环的工作者，并没有能力融会贯通地理解数据分析行业所有的体系化知识。笔者甚至愿意承认，如果你仅对大数据、人工智能的数据分析前沿领域感兴趣，那跳过本书而阅读其他行业专家的图书会是更好的选择。

但请注意另一方面，笔者并不认为因为个人局限性本书就会变得毫无价值。数据分析行业是一门实践科学，而本书的目的正是指导数据分析师的实践，不仅仅是高谈理论。若仅探讨数据分析行业的现状、新技术的发展和数据分析的未来，很多人都能如笔者一样高谈阔论出一堆悬而未决的理论。

笔者创作本书的一个目标就是指导性，让读者不仅理解某些理论，更可以理解理论所应用的场景，乃至清楚哪些编程手段会用到这些理论。这些在工作中被作为背景知识的知识，才是笔者更希望传达的价值。

提到背景知识，笔者认为这个词很好地概括了本书创作的目的——这是一本为数据分析师提供背景知识的书籍。所谓背景知识，就是指那些在特定领域中至关重要却被认为是每个人都应该理解的知识。但作为新手从业者，很多人其实尚未建立背景知识库。若以这种视角观察本书，各位读者应该可以发现本书的内容正是为各位读者补齐这一短板。

在本书的第 1 章，我们洞悉了数据分析的定义和数据分析行业的特点，在第 2、3 章，笔者对数据分析的现状和未来进行了阐述，以此建立起从业者对数据分析行业的总体认知。在第 4、5、6、7、8 章中，我们深入数据分析技术，从数据分析选取的工具，谈到数据前处理、统计分析方法、数据标准化和数据可视化，它们每一个都是数据分析的重要子命题，很多从业者未来也会选取其中一个方面作为自己的职业。从第 9 章到第 11 章，我们又将视野拉开，观察一名优秀的数据分析师应当具备的能力，从能力塑造的角度重新理解数据分析行业。

笔者非常希望此书能够帮助到致力于从事数据分析行业的读者，也希望本书可以作为数据分析从业者的进阶读物，为本行业吸引更多优秀、有潜力的人才。

若读者中十之一二能因本书而对数据分析行业产生兴趣，那笔者定会欣慰不已。若读者发现本书中的错误、不完善之处，乃是因笔者自身水平不高、实践经验不足所致，欢迎读者将所发现的不妥之处或自身感悟发送至邮箱 iwenhaoma@gmail.com，以供笔者自省。

祝愿每个数据分析师都能搭上行业的东风，让数据发挥出更大的价值！

马文豪

2022 年 12 月

目 录

第 1 章 寻找数据分析的本质

第 2 章 追寻数据分析的大历史与大未来

第 3 章 数据—信息—知识的认知模型

第 4 章 选择正确的数据分析工具

第5章 不可不做的数据前处理

第6章 统计分析的重要性

第 11 章　数据分析师应有的思维框架

第1章　寻找数据分析的本质

数据俨然已经成为一个行业，如果各位读者去网上查询，会发现关于数据行业规模统计的巨大差别，笔者在网上随便一查，发现有890亿、1200亿乃至1万亿多种说法。出现差异的原因倒不是出在数据来源上，而是对于数据行业的理解不同。

有人认为，数据行业应当只包含对数据进行研究分析的活动；也有人认为，互联网行业整体都应当算作数据行业；还有些人则将所有数据活动全部归为大数据的类别。这其实恰好说明了数据行业的勃勃生机，因为行业快速的变化，每个人都无法清晰地定义这个概念。

在本章中，我们将从数据和数据分析的概念入手，来看看这个随时在我们身边，却又变化万千的概念究竟是什么。

1.1　什么是数据

著名艺术史学家贡布里希在其著作《艺术的故事》中讲过一个有趣的故事：一位欧洲艺术家在非洲的乡村画了一些牛的素描（见图1-1），当地农民难过地说："如果你把它们随身带走，我们靠什么生活呢？"

图1-1　画中的牛与真实的牛

作者在该书的原始民族艺术一章中之所以讲这个故事，意在说明在原始民族看来，绘画就是物品本身。如果一个人有五头牛，另一个绘画了五头牛，那么就可以说二人财富相当。这种想法在现代人看来当然是无比怪异，如果现实中确实存在这样一群人，那经济学家一定会研究这个部落的经济活动，历史学家一定要研究这种文化产生的根源，华尔街金融家一定会发行以此为基础的金融产品和一系列衍生品卖给这群人。

但作为一个数据分析师，这个故事却让笔者思考了数据与真实世界的区别，也就是数据的性质。

说到什么是数据，很多人会本能地想起 Excel 文件、庞大的数据库、打印出来的表格，其实这些只是数据的载体，而非数据本身。一般而言，我们不会认为一幅图是数据，因为它并非由数字构成，然后笔者在这里却希望将数据的概念推而广之，把数据定义为承载信息的片段。这样数据就不仅仅是一堆具有含义的数字或者它们的载体，如图 1-2 所示的那样，它也可以是一张草稿、一个瓷器的花纹、一场考试的试卷，因为它们都承载了某些具体信息的片段。

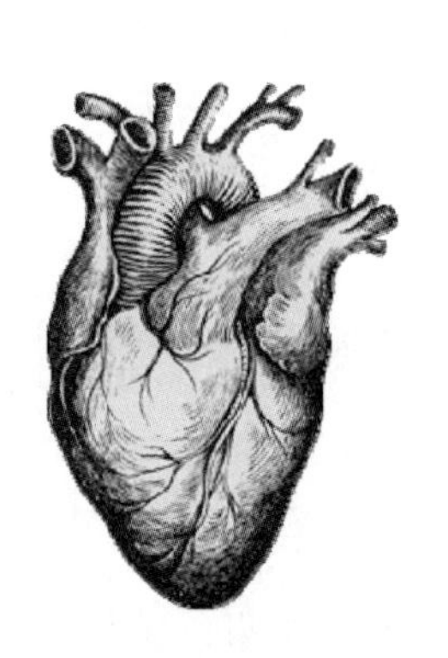

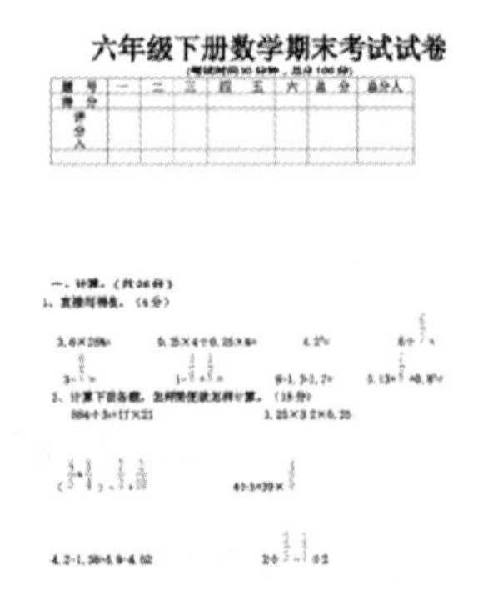
六年级下册数学期末考试试卷

图 1-2　数据的载体

关于数据的具体定义，笔者不希望在此处进行文字游戏一般的解释，很多时候掌握一个概念的定义并不能帮助我们更好地理解它，但是当我们了解了这个概念的特点和性质时，概念会在我们心中自然形成。接下来，将讲解一般数据所具有的性质：抽象性、可复制性和可理解性。

1.1.1　抽象性

抽象性是指数据仅仅是承载信息的单元，而并非信息本身。数据与信息这两个概念非常容易混淆，一般人在使用的时候也不会加以区分，然而了解信息与数据的区别，能帮助我们更好地了解数据分析工作本身。

例如，假定有一场足球赛，是中国国家男子足球队与德国国家男子足球队展开的一场友谊赛，已知：

（1）中国队在比赛中总共射门 4 次，其中射正 2 次；

（2）德国队在比赛中总共射门 12 次，其中射正 3 次。

以上两条文字中的“4 次”“2 次”“12 次”“3 次”就是数据，它是抽象化的比赛的真实情况，你不用考虑每次射门是在禁区内还是禁区外，是下底传中还是角球争顶，只需要用数字了解大小，因此我们说数据一定具有抽象性。如果把以上的数据进行总结提炼，发现中国队射正率是 50%，德国队的射正率是 33%，那么“中国队射正率高于德国队”就可以被总结成一个信息，如图 1-3 所示。

信息与数据的区别，不仅仅在于完整程度的差异，还在于信息的维度要更高。所谓更高维度，一方面代表了信息比数据更加概括和凝练；另一方面也说明从数据到信息往往产生了部分缺失。也就是从数据中可以推得信息，而信息往往无法还原到原本的数据。

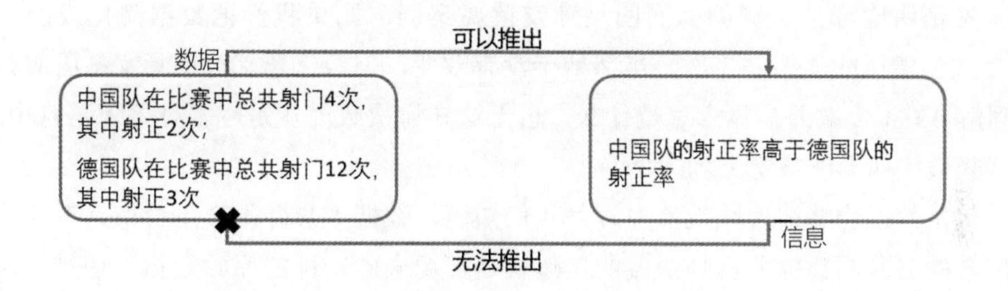

图 1-3　数据与信息的不可逆性

在上述例子中，从射正率和射门数量的比值上，我们可以得出“中国队的射正率高于德国队的”信息，但如果只告诉你“中国队的射正率高于德国队的”信息，我们是无法计算出两队射门数量和射正数量的，这就是数据在总结成信息过程中造成的缺失，而数据分析师很多的工作就是要平衡信息的概括性、准确性与缺失程度。

1.1.2　可复制性

说到复制，我们一般想到的都是计算机里“Ctrl+C→Ctrl+V”的操作，但复制这个动作不仅可以在计算机中完成，也可以在日常生活中完成。对一件事的口耳相传就是一种最简单的复制，小到“村头老王生了一个八斤四两的大胖小子”，大到“北京申奥成功啦”，人们通过口耳相传可以把数据和信息传播得很远，并且这种传播并不会使自己了解的数据受到任何损失。正如萧伯纳的名言：你有一个苹果，我有一个苹果，我们交换一下，一人还是只有一个苹果；你有一个思想，我有一个思想，我们交换一下，每个人都有了两种思想。萧伯纳的这句话中的“思想”，就可以帮助我们理解数据具有可复制性。

凡事有一般就有例外，可复制性是数据的一个性质，但并不代表所有数据在所有层面都一定要满足这个性质。例如，近年来被人熟知的区块链技术与加密货币，以比特币为代表的加密货币之所以有价值，重要原因就是其代表拥有比特币的数据无法复制，或者说复制后别人也不承认，这就保证了数据的唯一性。

但数据复制这个动作在加密货币中是可以操作的，将一份比特币从一个账号发送到另一个账号，在结算完成前复制这段数据，就在某种程度上复制了数据。但因为比特币数量和交易是在整个网络上公开的信息，其他用户对此信息进行校验就会发现错误，从而修改数据。

1.1.3 可理解性

可理解性也就是数据应当含有明确的意义，并且可以期待被人或机器理解。以上定义有些长，但包含的要点非常重要。

首先是明确意义。例如上面的足球友谊赛案例，如果我们把数据简化成：中国队 4 次+2 次，德国队 12 次+3 次，虽然数字没有改变，但数字所代表的意义被隐藏，我们无法理解 4 次、2 次的具体意思是什么，也无法知道次数究竟是越多越好还是越少越好，因此这些数字就无法被定义为数据。

其次是数据能够被人或机器理解。我们知道，数据本身并不产生价值，有价值的是其中蕴含的信息。数据分析师所做的工作就是把像金砂一样的原始数据，通过清洗、处理、统计分析、建模等工作变成信息。在这些工作前，我们必须要了解数据所代表的意义，即要求数据可以被人理解。

当前人工智能和大数据的火热，诞生了无数使用多层神经网络的人工智能系统（图 1-4），它们在某一方面可以达到或超越人类水平，其中的代表就是谷歌公司的阿尔法狗。在训练过程中，系统产生大量的数据，这些数据无法被人类所理解，但机器却可以捕捉它们的意思并且进行迭代训练。

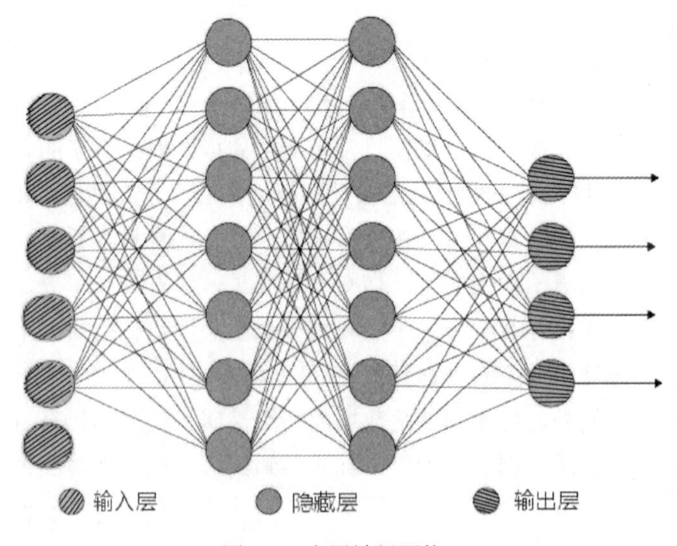

图 1-4　多层神经网络

所谓理解不一定是立即理解，而是一种可期待的理解。例如下面这句话：

चीनी टीम ने खेल में कुल 4 शॉट लिए, जिनमें से 2 निशाने पर थे

看上去仿佛是一堆乱码，但这其实是印地语，它的意思是“中国队在比赛中总共射门 4 次，其中射正 2 次”。有些信息我们虽然无法理解，但其他人或者未来会有人理解，这些内容也可以称为数据。

最后，数据的可理解性一定要与数据的抽象性相对应。数据本身就是对现实世界的抽象，我们不可能记录现实世界的全貌，只能挑选需要研究的数据进行记录，这也会让数据的可理解性下降，在收集和记录数据的时候，一定要考虑这二者的平衡。

在本章开头故事中的农民，之所以认为画家把牛画下来带走后，自己的牛就受到了损失，就是因为他无法区分数据和真实世界的区别。

画家用图画记录了牛的各种信息，这些信息可以被拆分成为一条条抽象数据。农民认为抽象的数据代表了具体的牛，这是忽略了数据的抽象性。认为画作将牛带走了，这是忽略了数据的可复制性。一头牛无法快速产生，但一幅画却可以通过复制的手段产生，就像摄影术刚传到清朝，很多人不敢摄影是因为害怕相机把人的魂魄抽走一样。同时，农民也无法理解被抽象化的牛与真实的牛有什么区别。

你看，我们对数据的理解看似是如此天经地义，实则却是站在前人肩膀上的认知。

1.1.4　掌握行业中的数据概念

抽象性、可复制性和可理解性是笔者自己总结的关于数据的性质，其实如果在网上搜索，会发现各种对数据性质的描述和总结，这些知识让我们从不同角度理解数据本身。但对本质的理解往往无法帮助我们更好地了解数据分析行业，对于某些概念的本质，笔者的建议是“点到为止”，不要执著于记忆和理解概念本身，而要在实践中理解其内涵和外延，以及与在自身工作中对数据应用的对象。

数据的对象可以是数据的来源，也可以是数据分析结果所面向的对象。建立对象化的认知是对数据分析工作具象化思考的一个重要步骤，它可以让我们从机械的数据性质转化到具有行业特性的数据认识。

以笔者为例，笔者所在的医药行业是一个高度依赖数据的行业，无论是药物研发、临床试验还是市场销售，都需要以数据进行支撑。即使是在一条产业链中，数据的形式和内容也是千差万别，药物研发的数据是药物分子与靶向目标的作用情况，面向的对象是公司决策层，只有证明一款药物有效，才可能更好地推进项目进行；临床试验的数据用来分析药物的安全性和有效性，面向的对象是监管部门；市场销售的数据则是客户与市场反馈而来，面向的对象是公司、医院乃至患者。每种业务数据的对象都不相同，那么关于性质的理解，自然有所差别。

一般而言，一个行业最深入的研究者不一定是这个行业最杰出的专家，就像最专业的文学评论家往往不是最优秀的作家，最权威的手机测评师也不会是手机开发的大神。术业毕竟有专攻，数据分析师的工作重点更多的是实践而非理论，只有在实践中总结并掌握出一套属于自己并且可以使用和扩展的思维模型，才是一个数据分析师走向成熟的标志。

1.2 有多少分析就有多少数据

一般情况下，我们对于数据分析的认知与本节题目刚好相反，认为有多少数据就会有多少分析。因为，君不见，那些灯火通明的大楼里有多少数据分析师都在加班加点的汇总报表、总结信息；君不见，那些风光无限的医药 SAS 程序员为了一个 FDA 的审核意见彻夜开会，如果问他们这么做的原因，除了一个白眼，还会得到一句“数据太多了，做不完”的回答。这些案例难道还不能说明数据的多少决定了分析的工作量吗？

诚然，我们可以认定以上案例中的现象在事实上是存在的，从某种意义上说也是正确的，但如果把视野拉远一些，我们似乎可以得出相反的结论：正是因为分析技术的提升，我们才把一些事物看成了数据。也就是说，有多少分析就有多少数据。

为了更好地理解以上的观点，本小节中我们另辟蹊径，先从大家熟悉且已经经过事实验证的传统能源发现和使用角度入手分析，然后把分析结论移植到数据和分析这个角度，帮助读者理解数据和分析究竟是谁决定谁。

1.2.1 从能源角度看技术和知识

关于世界能源，大家肯定听说过以下类似的两个观点：

（1）世界上的石油只够用 20 年；

（2）可控核聚变距离我们还有 50 年。

这两个观点结合起来，可以看出人类的能源在短期内即将枯竭，但从长期来看，新型能源也是指日可待。

笔者在这里引用这两个观点并非探讨能源问题，而是想陈述一个值得思考的现象：从笔者小时候直到现在，这两个观点一直存在，甚至年份数值都几乎没变。观点中的时间到了，石油“安然无恙”，可控核聚变仍然在远方招手。有人会说，这是某些人在故意的耸人听闻罢了；其实不然，以上的观点之所以一直存在，是因为它永远基于观点提出时对石油这种能源的认知程度；而认知程度是在不断提升的，观点也就不断地重新提出。

想要深究这个观点的形成，我们就需要简单了解人类能源的发展历史了。最初，原始人发现下雨天打雷时会将森林中的木头点燃，而利用火可以做很多事情，因此木柴就成为人的第一代能源。后来，人们又发现了埋在地下的煤炭，它燃烧的稳定性要高于木柴，因此成为人类的主要能源，进而推动了工业革命的发生。

石油的发现和使用却没有那么顺利。北宋科学家沈括的著作《梦溪笔谈》中就专门有一篇名为石油的文章，这也是这个词第一次出现在中文典籍里，彼时他就发现石油具有可以燃烧的特点，并在其中描述："颇似淳漆，然之如麻，但烟甚浓，所沾帷幕皆黑。余疑其烟可用，试扫其煤以为墨，黑光如漆，松墨不及也，遂大为之。"

沈括发现这种乌黑的液体燃烧所冒的烟非常黑，于是收集它的烟煤做成墨，墨的光泽像黑漆，连著名的松墨也比不上它。可见在那时，石油还并没有被当作一种高效的能源，而是一种墨水的原材料。

有趣的是，沈括还在本篇中说道："此物必大行于世，自余始为之。盖石油之多，生于地中无穷，不若松木有时而竭。"沈括认为，这种东西未来一定大行于世，而且相比其松木，石油不容易枯竭。读到此段，笔者感慨沈括的眼光——石油的确大行于世，成为人类最重要的能源之一，但沈括完全猜错了石油的真正用途。

从沈括描述石油的故事可以看出，一种资源究竟能发挥出什么样的作用，不仅仅在于其本身的性质，也在于开发者自身的知识和视野。沈括虽然是一个科学家，但其更关注的是石油本身的形状和作为材料的价值，并没有考虑到它的能源属性。

石油工业化的发现和使用，则是在 19 世纪的美国。

在美国宾夕法尼亚州匹兹堡向北 150 公里左右，有一条石油溪，人们对它的记载跟沈括类似，也是漂浮在河流上的黑色原油，当地印第安人就在河边采油，制作火把或用于治病。1849 年，一个叫塞缪尔·基尔的年轻人设计制作了一套蒸馏釜，把原油提纯后用于照明。1851 年，另一位叫弗朗西斯·布鲁尔的博士来到石油溪，雇人开凿了沟渠，把天然原油收集并储存到油池中进行销售，第一年就采集了 1095 加仑（约 4145 升）的原油。影响世界经济、政治格局的石油工业也正式拉开了帷幕。

石油在沈括、印第安人、塞缪尔和弗朗西斯的眼中分别是墨水、药物、照明燃料和工业能源，他们都是站在当时自己的认知角度，研究和使用了石油。但站在石油的角度来看，它几千年来的性质根本没有改变，一直是黑色、黏稠、可燃烧、冒黑烟的物质，之所以用途不同，是因为使用者的认知程度不同。因此我们可以得出结论，知识决定了一种物质的用途。

在石油之后，最大程度改变人类能源格局的发现就是页岩气。

美国在 1825 年就发现了页岩气，但此时的页岩气只能进行浅层低压裂缝的小规模开采，此时的开采成本非常高，页岩气也不被认为具有商业价值。此时的页岩气就如同当年漂浮在石油溪上的石油，没有人能够看到它的价值。在随后的时间内，很多技术的发展大大增强了页岩气的开发能力和降低了开发成本，其中水力压裂法是最重要的技术之一。水力压裂顾名思义，就是将水和压裂物质加压后打到含有页岩气的岩石中，当压力足够大的时候就会让岩石中本身具有的结构缺陷破碎，进而释放出页岩气。从页岩气被开发的故事我们也能知道，能源从来都在那里，只要你有足够的认识，就能够开采并充分利用它。

换言之，我们也可以说有多少对能源的认识，就有多少能源。

1.2.2 数据是能源，分析是知识

相信直到上一小节最后一句话，你终于理解笔者讲这么长的一个故事是要说明什么了。

由彼及此，转回到数据领域，我们常说数据是下一代互联网技术的能源，因为数据可以驱动很多行业的增长。那么将数据类比成石油，数据分析就是我们对石油的认识。

对数据价值的认识到目前为止可以简单分为三个阶段，即无用、可用和大用。

在互联网和信息技术诞生之初，用户每日产生的海量数据并没有当成资源，相反被当作累赘，很多公司不得不购买额外的储存设备对其进行存储。1994 年，一家名为比弗利山的网站为用户提供个人主页的建设，并为每名用户提供了 2M 的储存空间，这在当时是一笔沉重的负担。随着 2000 年互联网泡沫破裂，这家网站迫于高额的数据储存成本而被收购。

此时的数据就处在一个无用的状态，这就像石油在未被发现其用途之前，只会认为是污染水源的污物一样，而从无用到有用的转变要等待技术的发展和人们认知水平的提升。

1995 年发明的 DVD 光盘，1999 年发明的 SD 卡和 U 盘，让储存成本大幅下降，科技公司可以廉价地储存大量数据。笔者记得在小学时购买了一台计算机，花费了 8888 元人民币，拥有当时市面上最大的 80GB 硬盘，号称可以储存 2 万首歌；而在撰写本书的时候，笔者查看了一下硬盘价格，普通的 1T 机械硬盘的价格在 600 元左右，存储空间的成倍增长和价格的大幅下降，就体现了数据存储成本的变化。

同时，随着计算机的计算能力提升，让公司对用户的大量数据的基本分析和计算成为可能，比如根据用户浏览记录进行相关性推荐等。此时数据从无用变得可用。

但数据真正价值的发现却是在诸如大数据、人工智能等一系列技术应用之后，用户的数据可以进行横向比对，从多个维度了解用户需求并提供服务，此时的数据终于达到了大用的状态。

到目前为止，很多公司每天产生的数据总量大得可怕，但公司不仅不会把它们当成累赘，而认为是自身价值的证明，一家公司掌握用户越多的数据，往往被认为越了解用户。

全球最大的社交网站 Facebook 在 2020 年就已经拥有 27.4 亿的月活跃用户，所有用户每天产生 4PB 的数据，这些数据如果用传统的 1T 容量的硬盘来存储，每 22 秒就能塞满一块硬盘，这些数据包含了 3.5 亿张照片、100 万小时的视频和 57 亿条点赞。Facebook 对这些数据的利用，不仅仅是根据用户喜好推荐内容，而是根据用户的浏览和互动情况生成用户画像，再把用户画像与广告的目标客户进行比对，向用户推送精准的广告，让

每名用户平均每天点击 8 次广告，这不得不说是数据的魔力。

为了应对这些数据，Facebook 兴建了一个超级数据中心，用超过 2250 台计算机和 23000 个节点处理 36PB 未压缩的数据。可以看出，Facebook 不仅没有把这些用户数据视为累赘，反而当作了自己的重要资产。

其实，历史上从没有价值到无价之宝的案例非常多，从卞和献给三代楚王的和氏璧，到如今万金难求的比特币。从在水面漂浮千年的黑色石油，到埋藏地底的页岩气。它们本身的性质从未发生过改变，只是因为我们对它们的认知发生了改变，它们的价值就会跟着变化。

从数据的价值也可以看出，我们能做多少分析，就能发现有多少有价值的数据。

1.3　数据分析行业人才缺口

在前面两节中，我们讨论了数据的性质和对数据分析的认知，但本书的着眼点最终还是要落在数据分析行业之中。

在决定进入任何行业之前，我们一定要了解行业现状和发展。如果把现状和发展做成一张 2×2 的图表，就发现一个行业可以被分为四种状态（见图 1-5）：现状很好且前景广阔、未来可期但尚在发展、现状良好但未来发展较差和现状不好未来也不好。

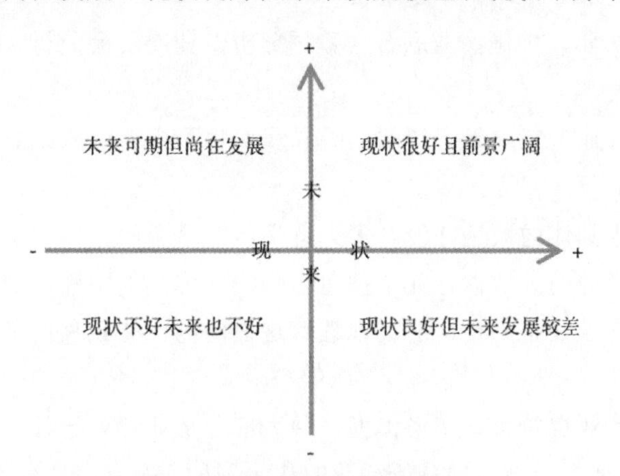

图 1-5　行业分析四象限

在就业选择上，我们第一考虑自然是第一象限，像程序员、金融分析师、保险精算师，还有本书关注的数据分析师，如果选择了合适的发展平台，都算是第一象限中的行业。

除了第一象限以外,第二、三、四象限中的行业都不那么完美。第二象限中的职业虽然未来有更大的发展，但现在仍然处于摸索阶段；从事第四象限中的职业，虽然可以获得稳定的成长和提升，但行业在未来可能处于巨大的变动之中。

笔者建议各位在思考行业发展时，把行业当前情况与行业未来发展预期结合起来，将自己所处的行业归入正确的象限。同时需要注意，行业发展不代表个人职业发展，即使是在已经趋于平稳发展的行业中，个人同样具有广阔的成长空间。

这个四象限分布图更具有指导性的地方在于职业转换。如果你当前的职业让你不再满意，希望转换赛道收获更好的未来，那么选择一个现状良好、未来可期的赛道将是职业发展的捷径。

1.3.1 数据分析的金字塔模型

对于大数据行业的人才需求，相信各位读者都会有一个共识，那就是作为一项快速发展和前景广阔的应用技术，大数据行业人才的缺口一定非常巨大。如果去网络上查询，你会发现不同机构会基于不同的出发点给出结论，由此导致了他们对未来数据分析人才缺口数量的判断也存在量级上的差异。

- 清华大学经管学院发布的《中国经济的数字化转型：人才与就业》报告认为，未来大数据领域人才缺口高达 150 万人。
- 赛迪智库则按照当前人才缺口进行预估，到 2025 年大数据核心人才缺口将达到 230 万人。
- 更早在 2017 年，中国商业联合会数据分析专业委员会分析认为大数据人才缺口为 1400 万人。

兴奋于大数据行业未来前景广阔的同时，我们也不由得疑惑：数据分析人才市场究竟有多大？

其实我们纠结于具体的数量并没有多大意义，对这个问题建立宏观认识即可。我们更应该关注的是，目前的大数据行业中都包含哪些岗位，不同岗位的差异是什么，这些岗位的发展前景又有哪些不一样；透彻地理解这些问题，能让我们在未来的职业选择中做到有的放矢。

其实数据分析行业也符合金字塔模型，即大部分从业者处于行业底层，越往上人数越少。通过图 1-6，读者会对数据分析行业的从业人员分布有更直观的了解。

图 1-6　数据分析行业金字塔

接下来我们面向本书的读者人群，详细分析如图 1-6 所示中的不同分层。

1．数据录入、标记

图 1-6 中，金字塔底层的从业者数量最多，这些从业者所做的工作主要是数据录入、数据标记等工作，这些职业对学历和知识的需求并不高，很多从业者散布在世界各地，主要通过业务外包来完成。

数据录入可以分为调查问卷录入、数字录入、档案录入、Word 文档/Excel 数据表/WPS 文档录入、纯英文录入、纯数字录入、中英文混合数据录入以及网页 HTML 文件格式、PDF 格式文件的录入等，是把经过编码后的数据和实际数字通过录入设备记载到存储介质上，以备电子计算机操作时调用。

数据标记则是与人工智能伴随产生的行业。人工智能行业有一个“最后一公里”问题，也就是人工智能想要足够“聪明”，必须在前期读取和理解大量已经标记好的数据进行训练，这就需要有大量的人对数据进行标记。例如想训练人工智能识别一段语音中是否有脏话，需要先让人听大量的语音片段，手动标记其中是否有脏话，然后再“喂”给人工智能让它学习。但人工智能是一个“勤奋的笨小孩”，它勤奋到可以一天 24 小时连续学习，但它也笨到需要学习数百万条数据才能从中摸到规律。

全球最大的数据标记分发市场是亚马逊的 MTurk（见图 1-7），很多第三世界国家的数据标记人员都通过计算机连接到 MTurk，为大公司的数据进行标记，驯养它们的人工智能“怪兽”。

2．统计分析和数据建模

在金字塔的第二层，是传统上我们认为的数据分析师行业，包括数据清洗、数据处理、统计分析和建模分析等，这一层对从业者个人素质就有更高的要求，往往从业者要有一定的专业背景，掌握基本的统计分析方法、假设检验理论和编程能力，可以运用一款熟悉的工具对数据进行操作。笔者也相信本书的读者也处于或者即将进入这一层。

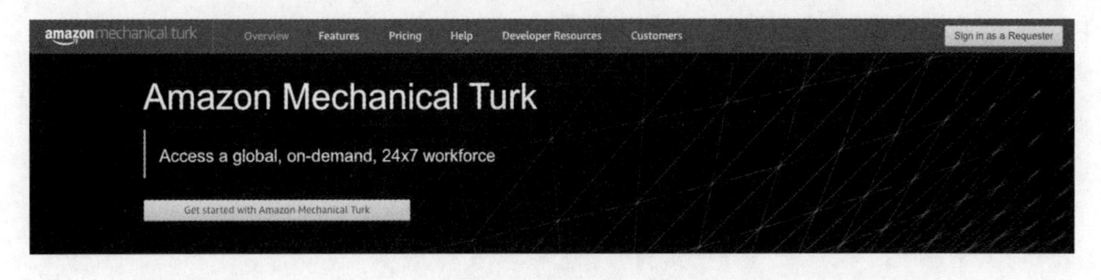

图 1-7　亚马逊 MTurk 首页

3. 数据架构师和数据科学家

更高一层则是以大数据、人工智能为代表的掌握最新科技的人才，他们的职位往往是数据科学家（Data Scientist）和数据架构师（Data Architect）。在 2018 年，中国大数据人才数量仅为 46 万人，而根据赛迪智库的分析，到 2025 年，大数据人才缺口将达到 230 万人。人工智能领域同样火爆。2019 年 7 月，华为公布了 8 名天才少年的年薪方案，这 8 名博士均为人工智能专家，年薪从 89.6 万到 201 万元不等。

在选择成为数据分析师之前，我们需要明确，数据分析是一个产业链，整条链上的每一个点都可以成为我们工作的方向。在选择之前，首先需要匹配我们的能力与兴趣，然后学习专业化的知识，才能保证自己作出正确的选择。

做出选择之前，让我们先了解一下数据分析行业的整体格局。

1.3.2 数据分析行业现状

如果你跟笔者一样是一个有心人，想要在网络上搜索数据分析行业的报告，想必会发现这并非一件容易的事。因为数据分析其实已经深入各行各业，很难把数据分析从这些行业中剥离出来，无论是内容创作、消费领域、新零售、互联网平台、广告业、制造业、直播行业，数据分析都已经成为标配。

根据国际知名数据公司 IDC 的报告，在 2020 年，企业基于大数据分析的支出将超过 5000 亿美元，而这些金钱可以产生超过 1.6 万亿美元的收入红利。根据 UN 中国商业联合会数据分析专业委员会汇总计算，未来中国基础性数据分析人才缺口将达到 1400 万人，上文所说的 1400 万人才缺口就是从此处而来。

数据分析与互联网、医疗、政府管理、金融、服务业和零售业深度绑定，诞生了一系列以数据驱动的产品和市场策略。如果说以前的市场是建厂—进货—加工—卖出的单线循环，那么现在的市场则是生产—市场—销售—反馈—数据分析—生产的闭环逻辑（见图 1-8），企业把数据分析的结果用于指导决策，进行产品迭代。

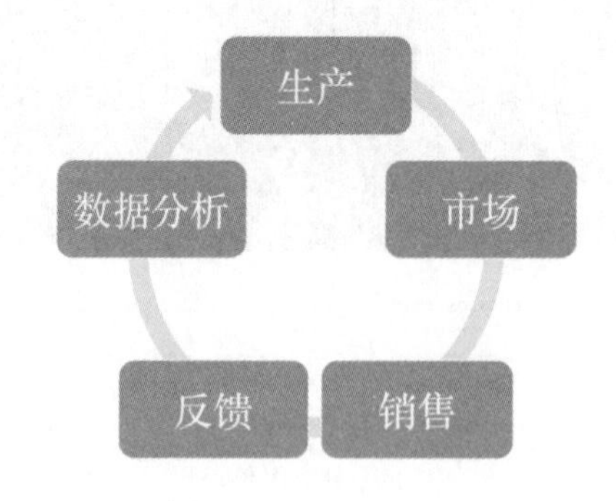

图 1-8 数据加持下的企业闭环生产逻辑

在数据行业火爆的情况下，很多学校也开设了数据分析相关专业。2013 年，北京航空航天大学首次开设了大数据与应用软件工程专业，清华大学数据科学研究院在 2014 年开设大数据专业，2015 年复旦大学开设数据科学专业。2017 年，教育部批准了 32 所学校开设本科的数据科学与大数据技术专业，我国的人才体系建设也为行业需求做好了准备。

但作为个人，很多人关心的其实并不是行业和头部的公司，我们更关注自己能在这个行业中有什么样的发展，甚至说得更直白——自己的薪资水平。这是我们下个小节要探讨的话题。

1.3.3 数据分析行业的薪资水平

虽然很多人在工作中都乐意强调“我愿意不计回报为公司贡献自己的力量”，领导也经常提醒我们“工资不重要，你现在应该努力学习技术”，但每个人一定都有对更高薪资的向往，毕竟公司愿意为你支付的薪资很大程度上也代表了个人的能力。

想要了解一个行业的薪资水平，最简单的方法就是查询招聘网站的数据（见图 1-9）。不过，在此之前我们需要注意以下两个问题：

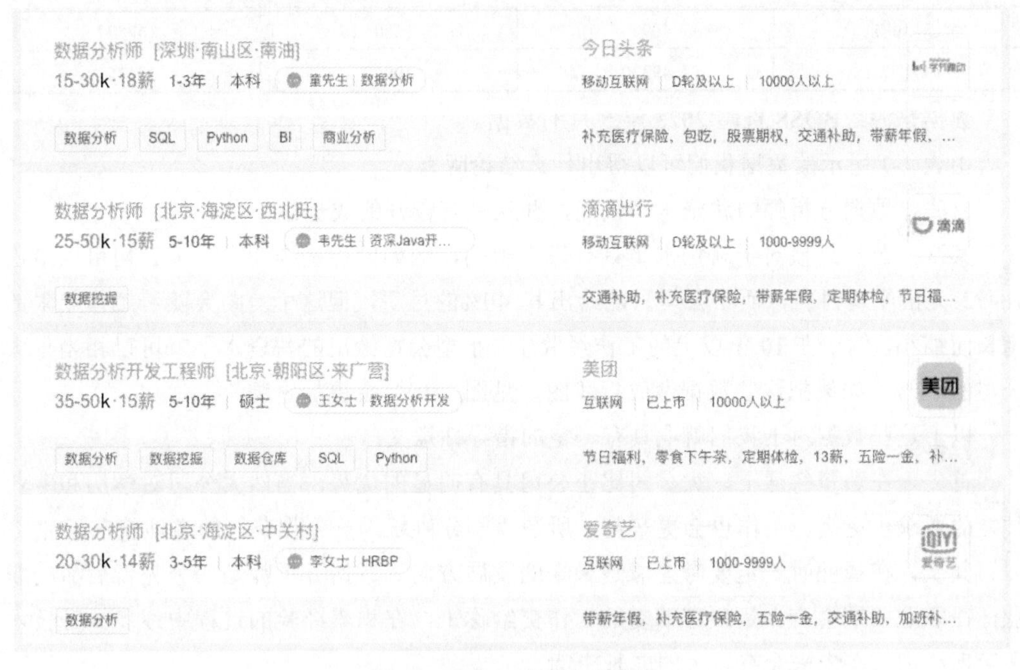

图 1-9　BOSS 直聘部分数据

（1）很多职位对于不同年限经验的从业者，差别非常大，在查询的时候要根据自己的工作经验确认自己能够拿到的薪资水平；

（2）不同地域的薪资水平也有差异，在对比时不仅要考虑薪资水平，应该对比所在城市平均的薪资水平。

下面我们就从以上两点出发来看看数据分析师的薪资水平（见表 1-1）。在查看表格之前我们需要进行以下三点说明：

（1）笔者采访了该网站用户，部分用户认为网上的薪资水平较高，实际薪资无法达到，但此分析仅用于对比，因此笔者会给出薪资范围下限与上限的平均数；

（2）部分公司采取一年多薪的薪资制度，例如 15 薪表示每年发放 15 个月的薪资，笔者将这个数字也计算到了平均月薪中；

（3）公司规模按照人数和市值分为大公司、中型公司和小型公司。大型公司为已上市或人数超过 5000 人的公司，中型公司为人数在 100~5000 人，小型公司人数在 100 人以下。

表 1-1　数据分析岗位按年限和公司规模的薪资水平（元）

岗位年限	大公司	中型公司	小型公司
毕业生	18877	14958	8180
1~3 年	24283	17445	9551
3~5 年	27675	24790	12542
5~10 年	40950	32805	16787
10 年以上	49330	40010	37415

数据来源：BOSS 直聘 2023 年 5 月的数据。

由表 1-1 所示的数据我们可以得出什么结论呢？

首先，数据分析师的薪资水平较高，并且具有较好的成长性。

其次，公司规模对于薪资水平具有较大影响，例如同样是毕业生，大公司可以给出 18472 元的平均月薪，而小公司只能给出其 40%的月薪，但这个差距会随着工作年限的增长而缩小，例如在 10 年以上的工作经验中，小型公司给出的薪资水平就可以相当于大公司的 77%。如果把这些数据做成折线图（见图 1-10）会更加直观。

以上这些数据对于我们就业具有一定的指导性意义。

首先，在薪资待遇上，大公司比小公司具有明显的优势，当然大公司对学历和专业技能的要求也更高，工作也会更辛苦，所谓"一分耕耘，一分收获"的道理就在于此。

其次，在择业时一定要考虑清楚未来的发展方向。数据分析师是一个先苦后甜的职业，在职业前期会有大量琐碎繁复的工作交给你干，在积累经验的过程中逐步提升技术和管理能力，在未来会有较大的成长空间。

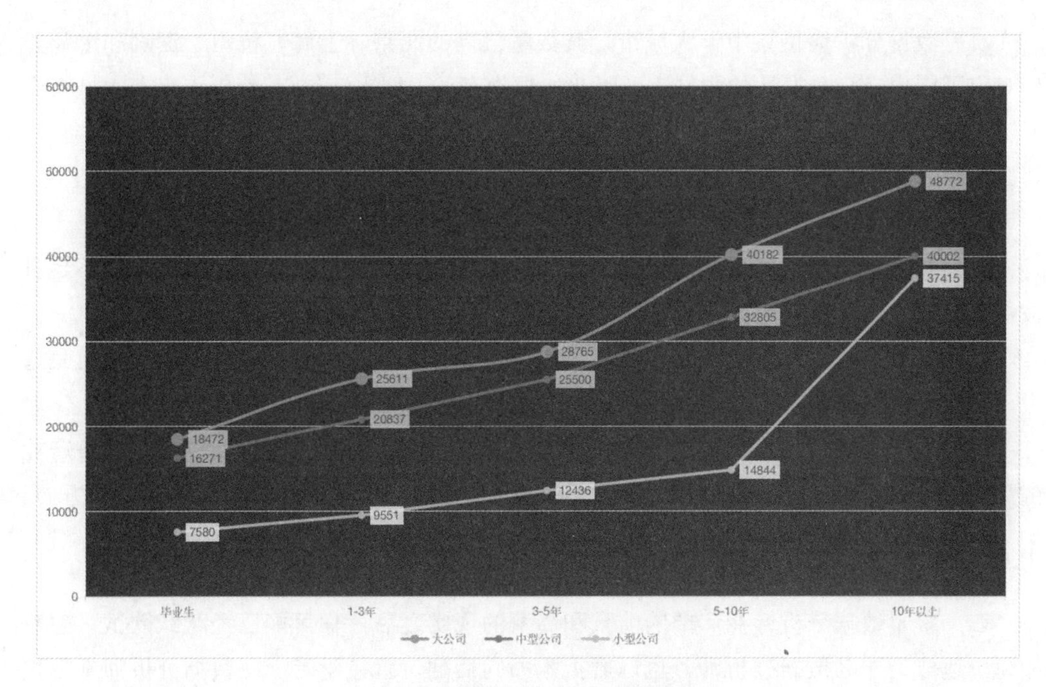

图 1-10　数据分析岗位薪资分析表

除了考虑工作年限和公司规模，地域也是我们在择业时需要考虑到的一个方面，无论从生活习惯、城市发展到安家落户，地域一定是决定我们择业的重要标准。笔者列出了 BOSS 直聘上关于数据分析师岗位的地域分布，按照招聘数量降序排列，见表 1-2。

表 1-2　数据分析师招聘岗位信息

城市	招聘数量/人	平均薪资/千元	平均薪资/当地平均薪资
北京	268	28.2	232%
上海	101	27.5	235%
杭州	84	29.1	297%
深圳	62	30.5	291%
广州	35	24.0	257%
东莞	15	18.0	209%
南京	4	22.1	248%
武汉	3	32.9	383%
福州	2	19.8	317%
厦门	2	18.4	210%

通过表 1-2 中的数据我们又能看到什么信息呢？

（1）数据分析岗位集中于大城市，其数量最高的北京、上海、杭州、深圳和广州正好对应了国内经济最发达的大城市。因此如果你有“大城市情结”，希望未来在大城市中安身立命，数据分析将是你发展的一个良好平台。另一方面，如果你计划从事数据分析行业，那么大城市几乎是你唯一的选择。在笔者收集的576条数据分析招聘信息中，北京、上海、广州、深圳、杭州的职位数量超过了95%，在求职时一定要重点考虑这几个城市。

（2）数据分析岗位的平均薪资远高于所在城市的平均薪资。即使去掉样本量不足且被极端值拉大的武汉，数据分析岗位的平均薪资基本是所在城市平均薪资的2.5倍。

如果把以上的信息总结一下，我们可以得出这样的结论：数据分析师的职业前景远大，现状光明，在薪资、公司规模和地域的选择上，数据分析师都有足够的空间。

同时我们也要认识到，数据分析行业并非是一个点，而是一条产业链，在这条产业链上的每个点都有自己的价值，在下一节中我们就探讨一下数据分析师具体的就业方向。

1.4 数据分析师的就业方向

在了解了数据分析行业广阔的前景和高薪的现实之后，你可能已经跃跃欲试，想着如何快速成为一名数据分析师，也琢磨把本书向后翻，直接学习一些数据分析师常用技术了。但笔者还不建议你这么做。

笔者一直强调数据分析并非某个行业产业链中的一环，而它本身就是一条产业链，涵盖了数据收集、数据清洗、数据处理、统计分析、建模预测、数据可视化等一系列产业节点，有些还要以大数据、云计算、人工智能技术作为辅助。外行与内行对数据分析行业的理解差异就在于此处，如图1-11所示。

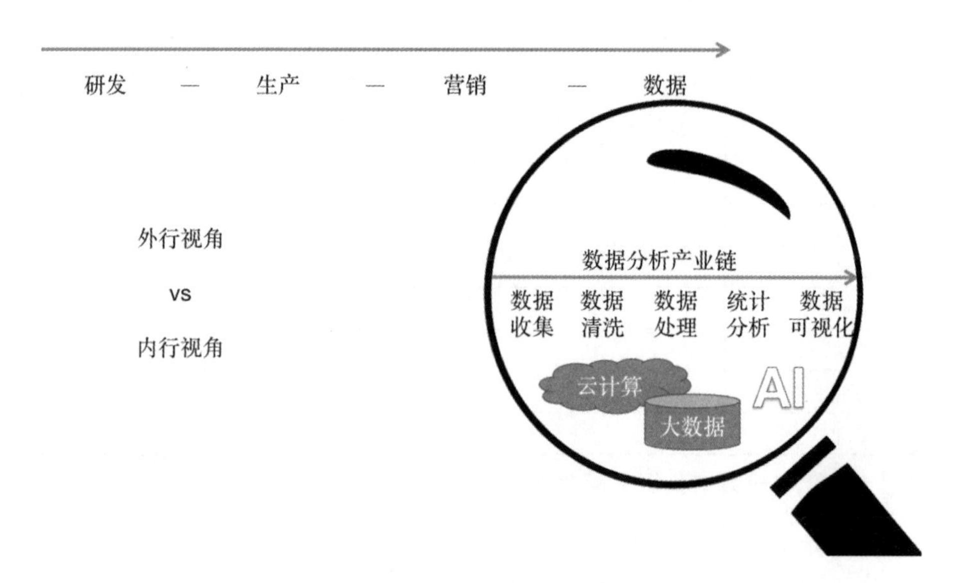

图1-11 外行视角与内行视角下的数据分析行业

亚当•斯密在《国富论》第一章论分工中开篇就提出“劳动生产力上最大的增进，以及运用劳动时所表现的更大的熟练、技巧和判断力，似乎都是分工的结果”，我们把这句话总结成一句更简单的洞察：分工产生效能。

数据分析行业处于一条完整的产业链中，从某种意义上看，其自身也是一条完整的产业链，自然也需要通过分工以达到最大效能。下面我们就从数据分析行业中的几个常见岗位来看看数据分析每个产业节点究竟在干什么，以及这些工作需要哪些技能。

1.4.1　数据清洗师

数据清洗是数据收集后的第一步。

在我们的想象中，数据应该是计算机自动收集记录而来，因此应该是完美而没有任何错误的。然而现实中的数据并非如此。以临床试验为例，分析所用的数据，有些是临床试验收集的数据，最初由专业人员填写进表格再转化为电子格式的。随着技术的发展，数据收集已经不需要手写然后录入，而是由医生直接在计算机上填写。但即使是电子化的流程，也不可避免地出现缺失值、异常值等问题，它们既可能是医生手动操作的失误，也可能是电子系统在传输时产生的错误，甚至有些问题在事后查询根本找不到原因。数据清洗与数据处理就是在分析前对这些问题进行处理，以保证分析过程中所用到的数据是有意义的。

在数据中常见的问题包括缺失值、异常值、重复值和不一致性。这些知识我们将在后续的章节中逐步展开讲解，在此处需要记住这些问题很容易影响数据分析的准确性，最简单的一个例子就是一个班学生的考试成绩，如果其中有几个学生的成绩缺失，那么在计算平均值的时候会导致班级平均分降低，准确性也会大打折扣。

随着人工智能的发展，数据清洗也逐渐成为一个成熟的行业，很多公司可以提供专业的清洗服务。例如，百度公司就开发了 EasyData 智能数据服务平台，提供数据清洗、加工、标注等一系列服务。

训练图像识别的人工智能需要大量相关图片，EasyData 系统可以查找图片中的模糊、重复等，甚至可以自动识别图片中的特定对象并提取，使用清洗后的图片训练人工智能可以获得更加精准的结果。

数据清洗行业的从业者要求具有数据库管理能力和编程能力，并且会处理数据中常见的错误。如果掌握了大数据和人工智能技术，在职场中将会更加受欢迎。

1.4.2　统计分析师

统计分析往往被很多人认为是最传统的数据分析行业，统计分析师对着一堆数据猛敲代码，运用复杂的统计模型得出一堆复杂且让人看不懂的统计量，然后从中寻找蛛丝马迹。的确，统计分析的手段已经被运用在了各行各业之中。

（1）金融行业的统计分析专家利用精巧的模型预测市场走势，然后进行投资决策，这被称为量化投资。

（2）医药行业的统计分析专家利用临床试验的数据证明某款药物确实有效和安全。

（3）市场营销的统计分析专家利用过往数据预测公司未来走向，从而指导生产。

（4）视频平台统计分析专家根据视频指标编写推荐算法，给用户展示他们喜欢看的内容。

统计分析工作需要从业者掌握基本的统计学知识，比如数据分布模型、假设检验等，另外对编程能力也有一定的要求。

1.4.3 数据可视化工程师

数据可视化在最初被认为是数据分析中的一个分支。一般认为，数据处理和分析的结果才是最重要的，而数据怎么展示反倒是其次的。

但随着数据行业的发展和行业分工的逐步细化，越来越多的公司开始重视数据可视化的方法、逻辑和科学。如何把数据清晰、正确地展现给客户，使越来越多的公司重视数据呢。

让我们用一个常见的情景来了解数据可视化的重要性。学生考完试后，都会收到一份成绩单，如图 1-12 所示。

姓名	学号	语文	数学	英语	物理	化学	排名
				成绩/班平均分			班排名/校排名
张晓明	10020291	109/94	118/124	130/116	79/101	78/75	13/94

图 1-12 成绩单

很多学生拿到成绩后，看看自己的成绩与总分的差距就大概知道自己努力的方向。但如果创建合适的可视化图表，我们就会有更多重要的发现。

图 1-13 所示为学生考试成绩雷达图，它可以在同一个坐标系内展现多个指标并分析比较的情况，在制作时，把每一个指标作为一个顶点，数值与中心点的距离表示大小，再把每个数值所绘制的点连接起来。雷达图可以帮助我们看到多个指标之间的关系。

观察图 1-13，我们可以归纳出一些重要的信息，张晓明同学的语文和英语成绩明显高于平均分，说明这是他的强项，同时物理成绩明显低于平均分，那么未来备考时就可以把更多的精力放在自己的弱项上，可视化后的数据一目了然，不需要我们再去对比成绩和平均分的数字进行计算。如果把多次考试的成绩结合到一起，还可以绘出成绩变化折线图、各科成绩置信区间图等，进一步指导未来的学习计划。

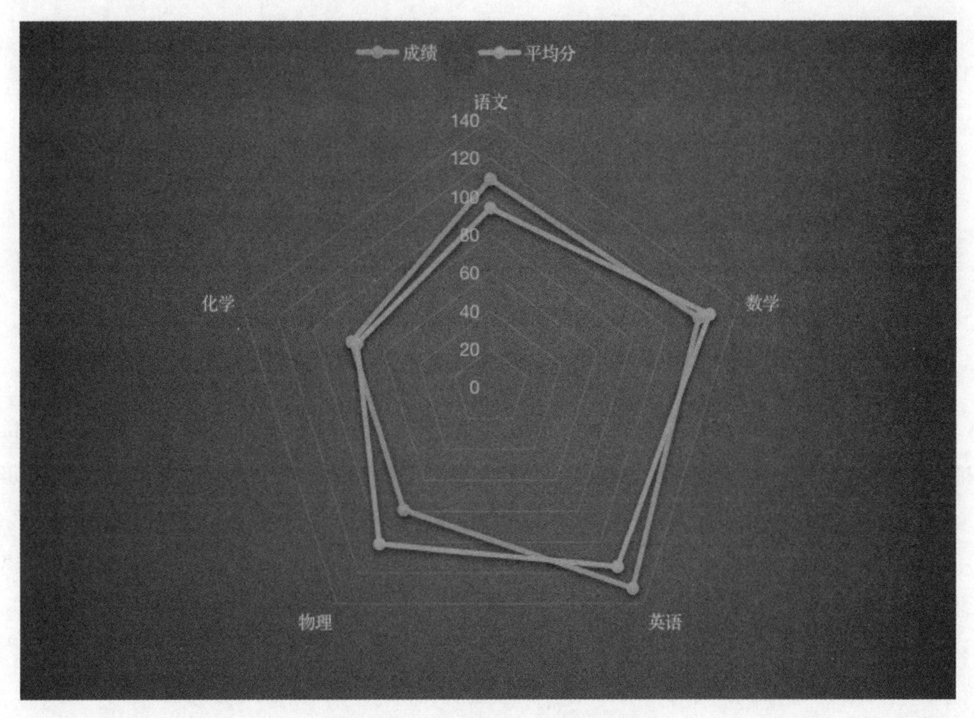

图 1-13　学生考试成绩雷达图

数据可视化目前的就业方向非常广泛，从互联网公司、营销公司到专业的数据可视化公司都有较大的人才缺口。想要从事数据可视化，除了需要有数据分析行业基本的编程、统计、建模能力，还要扩展自己的视野，了解可视化的方法和目的；更高层次的从业者还要学习设计、色彩等相关知识，让自己的可视化成果不仅清晰，而且美丽。

1.4.4　商业智能专家

随着数据行业的火爆，有一个词走进了很多公司的视野：商业智能（Business Intelligence，BI），它是指利用数据分析技术，将企业中现有的数据转化为知识，帮助企业做出明智的业务经营决策的过程。

商业智能其实是一个非常大的范围，但凡是跟商业决策和数据相关的操作，都可以算作广义商业智能的范畴。因此，与其把商业智能当作一个就业方向，不如理解成一种解决方案。该解决方案提供了从数据收集到辅助决策的一系列过程，基本可以分成数据储存—数据清洗—ETL 过程—查询、分析、挖掘—知识汇总五步。典型的商业智能解决方案的流程如图 1-14 所示。

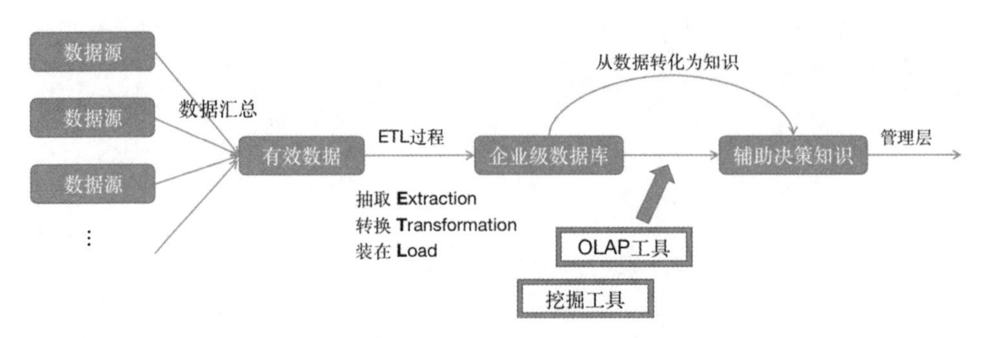

图 1-14 典型的商业智能解决方案流程

商业智能从业者首先需要确认自己所在的行业，制造业、零售业、科技行业的商业智能流程都有所不同，在选择行业时首先要了解自己所在行业的数据分析流程。例如，有些行业依赖供应链管控，有些行业对成本敏感，有些行业对数据安全性的要求很高。

除了行业选择，还需要关注特定行业使用的工具，当前可以用于商业智能的工具和语言很多，从传统的 SAP、R 语言、Python 语言，到某些功能很强的 Tableau、Fine BI、Qlikview，一名从业者不可能掌握所有的工具，所以要了解特定行业和公司所使用的技术。

1.4.5 大数据与人工智能专家

大数据与人工智能是当前数据分析行业绝对的热点，也是我们在求职中经常见到的岗位。即使这两个职位吸引了无数求职者的目光，成为他们努力的方向，但大数据和人工智能的人才数量仍然远远不足，这一点从招聘网站的数据上就可以得到验证。

笔者通过计算，发现大数据与人工智能职位在招聘网站上的平均薪资比常规数据分析岗位高出 30%左右，具体差异见表 1-3。

表 1-3 大数据/人工智能与常规数据分析岗位薪资对比

经验需求	常规数据分析薪资/元	大数据与人工智能岗位/元
毕业生	12100	17900
1~3 年经验	15200	20700
3~5 年经验	25500	30000
5~10 年经验	28600	46100

由表 1-3 所示的数据中，我们可以体会到两种岗位明显的薪资差异。那是什么造成如此大的薪资落差呢，我们接下来就分析一下大数据和人工智能的技术特点。

大数据是指在获取、存储、管理、分析上无法使用常规数据库软件的数据，它具有 5V 的特点：Volume（大量）、Velocity（高速）、Variety（多样）、Value（低价值密度）和 Veracity（真实性）。按照我们之前讲到的 Facebook 数据的案例，Facebook 每 22 秒产生的数据就能填满 1T 的硬盘，常规的数据存储方式根本无法满足这么大的数据吞吐量，因此大数据技术需要使用诸如 MapReduce 等框架为数百台计算机同时分配任务，这就是我们经常所说的分布式计算。

人工智能比起大数据更进一步，是指人创造的、在特定场景下完成特定复杂问题的工具。我们常见的模型，本质其实是无数个“if ... then ...”的嵌套，就是在特定情况下输出特定结果。但人工智能则是无数个“是”与“否”的集合，大量数据的训练让人工智能可以自行设定条件和输出结果，而它的思考过程对人类而言其实是一个黑盒。

严格来说，人工智能其实已经超出了数据分析的范畴，因为它是对数据的应用进而解决特定问题的学问，但考虑到大数据与人工智能的相关性，笔者还是把它们归纳成数据分析师可以选择的一个就业方向。

大数据和人工智能都有其特定的语言和行业规范，常用的工具包括 Kylin、HBase、Hive、Storm、Impala、Spark 等。另外，经常被人忽略的一个要点是从业者需要具有较好的英文阅读能力，因为大数据和人工智能技术仍在快速发展之中，很多最新科研成果用英文发表，良好的英文阅读能力可以让从业者快速了解行业最新进展。

1.4.6　数据分析项目经理

数据分析作为很多公司的重要业务项目，需要的不仅仅是程序员和数据专家，还需要一个项目经理来统筹项目的运行。

项目经理是一个随着互联网公司壮大逐渐被人熟知的工作，在网络上有很多关于项目经理的段子，很多段子都在讽刺项目经理不会干事还瞎指挥，这当然是对这个职业的一个误解。

的确，项目经理虽然在项目实质推进上没有参与，但需要协调多方面的关系，既满足上级对数据分析项目的期望，也要跟同级部门沟通，让他们提供数据，更要撰写项目规划报告、拆分任务、团结队伍——这份工作其实并不好干。

比起本节介绍的其他职位，数据分析项目经理更偏向于管理，既需要掌握基本的数据分析技术，保证可以和技术团队沟通，也需要掌握管理学的知识，譬如精益管理、敏捷开发、SWOP 分析等。

1.4.7　正确匹配兴趣、能力与职业

以上介绍了数据分析行业的各种角色，不知各位读者是否找到了适合自己的职业方向？在选定方向之前，笔者还希望各位慎重地考虑自己的兴趣、能力和职业选择三者的关系。

当代社会，一个人的兴趣、能力和职业高度统一的情况是极少见的，我们更常见到的是一名厨师其实有着当科学家的想法，一个游戏高手最终去做了办公室文员的情况，

这就是兴趣、能力和职业不匹配的案例。

我们不妨首先画三个互相有交集的圆，一个代表兴趣、一个代表能力、一个代表职业，如图 1-15 所示。

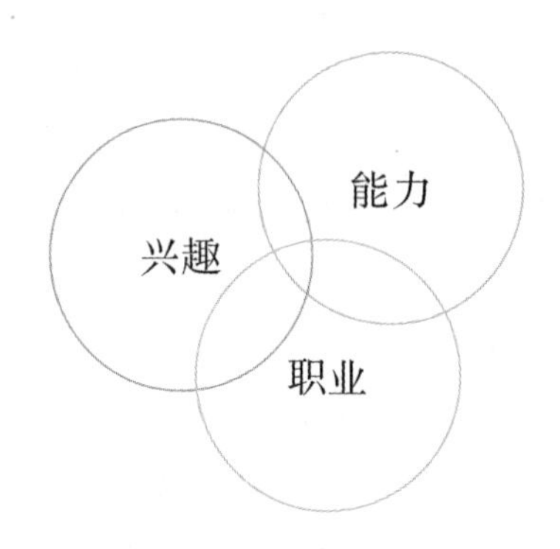

图 1-15　兴趣、能力、职业关系模型

最理想的情况自然是三者重合的位置，例如你从小就喜欢天文，并且一直在坚持学习天文学知识，最后真的成为一名天文学家。

当然，以上这种情况是非常少的，更多的情况下我们在某一个或某两个方向上有缺失，这时就要进行合理的取舍，例如你对管理学很感兴趣，也掌握了很多管理学的知识，那么虽然大数据和人工智能行业的薪资明显较高，但成为一名数据项目经理对你而言可能是更好的职业路径；再如你现在是一名数据可视化专家，但进入这个行业的原因并不是你喜欢它，而是因为你大学时学过的一门课让你在海投面试中拿到了这个岗位，那么你就应该努力找到这个行业的乐趣，进而让它成为你的兴趣。

这个过程我把它称为“2+1”，即你在兴趣、能力和职业中先拥有了其中两个，未来再努力把第三个纳入自身。

当然，以上过程实现还有一个前提，就是这三者的状态已经确定，无法改变。但如果你尚在学习阶段，我们不妨把这个模型拉平，如图 1-16 所示。

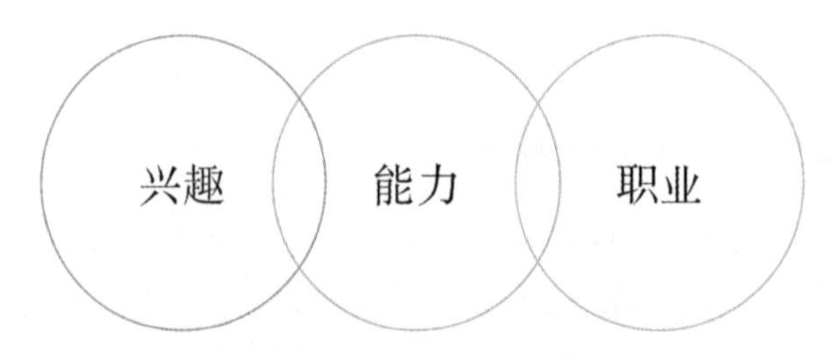

图 1-16　兴趣—能力—职业水平模型

首先，我们应该考虑自己的兴趣所在。以数据分析行业为例，你是更喜欢纯技术岗位，还是更偏向管理；你更偏向逻辑思维，还是偏向设计，每个人的兴趣都会不同。在你确定了自己的兴趣后，就可为你的兴趣匹配技能。如果你喜欢编程，那就多学学数据结构和 C 语言这一类的课程；如果你更喜欢管理学，就读一读管理学的相关著作；如果你更喜欢设计，那么可以在互联网上多看看那些“大神”的设计作品。

当兴趣和能力匹配后，你就可以根据这两者确定自己的职业方向，例如数据可视化要求有一定的设计基础，大数据和人工智能会对技术有硬性要求，统计分析师则要求有统计学的背景，在兴趣和能力匹配后，你将更容易找到适合自己的职位。

在本书第 1 章中，我们了解了数据和数据分析的现状。我们从数据的性质讲起，讲到了数据分析的概念和行业现状。在本章最后，我们还看到了一个光明的未来，你可以根据兴趣—能力—职业的模型选择数据行业的一个细分领域。

在下一章，让我们把视野从现状拉开，从数据分析的历史看到数据分析的未来。

第 2 章　追寻数据分析的大历史与大未来

上一章中，我们探讨了数据分析和数据分析行业的总体框架，相信你已经迫不及待地希望在本章中获得一些数据分析的具体技术和能力，甚至希望笔者带领各位完成一系列复杂的数据分析项目以获得经验了吧！

然而，数据分析没有讲清楚的话题其实很多。如果想要了解一个概念，我们一定要从它的源头讲起，进而理解现状和预测未来。在本章中，笔者希望大家抛弃数据分析具体的技术，不要思考描述统计、p-value 等具体的概念，而是从更大的视角审视数据和数据分析行业的过去、现在和未来。

2.1　计算机之前的数据分析

在诸多数据行业相关的著作中，计算机诞生往往被认为是数据行业自然而然的起点。的确，当前无论是简单计算平均值和中位数，还是复杂的假设检验与计算 p 值，甚至是多层神经网络，计算机都扮演了重要的角色。相比起在纸上的写写算算，我们更熟悉在计算机和网络上获取、处理和分析数据，然后存储在计算机上并在网络上分享。一片片单晶硅片上承载了我们复杂的世界。

但每当笔者想到此处，都会想起小时候看过的一则故事，大致内容是外星人来到地球，看到高速公路上奔跑着一辆辆汽车，以为它们才是主宰地球的生物，而人类只不过是这些“生物”的排泄物，在每辆汽车到达目标位置后，就会排泄出这些“废物”，而这些“废物”也会进入为他们搭建的富丽堂皇的厕所——现代摩天大楼。

这则故事的本意是说明现代文明让我们的生活方式不再自然，但此处汽车与人类的本末倒置，笔者倒认为同数据和计算机的关系具有极大的相似性。

数据本身是承载信息的片段，而这些片段一定需要某些物质载体才能被我们看到，无论是一张纸、一块硬盘还是大型数据存储中心，它们只是数据存储的介质，而不是数据本身；这似乎是一个哲学问题了；不过本书可不是讨论这些哲学问题，在这里只是为了说明如果剥离了数据的载体，数据就无法独立存在。

既然探讨数据无法离开载体，我们就从载体种类的发展看看数据和数据分析的发展历程吧！

2.1.1　最大的数据集：宇宙

史前与数据看起来是格格不入的两个概念，所谓史前，应当是没有任何文字记录的历史时期，而数据的存在必须依赖载体，史前怎么会有数据的留存呢？

数据虽然需要载体，可它的载体不仅仅是文字，它可以是器物、地形、风貌、天体运动，甚至可以是宇宙本身。

如果我们考察两个最简单的粒子，粒子 A 向静止的粒子 B 撞过去，假设是完全弹性碰撞（能量守恒和动量守恒），在给定时间内我们可以轻松地计算出两个粒子所在的位置，如图 2-1 所示。

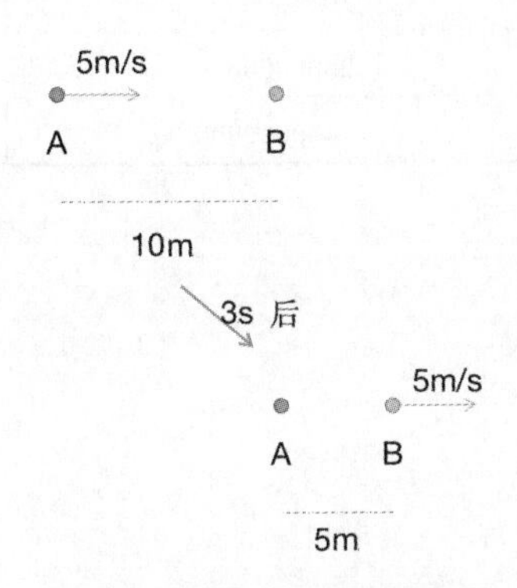

图 2-1　完全弹性碰撞问题

同理，如果我们知道两个粒子 3s 后的状态，也可以反推出两个粒子之前的状态。再把这个模型扩展，变成 3 个粒子、10 个粒子乃至数十亿个粒子，只要明确知道它们现在的状态，我们都可以依靠计算推断出它之前某个确定时刻的状态。

因此我们甚至可以说，宇宙本身就是一个巨大的数据，它用粒子在某一时刻的状态记录了过去所有发生的事情，只不过这个数据库太复杂，我们无法把它全部解密而已。

在这里笔者还要强调，我们根据某些粒子现在的状态可以推断它的过去，但无法判断未来。例如，一个放射性元素原子，在某一时刻衰变成两个粒子向反方向飞去，如果我们获得了两个粒子的一系列物理量，就可以计算出它在过去的哪个时刻、哪个位置产生了衰变；但反过来是不奏效的，因为我们无法预测一个放射性元素原子在未来哪个时刻衰变。

但即使只能知道过去，只能得到部分宇宙的信息，我们仍然可以得出很多有趣的结论，其中宇宙大爆炸模型就可以说是通过现在的数据判断过去状态的经典案例。

天文学家埃德温·哈勃在观察星系时发现一个奇怪的现象：绝大部分距离银河系较远的星系都产生了不同程度的红移（Redshift）。当我们确定一个行星的距离和大小后，就可以看到它们的波长。但哈勃的观测与理论值无法对应，据此，哈勃得出结论：大部分银河系外的恒星都在离我们远去。

于是，哈勃收集并总结了观测的一系列星系中恒星的距离与移动速度，具体信息见表 2-1。

如果只是把数据总结成表，我们似乎只能看出恒星远离我们的速度有快有慢，但哈勃把这份数据做成了一张线性回归图，如图 2-2 所示。

表 2-1　哈勃的部分观测结果

星系	距离/光年	远离速度/（km/s）
处女座	78000000	1200
长蛇座	3960000000	61000
北斗星	1000000000	15000
牧夫座	2500000000	39000
北冕座	1400000000	22000

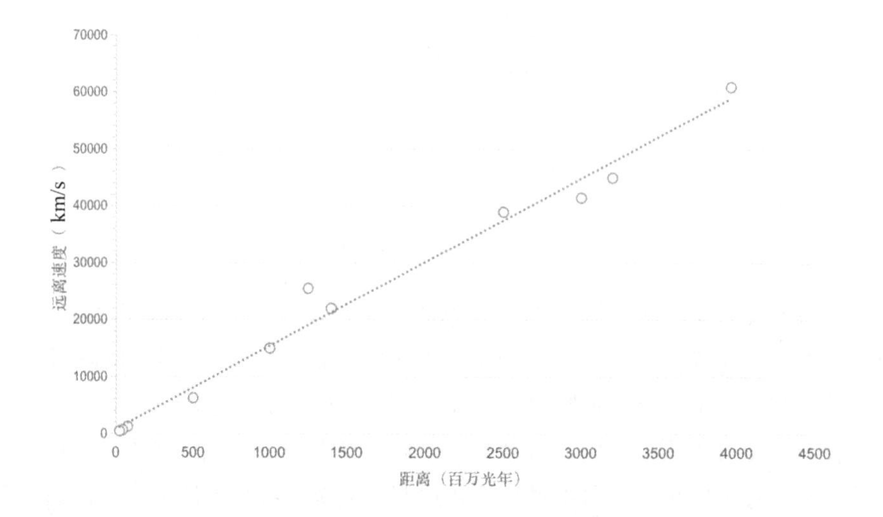

图 2-2　恒星距离与远离速度的关系

在图 2-2 中，我们明确地看到了恒星远离速度与我们同恒星的距离成正比，也就是越远的恒星跑得就越快。如果恒星的运动是随机的，那么我们看到的应该是一张凌乱的散点图，而非如此规则的图形。哈勃据此分析，得到了哈勃定律（2018 年改名为哈勃—勒梅特定律，为纪念宇宙膨胀假设的提出者乔治 • 勒梅特）：恒星的远离速度与跟我们的距离成正比，也就是说宇宙正在膨胀。

宇宙正在变得越来越大，就说明它曾经很小，大爆炸理论也据此产生，宇宙学从此进入了全新的时代。

自从宇宙诞生，它就用自身粒子的运动记录了这个世界，每个粒子的运动状态都包含了它的一切历史，形成了一个巨大的数据库。一代代的宇宙学家用观测进行数据提取，用统计方法进行数据处理，用一篇篇科学论文进行数据可视化，让我们足以窥探到宇宙的奥秘。

如果再有人告诉你数据是人为记录的东西，不妨请他（她）抬头看看浩瀚的星空，宇宙本身就是一个数据载体，在等待后人对它进行解码、分析。我们在用我们的方式来理解它。

2.1.2　历史上的数据记录

让我们把视野从宇宙这么大的尺度拉回，从科学家的身上转移到另一群充满智慧的人身上。如果问历史学家他们最“讨厌”的人是谁，绝不是我们这些搞技术的理科生，而是考古学家。因为历史学家研究的成果很大程度需要根据现有史料和逻辑推理对历史上的事件进行解释，然而一旦考古学家发现了真实存在的实物，就有可能导致历史学家的结论被全盘否定。

司马迁在《史记》里提到秦始皇的陵墓：“始皇初即位，穿治郦山，及并天下，天下徒送诣七十余万人，穿三泉，下铜而致椁，宫观百官奇器珍怪徙臧满之。令匠作机弩矢，有所穿近者辄射之。以水银为百川江河大海，机相灌输，上具天文，下具地理。以人鱼膏为烛，度不灭者久之。”

这种描述非常夸张，而且后人在其后的 2000 年都未发现秦始皇陵的蛛丝马迹，历代历史学家也都认为此处是司马迁的夸张描写。直到 1973 年，临潼意外发现举世闻名的兵马俑，让一个几乎是史学定论的结果直接被翻转过来。

如果问历史学家最喜欢的人，那么数据分析师很有可能入选。历史中很多的数据已经湮灭在大海之中，而我们数据分析师就有能力把这些数据还原回来，成为历史学家立论的重要根据。

《汉莫拉比法典》是人类历史上被发现的第一部成文法典（见图 2-3），里面详细记载了大量当时的法律规定，也展现了很多有趣的数据。例如，其中的第 273 条，规定了雇佣劳动力的价格，甚至人性化地设置了区别薪资制：9 月到次年 3 月每天要支付 5 乌得图，而 4 月到 8 月因为白天更长，每天需要支付 6 乌得图。

乌得图是古巴比伦的重量和货币单位，当时货币单位使用 60 进制，60 乌得图兑换 1 舍客勒，60 舍客勒兑换 1 弥那，弥那在货币上表示 500 克的白银，那么 1 乌得图就相当于 1.39 克白银，按照笔者写作本节时的白银价格，一名工人平均每天的收入相当于 36.7 元或 44 元人民币。如果按照每月上班 22 天，一个月的收入大约是 1000 元，这个数字在我国相当于低收入水平。

不知读者有没有发现一个有趣的事情——我们竟然可以通过在石柱上刻下的一条法令，能用现在的购买力对比几千年前农民的生活水平。这就是横向对比数据的重要性。历史上有很多数据明确地写在了文献、法条之中，通过数据的横向对比，可以让我们对事实有更细致的了解。

图 2-3 《汉莫拉比法典》条文

如果只告诉你《汉莫拉比法典》规定了雇佣劳动力的价格标准是 5 乌得图和 6 乌得图，我们根本无法理解这两个数字究竟代表什么。但是综合货币换算数据、国际银价数据和我国收入统计数据，你会有更清晰的认识。

2.1.3 没有电的“互联网”

在没有互联网的时代，虽然数据的重要性已经被很多人熟知，但因为没有建立起方便可靠的数据传递模式，似乎数据从来都是行业专家自行收集和分析的。如果你是这种认知，那么你可能还没有了解到数据分析形成的一张大网。

从数据中获得信息，再从信息中获得知识的过程从来不是一条线，而是一张网，其中每个参与者都是网络的节点。重要的人物是一个大节点，连接更多的节点，普通人是一个小节点，所做的可能只是传递工作。在万物互联的今天，我们当然知道网络的重要性。但在古代，历史上的智者一直在用一种虽然缓慢但是稳健的方式扩大着这个网络。

哈佛天文学家欧文·金格里奇花费了 30 年，行程数十万英里，查阅了 600 多本现存《天体运行论》的第一版和第二版，揭示了古代世界天文学的一张庞大的交流网络。

哥白尼的《天体运行论》第一版出版于 1543 年，对当时流行的地心说进行了有力的反驳。但是我们一定要清楚，地心说虽然并不正确，但经过了数百年的发展，在当时已经形成了一个复杂的系统。例如，水星绕着地球旋转，但是每年都会有几段时间，水星会逆向旋转。但这可没有难倒地心说，地心说又为每个行星套上本轮，为地球增加一个均衡点用来修正数据，如图 2-4 所示。

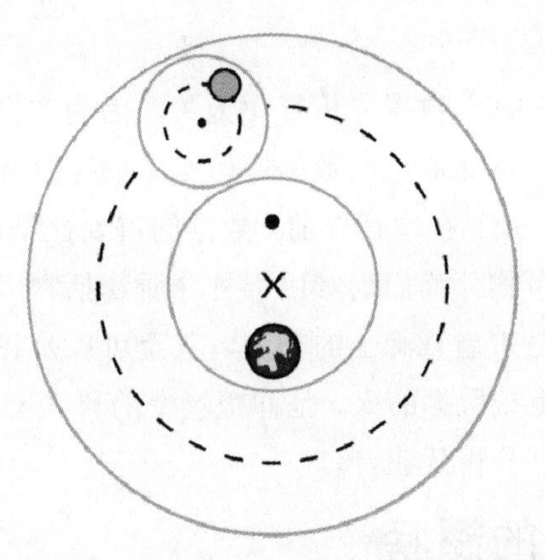

图 2-4　地心说模型下的行星运行轨道

同时，日心说虽然在当时看来更先进，但我们现在知道它仍然只是一个假设模型，因为太阳也并非宇宙的中心，我们的太阳系也绕着银河系的悬臂在旋转。另外，日心说作为一个全新的模型，必然需要大量观测数据的支持，这不可能由哥白尼一个天文学家完成。那么支持日心说理论的数据是如何在没有现代通信和互联网的情况下完成传输的呢？

在这里要提及一个概念：无形学院（Invisible College）。这个词首先出现于罗伯特·波义耳于 1646 年和 1647 年写的两封信中，信里描述伦敦小酒馆中的午餐会，当时尚无正式的科学期刊出版，科学家们就会把自己的研究成果写成书籍，而且通过私人通信、书店浏览和私下传阅等方式进行交流，这就是无形学院。而《天体运行论》的传播正是利用了无形学院的力量。

一位名叫保罗·维蒂希的科学家在阅读了《天体运行论》后，发现其理论也不能很好地支持观测结果，于是发展出一套全新的地日心说，即太阳围绕地球转，而其他行星围绕太阳转。这个理论虽然现在被证明是错误的，但当时却解决了“地球如果运动，那么天上应该一直刮风”这个问题，更重要的是维蒂希为了证明自己的理论，记录了大量观测数据，这些数据就写在《天体运行论》这本书的夹缝之中。

后来，维蒂希把这套理论和这本写满数据的《天体运行论》交给丹麦著名天文学家第谷，第谷认同他的理论，因此进行了长时间的观察和改进尝试，但最终都没有成绩，这些观测数据仍然被记录和整理。

在同时间，印刷版的《天体运行论》在天文学家中广为流传，很多人在阅读并记录下自己的数据和想法后，就将图书转给他人，金格里奇教授发现很多书都被转手达五六次之多，而通过细心对照还可以发现，有人在前人的数据和观点之上又进行了自己的批注，有些观点也会成为其他人研究的起点。这些科学家利用《天体运行论》形成了一张天文数据传递和分析的网络，在那个没有电的时代，这是一张依靠人脑、纸张、墨水和信差织成的“互联网”。

本节所举的案例，看似都与数据分析行业无关，因为它们太过古老，以至我们熟悉的互联网、计算机、键盘、存储器这些数据分析必备的工具都没有发明出来。但在它们可以从另一个角度雄辩地证明，在现代以前，数据的重要性早已渗透到了各个学科之中。

数据作为客观存在的事物，我们很难用一种介质囊括它所有的存在方式，它可以是苍穹里运行的恒星，可以是古老石碑上的刻痕，甚至可以是我们所处的宇宙本身。而数据分析的主人公从来都是重视数据的人，是仰望星空的科学家，是抽丝剥茧的历史学家，也可以是像你我一样的数据分析从业者。

2.2 搭上计算机的翅膀

计算机这个概念其实比我们想象的要早得多。

Computer 这个词从英文 Compute 而来，表示用于计算的设备，而向更早追寻，可以发现其词源是拉丁语中的 com 词缀与 pultare 词根的结合，前者表示共同，后者表示思考。因此 Compute 这个单词诞生的本意为共同思考，进而解释为运算。

如果寻找计算机最早的祖先，它既非 20 世纪为了计算弹道而设计的电子计算机，也非中世纪欧洲发明的复杂机械，而是可以一路向前追寻，直到西方文明的源头古希腊。

1990 年 10 月，在希腊南方的安提基特拉岛，一艘沉船被发现，船上保存着大量艺术品，还有一件复杂的类似钟表的物品，但这件物品制作的精细程度和复杂程度远远超过当时人们的认知，直到 50 年后，才有科学家发现这竟然是一台使用齿轮运行的计算机，这台机器是人们目前为止发现的最早的具有计算机功能的设备，被命名为安提基特拉机械。图 2-5 所示的是安提基特拉机械的剖面图，其复杂程度可见一斑。

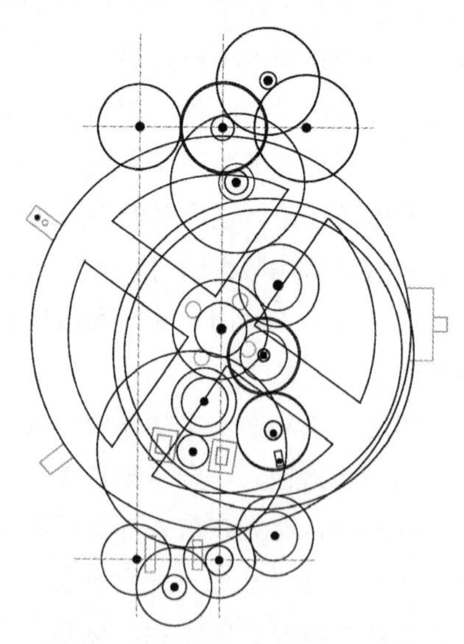

图 2-5 安提基特拉机械剖面示意

安提基特拉机械的用途是追踪天体的运行，它有三个转盘，一个在前方，另外两个在后方。前方转盘有两个同心圆刻度，外围刻度是古埃及历法，或称为天狼年。内圈刻度是古希腊的黄道带符号，并以角度区分。历法的转盘可以取下，并且每四年将后方转盘向前回转一天以补偿每个回归年中多出的 0.25 天。这一点非常特殊，因为第一个有闰年的儒略历在公元前 46 年才出现，但该仪器在儒略历之前一个世纪就发明了闰年补偿。另外，这也让这款机械变得可以操作，使它符合计算机需要满足的输入—处理—输出的模型（见图 2-6）。

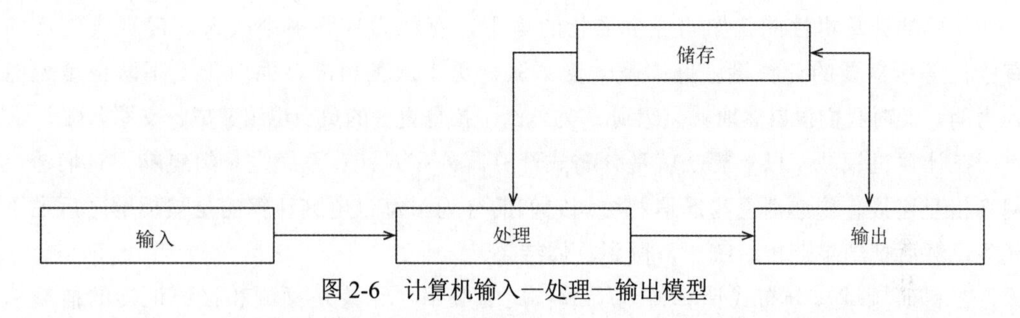

图 2-6 计算机输入—处理—输出模型

当然，以我们现代人的观点来看，这不过是一个可以控制的机械表，和我们所理解的计算机相去甚远。在随后的时间内，科学家们又发明了齿轮传动的计算设备——从织布机脱胎而来的织布图案编程机，它们的特点均是不使用电力，而是使用传统的机械传统装置。

但机械结构受限于很多物理条件，想要搭建更精密、小巧的设计，我们的科技需要另一种发展方向，这就是电子化，而我们熟悉的计算机，就是一套基于电子化系统的具有输入—处理—输出功能的设备。

在本节我们所探讨的计算机，仅仅局限于使用电子元件搭建的具有计算和数据处理能力的机械，它有一个我们更熟悉的名字——电脑。

2.2.1 为数据分析而生的电脑

在第二次世界大战的过程中，为了降低战争损耗，尤其是飞行员的损失，美国海军找到麻省理工学院，咨询是否可能开发一款飞行模拟设备，用来培训轰炸机飞行员。在此之前，美军使用一种名叫“林克训练机”的模拟设备来训练飞行员，但林克训练机实际只是将飞机操作摇杆和电动气泵组合，在飞行员进行操作时改变飞行器姿态，如果飞行员拉起拉杆，那么飞机前方的气泵就进行充气，让机头抬升，仿佛在爬升一样。

然而，这种粗糙的模拟器完全无法满足美军作战训练的需要，美军希望能够将操作后的部分数据实时生成在模拟器的仪表盘上，这显然是机械结构无法做到的。麻省理工学院接下了这个研究任务，制造出了世界上第一台能够实时处理数据的电脑——旋风电脑。这台电脑于 1951 年问世，当时二战已经结束，而它对后世计算机的影响才刚刚开始。

旋风电脑将当时流行的 bit 串联改为了 bit 并联。bit 串联的特点是对每段代码的字符逐一运算，而 bit 并联则是设计多条计算通路，对多段代码同时进行计算，大大节省了时间，这种思路发展成了我们现在所说的多核计算。笔者记得自己小学时家庭购买电脑，导购员就推荐过英特尔最新的奔腾双核处理器，说双核速度比单核速度要快很多。而现在随着半导体工业的发展，哪怕是入门级别的英特尔和 AMD 处理器，也有至少 4 个核心，更别提 AMD 的线程撕裂者处理器拥有 64 个核心。

强悍的计算机性能就如同一个强壮的勇士，有能力战胜多个敌人。但现实生活中有些任务所需要的计算量就好比是一支军队，勇士武艺再高，面对一支军队也是无能为力的。此时我们很自然地就会想到：为什么不招募更多的勇士也组建成一支军队呢？

在计算机领域，以上想法就是分布式计算。分布式计算系统是一组电脑，它们透过网络相互连接、传递消息与通信并协调它们的行为。每台电脑计算的是被拆解之后的小任务，然后把结果上传后统一，得到总体结果。

在科研领域，分布式计算得到了最广泛的应用，无论是预测和报警地震的捕震网（Quake-Catcher Network），还是研究蛋白质折叠结构的 Folding@Home，乃至于寻找梅森素数的 GIMPS 项目，都可以看到分布式计算的身影。

我们甚至可以断言，在下一次关于计算机的范式革命到来之前，分布式计算将会继续成为计算机行业的终极形式。

2.2.2 硬件暴涨的时代

计算机行业有一个 Wintel 联盟，即芯片生产商英特尔公司与 Windows 操作系统的开发商微软公司组成的计算机软硬件联盟，它们对计算机的发展做了突出的贡献，让原来大型实验室才能买得起放得下的计算机成为了每个家庭的必需品。

这个联盟在共同发展中还留下了一句话：What Intel Giveth, Microsoft Taketh Away，就是英特尔所提升的硬件性能，被微软开发的软件全部吃掉。这句话最初诞生在 Windows 95 的早期，一旦英特尔的处理器提供了更强的性能，基于 Windows 的软件就会耗用更多的资源，实现更多的功能，而不是让计算机更快地实现相同的功能。

硬件性能的增长符合摩尔定律，这个定律由英特尔公司的创始人之一戈登•摩尔提出，需要注意的是，一般我们把这个定律解释为“每隔 18 个月，集成电路上的晶体管数目就会提升一倍”，但 18 个月这个时间并非来自戈登•摩尔，而是英特尔公司的首席执行官大卫•豪斯，戈登•摩尔提出的时间是两年左右。图 2-7 所示的是 1971—2011 年摩尔定律的发展轨迹，大家看后应该有更直观的感受。

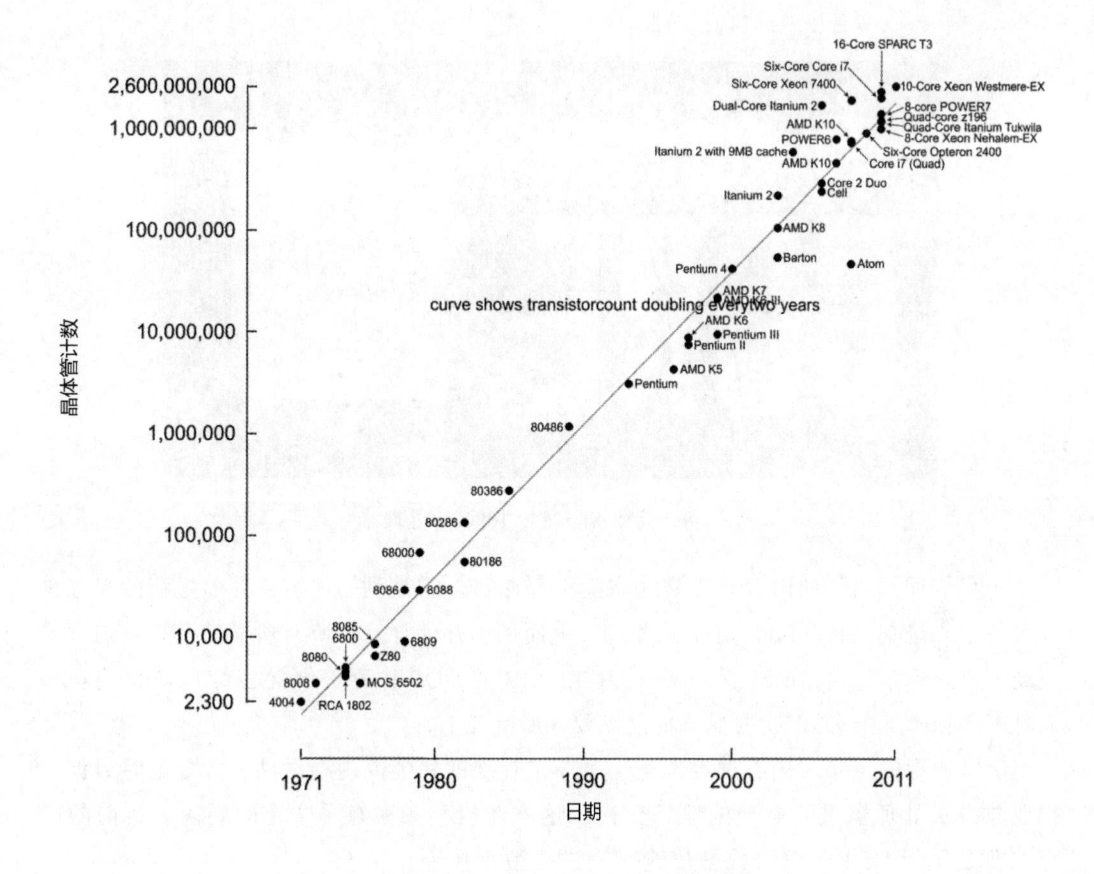

图 2-7　1971—2011 年摩尔定律的发展轨迹

无论是 2 年还是 18 个月，本质上都是一个指数增长，指数增长的特点是在一定时间内增长率相同，而增长的绝对数字越来越多。在摩尔定律诞生后的几十年里，无数人都对其产生质疑，每隔几年就会产生一些类似“摩尔定律已经过时了”“集成电路已经达到物理极限”之类的说法，但直到 2011 年，摩尔定律都在电子计算机行业被持续验证，除了微处理器外，内存、存储器等设备也都按照摩尔定律的速度来发展。虽然在 2011 年之后，摩尔定律确实受到了科学发展的制约，但其指数增长的本质并没有改变。

下面我们就从内存和存储器两个计算机必备的硬件来看看它们的发展脉络。

广义上将内存分为两种：一种是静态随机存储器（SRAM），另一种是动态随机存储器（DRAM）。其中，SRAM 访问速度较快，但生产成本很高，一般被用于 CPU 的缓存。我们在购买处理器时所看到的 1 级缓存、2 级缓存、3 级缓存就是指静态随机存储器。随着技术的发展，缓存的容量也在增加，图 2-8 展示的是英特尔酷睿 i9-10900K 处理器，它拥有 20MB 的缓存。

图 2-8 英特尔酷睿 i9-10900K 处理器

而我们通常所说的内存一般是动态随机存储器，它是利用电容内存储电荷的多寡来代表一个二进制比特（bit）是 1 还是 0，进而用于存储计算机临时所需的数据。内存的发展也符合摩尔定律，在 21 世纪初，一片 128MB 的 DDR 内存售价就达到了 150 元以上，而时至今日，一条 8GB 的内存售价仅需要 300 元左右。

除了内存的大小，内存速度也是一个非常重要的性能，内存存储了大量临时数据，需要与中央处理器进行高速的信息交换，这就对内存频率有了一定的要求。目前的内存主要是采用 DDR（双倍数据传输率）进行数据传输。

1968 年，IBM 公司申请了 DRAM 专利；1970 年，英特尔公司开发出了 DRAM 芯片，DDR 的发展也依次经历了 DDR2、DDR3 和 DDR4。就在笔者动笔写本书的时间内，美光公司宣布 DDR5 内存即将上线，时钟频率达到 4800MHz，这个数字比第 1 代 DDR 提升了 48 倍。

内存作为临时存储器，在断电后无法保存文件，想要将文件永久保存，我们就需要使用到存储器。现在提到计算机的存储器，我们很容易就会想到每台电脑中都有的硬盘。但实际上，存储器的种类可不仅仅只有硬盘这一种。

在计算机发展的早期，磁带是最重要的存储介质。其实磁带早在 1928 年便已诞生，此前多用于记录声音。1951 年，磁带首次被用在计算机上存储数据。磁带存储具有支持离线保存、寿命长、容量大、性价比高等优点，即使到了今天，磁带存储也没有完全消失，一些大型公司在存储不会经常使用的历史数据时，仍然会使用磁带存储器。例如图 2-9 所示的是日本富士公司推出的可存储 12TB 非压缩数据/30TB 压缩数据的磁带存储器。

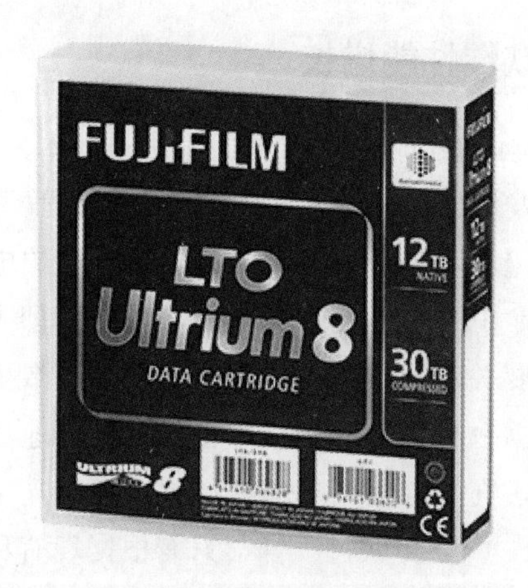

图 2-9　日本富士公司推出的磁带存储器

世界上第一个硬盘驱动器出现在 1956 年由 IBM 公司开发的 RAMAC 305 计算机中。这个硬盘驱动器占地 $1m^2$，重达 1t，包含 50 个 24in[①]的盘片，能存储 5MB 的信息，数据传输速度为 10k/s。

在此之后，硬盘就成为存储器的主流，与后续出现的 3.5in 软盘、5.0in 软盘、U 盘等共同为我们带来了越来越大的存储空间。

硬盘的发展脉络与内存相似，一是空间，二是速度。空间的发展从最初的 5MB 一路发展到现在的 1TB，甚至更大；而在速度方面，硬盘最大的一次升级则是从机械硬盘向固态硬盘的跃升。

传统的机械硬盘中有若干盘片，由一个电动机控制旋转，硬盘的读取则依靠副电动机带动一个磁头，磁头上有感应线圈，通过在特定位置感受盘片的磁化而读取出数据。这种原理下，硬盘的旋转速度就成了制约机械硬盘发展的一个重要“瓶颈”，目前比较流行的机械硬盘旋转速度为 7200r/min，速度为 150MB/s 左右。

而固态硬盘则完全是另外一种原理，它没有运动的盘片、磁头和电动机，而是使用闪存颗粒进行存储，并且用主控芯片对闪存进行调配和读取，在运行时内部没有任何宏观运动，因此被称为固态硬盘。固态硬盘在读取速度、稳定性、抗断电、发热控制方面都比机械硬盘有明显的优势，只是在磁盘寿命上跟机械硬盘相比有一定的差距。

处理器、内存、硬盘三个计算机最重要的元器件的发展似乎代表了一种趋势，就是我们处在硬件性能爆炸的时代，并且这个时代在短期内仍将持续。那么，这与我们数据分析行业又有什么关系呢？

---

① 1 in 即 1 英寸，约为 2.54 厘米。

2.2.3 硬件发展推动软件性能增长

看完以上的内容，各位读者可能觉得奇怪，本书是一本聚焦于数据分析行业的图书，为什么开始讲起了硬件的发展历史，仿佛成为电脑组装的教学。

笔者创作以上内容，绝不是为了教大家如何选择合适的电脑硬件。还记得我们刚才说到的 Wintel 联盟吗？我们只讲了这个联盟的前半部分，即 What Intel Giveth 这部分，而对于数据分析师，更需要关注的是后半部分，即软件怎么更好地利用硬件的性能。在硬件高速发展的今天，数据分析的工具和技术也在进行快速迭代，如果只在学生时代学习了一种分析工具或技术，在未来数十年的职场中，我们几乎可以肯定地说它一定会被淘汰，就像硬件中的 DDR1 内存和软盘一样。只有根据现有环境不断进行技术的迭代和调整，才能在快速变化的环境中保持住自己的优势地位。

我们不妨从硬件高速迭代的特点来总结一下优秀数据分析师应当具有的能力。

（1）几十年硬件发展的最大特点就是标准化。

每个产品都有相同的接口。以硬盘为例，现在电脑主流所配备的都是 SATA 接口和 M.2 接口，无论你买的是机械硬盘还是固态硬盘，无论是哪个品牌的硬盘，只要连上线，都可以直接使用，无须根据硬盘的不同而适配不同的线缆。

这一点总结到我们的数据分析行业中就是找到统计分析的核心，而非仅仅了解数据分析的技术。以方差分析为例，在 SAS 中线性回归通过 proc reg 实现，具体语法如下：

```
proc reg data=数据集名称;
model y = x1-xn;
run;
```

在 R 语言中则更为简单，可以使用 lm()方法直接完成；而 Python 语言是通过 lrModel.fit(x,y)调用模型的 fit()方法来训练模型。不同的编程语言有着不同的语法。但如果你希望成为一名优秀的数据分析师，那么一定不能只关注某个语言的语法是什么，而是要掌握线性回归的本质概念。

线性回归是研究一个或多个自变量变化对某个因变量数值变化的定量关系，其最简单的是一元线性回归，即只有一个自变量和一个因变量的情况。

在分析之前，我们首先要确定因变量 y 是否属于正态分布；其次，我们还要通过散点图确定自变量和因变量之间的关系是否属于线性关系，如果不属于，即使创建了线性回归模型也没有任何意义，例如，在图 2-10 中，两组变量都可以用 $y=3x$ 拟合，但左侧的拟合明显比右侧的拟合更有意义。

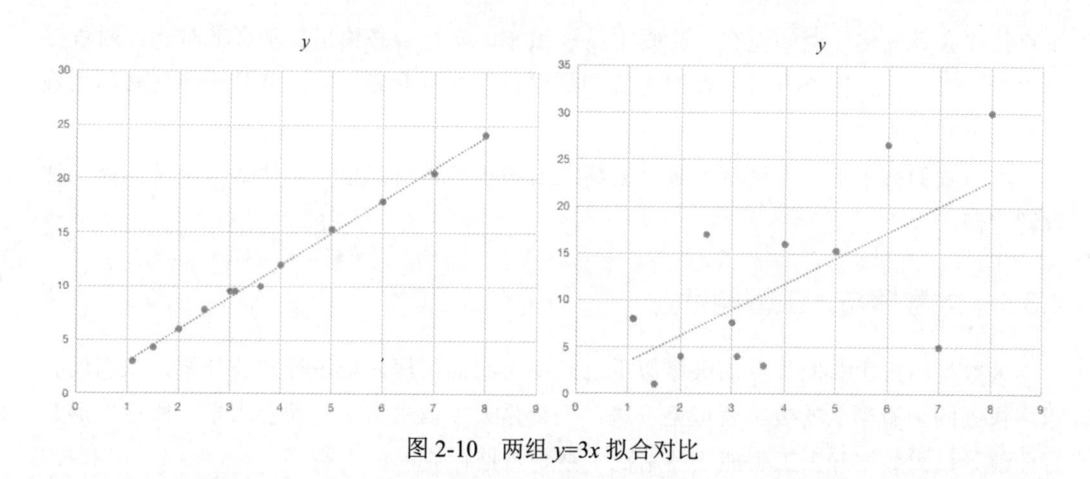

图 2-10　两组 $y=3x$ 拟合对比

只有掌握了数据分析技术背后的原理，才能保证在技术迭代的时候，我们有足够的能力进行迁移。

（2）笔者从硬件爆发式增长想到的则是平衡发展。

我们在讲内存和硬盘技术的发展时，都提到了二者发展的两个方向，一个是更大，另一个是更快。在围棋中有一个概念叫眼，而如果一片棋中有两个眼，就可以说这片棋不会死，这就是“两眼活棋”的概念。

在个人发展中，也应当遵循两只眼、两条腿的发展轨迹，除了个人数据分析的技术能力，你可以关注产业前沿发展，尽可能将前沿技术运用到的逻辑、方法运用到自身行业中，也可以提升分析速度，做到在紧急情况下只有你出马才能完成，这都是在数据分析工作本身之外又找到了一只眼，让自己成为两条腿乃至多条腿走路的人。

以上两点经验，是笔者从事数据分析行业中总结出的心得。心得从来没有正确与错误，只有适用与不适用。数据分析作为一个新型的、快速变化的行业，远没有到能总结出一套大一统的理论放之四海而皆准。笔者相信，这些经验很快就能被更新的理论体系所取代。

说到数据分析行业的发展，目前为止最火热的概念非大数据和人工智能莫属。在下一节，我们就来好好讨论一下它们的来龙去脉。

2.3　言必称大数据和人工智能的时代

百家讲坛栏目在 2004 年制作过关于西方文化和中西文化对比的系列讲座，命名为《当茶遇到咖啡》，其中赵林教授在《古希腊神话的现代性》中提到历史政治学研究的一个特点——言必称希腊。但是，“言必称希腊”这句话在诞生之初并非正面评价，毛泽东在 1941 年延安高级干部会议的报告中，批评了“言必称希腊”现象，认为其没有认真研究现状，是一种极坏的作风。

“言必称希腊”这个词褒贬之意的变化，其实也说明在不同时代、不同领域所关注的重点往往会有变化。例如现在，在股票投资领域，就是言必称指数基金的时代；对程序员而言，就是言必称 Python；而对于我们数据行业的从业者而言，就是一个言必称大数据和人工智能的时代。

本节我们就了解一下这两个看上去高大上的技术背后都包含了什么，以及如何快速理解它们。

2.3.1 大数据与人工智能行业

大数据与人工智能行业的火爆似乎已经不用我们再深入地进行行业分析，从新闻报道中找到的一鳞半爪的数字就可见一斑，无论是人才需求数量、薪资水平、职业发展、行业前景，大数据和人工智能已经站在了整个数据行业的最高层。

大数据与人工智能其实并不是平行的技术路线。一般而言，大数据是作为人工智能的底层技术，通过大数据技术收集、整理、传递海量的数据，提供给人工智能进行模型训练，让人工智能在某一方面产生超越人类的理解能力。因此才会有那句话：人工智能是大数据喂养的怪兽。

虽然大数据和人工智能的火爆大家已经有目共睹，但它们究竟需要多少人才，是否有通用的技术准则，这样基本的问题其实又众说纷纭。

图 2-11 所示的是在网络上搜索“大数据人才数量”关键词所得到的结果。

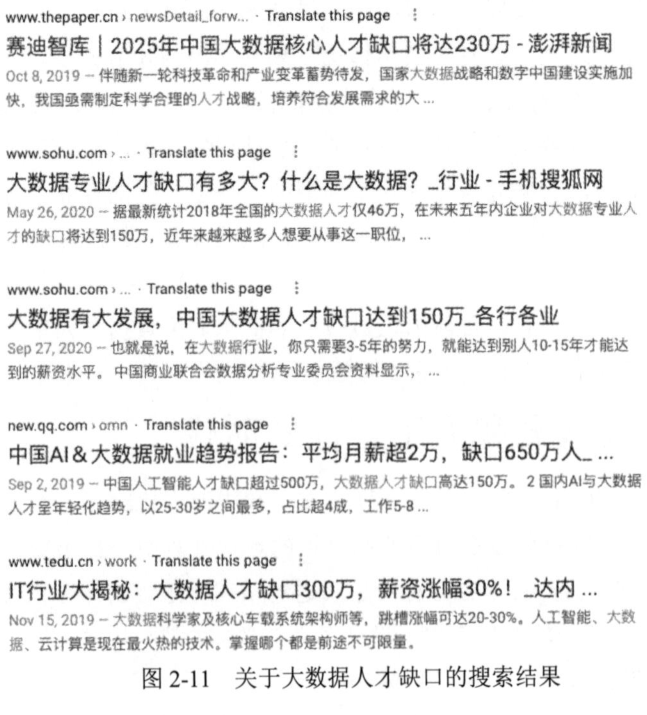

www.thepaper.cn › newsDetail_forw... · Translate this page

赛迪智库 | 2025年中国大数据核心人才缺口将达230万 - 澎湃新闻

Oct 8, 2019 — 伴随新一轮科技革命和产业变革蓄势待发，国家大数据战略和数字中国建设实施加快，我国亟需制定科学合理的人才战略，培养符合发展需求的大 ...

www.sohu.com › ... · Translate this page

大数据专业人才缺口有多大？什么是大数据？_行业 - 手机搜狐网

May 26, 2020 — 据最新统计2018年全国的大数据人才仅46万，在未来五年内企业对大数据专业人才的缺口将达到150万，近年来越来越多人想要从事这一职位，...

www.sohu.com › ... · Translate this page

大数据有大发展，中国大数据人才缺口达到150万_各行各业

Sep 27, 2020 — 也就是说，在大数据行业，你只需要3-5年的努力，就能达到别人10-15年才能达到的薪资水平。中国商业联合会数据分析专业委员会资料显示，...

new.qq.com › omn · Translate this page

中国AI＆大数据就业趋势报告：平均月薪超2万，缺口650万人_ ...

Sep 2, 2019 — 中国人工智能人才缺口超过500万，大数据人才缺口高达150万。2 国内AI与大数据人才呈年轻化趋势，以25-30岁之间最多，占比超4成，工作5-8 ...

www.tedu.cn › work · Translate this page

IT行业大揭秘：大数据人才缺口300万，薪资涨幅30%！_达内 ...

Nov 15, 2019 — 大数据科学家及核心车载系统架构师等，跳槽涨幅可达20-30%。人工智能、大数据、云计算是现在最火热的技术。掌握哪个都是前途不可限量。

图 2-11 关于大数据人才缺口的搜索结果

在搜索结果中，赛迪智库认为，2025 年，我国大数据核心人才缺口是 230 万人；中国商业联合会则认为，未来人才缺口是 150 万人；一份中国 AI 与大数据就业趋势报告又显示人才缺口是 650 万人。虽然数据无法达到一致，但是我们不妨尝试从这些人才缺口的数量级上得出一些结论。

第一，大数据人才的需求量至少是百万级别的，并且与很多行业不同，它对于学历和学习能力是有一定要求的。2019 年，我国高校毕业生总数为 834 万人，2020 年更是达到了创新高的 874 万人。如果大数据行业保持现状发展，那么未来的高校毕业生将会有可观的数量进入与大数据直接或间接相关的行业。

第二，不同机构对大数据技术发展的预期并不一致，甚至关于大数据人才的定义也没有统一标准。例如，在图 2-11 中，赛迪智库认为，大数据人才包含核心人才和复合型人才两种，核心人才负责大数据产品的研发、分析、技术支持、运营等；复合型人才则是在某些特定行业（如金融、政府、医疗、能源行业）中的专业人士，他们负责将大数据技术对接到行业之中。

第三，虽然不同数据源和不同研究者得到的数字不一致，但目前的共识很明显，即在可见的未来，大数据技术仍然将以高速发展，造就大量就业岗位。

说完大数据，让我们再来看看人工智能行业，这两个职业关系紧密，几乎无法分离。大数据所做的事情很大程度就是训练人工智能算法，人工智能本身是大数据“喂养的怪兽”，想把它们区分开并不容易。

根据猎聘大数据显示（见图 2-12），人工智能相关行业未来的人才缺口会更大，达到 500 万以上，并且主要集中于大型科技公司和北京、上海、广州、深圳一线城市中，其中机器学习和数据产品经理占据了超过一半的岗位需求与供给。

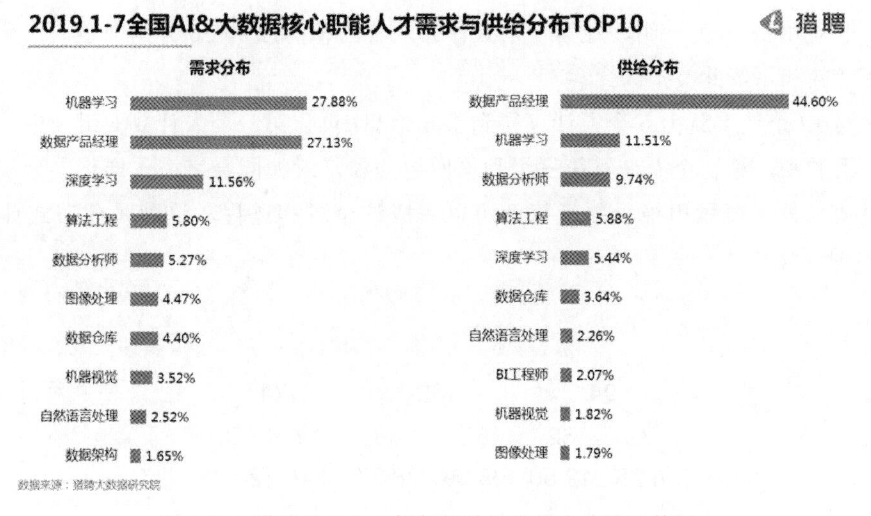

图 2-12　猎聘关于人工智能相关行业的人才缺口数据

说完了宏观的行业层面，我们不妨把视角聚焦一下，仔细了解大数据与人工智能行业，看看大数据究竟有多大，人工智能究竟要多智能。

2.3.2 大数据究竟有多大

提起大数据，很多人的印象就是条目数很多的数据，一个数据库如果有 1 万条记录就不是大数据，如果有 1 亿条记录就变成了大数据。其实数据量大仅仅是大数据的一个维度。

在大数据技术的初期，我们使用 3V 来描述大数据的特点，即 Volume（大量）、Velocity（高速）和 Variety（多样性）。

但时至今日，大数据已经发展到了 6V 的特性，除了以上三者，还加上了 Veracity（可疑性）、Valence（连接性）和 Value（低价值密度）。这 6V 构成了大数据多层次的概念，前三个 V 是大数据的本质，后三个 V 是大数据的性质。接下来我们逐一地了解一下它们。

1. Volume（大量）

Volume 是大数据的核心特征，大数据所需要的分布式计算、HDFS 存储等，本质上都是为了应付数据量大这个特点。如果你对以上技术没有概念，我们不妨假设一个最简单的情况，现在不给你计算器和纸笔，你能否快速算出以下几个数的和呢？

4 28 12 50 28 39 28 37 9 10 23 32

这几个数字虽然不大，但如果一个一个地求和，你必须记住前几个数字计算出来的和才能往下计算，但凡某一步记错了，后续的结果就会错误。但如果给你一群人，你有没有更好的方法完成这个任务呢？

让每个人独立计算并且相互验证是一个效率很低的办法，更好的方法是把数字分组，例如，把 4 和 28 分为一组，让第一个人计算两者的和；12 和 50 分为一组，让第二个人计算两者的和，依此类推。

这样 12 个数字就由 6 个人计算得到了 6 个和，再让第一个人计算 6 组和中的第一组和第二组的和，第二个人计算第三组和第四组的和，就如同金字塔一样一层一层堆叠上去，每个人只需要承担很少的运算就可以完成这个求和过程，这就是分布式计算，如图 2-13 所示。

300

94 **132** **74**

32 62 67 65 19 55

4 28 12 50 28 39 28 37 9 10 23 32

图 2-13 分布式计算示例

把这个概念稍加扩展，就是我们常见的大数据原理，而这也解决了大数据量大这个最重要的问题。

2．Velocity（高速）

大数据的速度是与它实时产生这个特点密不可分的。为什么我们看到应用大数据技术最广泛的行业是互联网行业？就是因为互联网行业每天会自动产生并记录大量用户数据，这样的数据产生速度配合上互联网公司巨大的用户基数，数据的总量将以极快的速度增长。

以目前电商网站流行的"千人千店"来说，每名用户在登录电商网站后，系统需要根据你的用户特征、购买历史、所在位置、消费能力等诸多信息，为你匹配出你最可能购买的商品，把它们显示在你的首页上。电商网站的产品数以亿计，你的消费习惯又有很多维度，最关键的是这些信息必须在你加载网页中的短短几秒完成匹配，这对数据的处理分析匹配能力有极高的要求。

3．Variety（多样性）

Variety（多样性）是大数据明显不同于传统数据的地方。在传统认识上，我们认为数据是存储在数据库中高度结构化的一条条记录和一个个变量中，但在大数据时代，数据的样式有了一些全新的形式。

仍然以电商网站举例，目前很多电商网站可以收集我们的各种信息，从人口统计学信息到消费行为、出行记录、自拍照、短视频等内容，这些数据形态各异，但电商平台需要把它们综合到一起才能对你做出立体的判断，用不同维度的数据协同分析，这就是大数据行业应对多样性的一个重要特征。

4．Veracity（可疑性）

Veracity 还可以叫作不确定性，为什么说大数据还具有不确定性呢？

数据不确定性的来源是多种多样的，可能是因为原始数据在收集时产生的错误或精度误差，也可能是出于保护隐私的目的故意模糊或人为修改某些数据，这些数据很难在分析之前被清洗，因此这就要求大数据分析具有一定的稳定性，在面对少量错误数据的情况下可以通过多维度的分析得到可靠的结果。

5．Valence（连接性）

Valence 一词从化学中借用而来，本意是指原子之间形成的化合价。我们知道很多粒子本身是不稳定的，但通过化学反应形成化学键之后却能以稳定形式存在。

这一点在大数据行业中表现得很明显，很多数据如果单独拿出来看并没有更大的意义，但如果与其他数据结合，则可以产生化学反应。例如，根据某个人的浏览数据，短视频平台可以根据他的喜好推荐相似的视频，但如果能把每个视频中出现的商品形成数据，对该用户推荐特定的商品，那么在商业上则会形成质变，这就是数据连接性。

从大数据的连接性上，我们也了解了国内互联网巨头近几年兴起的收购和投资浪潮，本质是为了在不同维度拿到用户的数据。

6．Value（低价值密度）

大数据就像一个金矿，它庞大的体量蕴含着无限的价值，但如果仅拿出一条数据来看，它几乎没有任何意义。例如，我如果掌握了你某一天的出行记录，知道你是从 A 地打车花费 35 分钟到达了 B 地，这对我开展商业没有任何价值，我必须要掌握你一整套的出行信息。例如，我发现你连续几周的周一到周五都是 8 点左右从 A 地到 B 地，那么我就可以合理推断：A 地是你的家，B 地是你的公司。

总结出这样一条简单的信息可能使用了上百条乃至更多的数据，因此我们一般认为，大数据的价值密度比较低，而就像开采金矿一样，将数据价值密度提升，就是大数据分析的一个重要的目的。

关于大数据的本质和性质，其实 6V 模型也远远不能概括，有人又总结出了 3S、3I 等大数据的特点。但笔者认为，概念掌握并不能让我们更好地深入大数据行业。作为一名数据分析师，我们需要明确大数据技术并非传统数据技术的升级，而是涵盖了体量、速度、多样性等多个层面的更高维度的技术。

2.3.3　人工智能有多智能

说到人工智能，相信各位读者通过近十年来相关新闻的报道，对它所抱有的期望应该是逐渐降低的。如果十年前提到人工智能这个词，很多人可能会觉得这是一个无所不知的智慧大脑，只要输入你的问题或者需求，它都能自动地完成。

随后我们逐渐了解到，人类的思维活动其实极为复杂，使用计算机很难完全模拟，因此我们选择让人工智能为我们解决某一类特定的问题，这样的人工智能被称为弱人工智能。按照人工智能胜任领域和思考质量，我们把人工智能分为弱人工智能、强人工智能和超人工智能，具体的表述如图 2-14 所示。

A.I. 类型	描述	思考速度	思考质量
弱人工智能 Artificial Narrow Intelligence (ANI)	▪ 仅有单一方面的A.I.，如导航A.I.，仅有单一功能	▪ 超越人类	▪ 不及人类
强人工智能 Artificial General Intelligence (AGI)	▪ 人类级别的A.I.，各方面与人类比肩，包括思考质量	▪ 超越人类	▪ 比肩人类
超人工智能 Artificial Super Intelligence (ASI)	▪ 在几乎所有领域都比最聪明的人类大脑都聪明很多的A.I.	▪ 超越人类	▪ 超越人类

图 2-14　人工智能的具体表述

无论是我们现在使用的 Siri 语音助手，还是自动优化路线的导航软件，甚至“打遍天下无敌手”的阿尔法狗，它们都是在特定领域超越人类，因此都只是弱人工智能。

科学家目前正在尝试开发符合强人工智能定义的人工智能。根据华安证券的报告，到 2040 年我们有 50%的可能实现强人工智能，而 2075 年我们基本确定一定可以实现强人工智能。

关于人工智能取代大量工作岗位的情况，因为一切都是预测，本节并不想展开。但我们不妨讨论一个更有趣的话题：产生人工智能的过程中诞生的一种不可或缺的工作。

就像所有快速发展的行业一样，人工智能也存在一个有趣的问题，有人把它形容为有多少人工就有多少智能，有些人把它简单概括为“最后一公里”问题。

如果我们抛弃现在已有对人工智能或者说 AI 的理解，回溯到人们对人工智能本质的追求，其实很多自动化的发明都可以被称为人工智能，例如自动洗衣机、烘干机、洗碗机，它们都可以完成某些特定的操作，并且在操作的过程中不需要人类介入。

但我们对人工智能总是抱有更高的期待，每当一台自动化产品发明并推向市场之后，在人们心中它就不再是智能的代名词，而只是根据事先创作的程序自动完成某些工作的机器。

人类对于人工智能的算法其实走过一个弯路。

如果我给你介绍两种让机器人学会下围棋的方法，你会觉得哪一种更可行呢？

（1）由围棋大师把海量的棋谱分解成最简单的逻辑：如果对手落子在这里，那么你就落子在那里。整个程序由无数这样的“if...then...”语句嵌套完成，这样就可以在对手的每一步之后选择最完美的应对方法。

（2）只告诉程序围棋的规则和围棋的输赢判断标准，让人工智能一开始随便落子，但是要让它记住每次的输赢和落子位置，让人工智能自己总结哪里落子更容易取胜。

生活在 2023 年的你肯定知道，优秀的人工智能一定采用的是第二种方法，第一种方法在现有的情况下是不可能实现的，因为对于围棋而言，布局种类超过宇宙中的粒子总数，人类的计算机无法把这些变化全部存储和运行。

第一种方法其实曾经占据主流，这种通过逻辑归纳实现人工智能的学派被称为简约派，他们活跃在上世纪六七十年代，理论提出者为约翰·麦卡锡，当时的计算机科学正在快速发展。简约派认为，人工智能不需要模拟人类思考的方式，而是根据预设的逻辑进行运算。

虽然曾经占据主流，但当时很多人就对简约派的理论提出了质疑。其中，马文·明斯基、西摩·佩珀特等都是代表人物，他们设想的是创建一种可以自行学习并反馈的系统，持有这种思路的一批学者被称作芜杂派。

需要注意的是，两种思路并不存在对错之分，我们很容易高度评价当前的成果而否认前人的成绩和未来可能的发展，就像发展中的人工智能一样。如果未来计算机科学和计算机硬件技术迅猛发展，让我们可以快速存储和调用比现在多数万倍的知识，并且有更简单的编程手段，简约派也许又能占据上风。

虽然芜杂派现在占据了学术研究的主流，但是也催生了一个问题，也就是人工智能的“最后一公里”问题，如果想要人工智能识别出一张图片中是否有人脸，并不是通过程序设定一堆判断条件，而是不断告诉人工智能某张图片里有人脸，某张图片没有人脸，让它根据结果自己去产生判断方法。

但是谁确定一张图片中是否有人脸呢？这只能靠人去实现。有些人肯定会觉得，图片上有没有人脸，我一秒钟就能判断出来，这些工作量能有多大呢？但事实上，人工智能是一个“勤奋的笨小孩”，它没有人类普遍意义上的归纳能力，需要极其海量的数据才能学会一项技术。例如，谷歌的猫脸识别人工智能，就是可以判断一张图片中是否有猫的 AI，在看了 1000 万张训练图片后才学会了这个技能。如果一个人负责对这 1000 万张图片进行标记，按照 1s 看 1 张的速度，需要不吃不喝不睡觉 4 个月才能完成。所以说，数据标记是人工智能中不可缺少又需要大量人类劳动力的一个岗位。

然而这些职位究竟算不算人工智能行业，目前我们很难说得清。哈佛大学研究员玛丽·格雷的著作《销声匿迹》中提到，全世界各地很多人都通过任务分发平台领取到了数据标记的工作，他们本身可能是退休工人、单身母亲、在校学生，他们需要做的任务就是对发来的数据进行标记，再通过系统回传给平台。这些工作不需要任何技术，工作本身枯燥无聊，没有创造性，与人工智能本身的未来感、炫酷感毫不沾边；有人认为，他们是人工智能产业链的一环，自然应该算作从业者，就像一家互联网公司，程序员、产品经理是它们的员工，保洁、保安当然也是它们的员工。但另一方面，也有人指出，人工智能作为一个产品，产业链的配合固然重要，但核心是开发者，而不能漫无目的地延伸。就像一款成功的互联网产品的推出，可以说参与其中的程序员、产品经理都有贡献，如果把贡献还归功于服务器生产商、计算机厂商就未免延伸得太远。

这是一个矛盾，在产业链高度分工又整合的今天，想要确定性地指出某个产品归属于某个行业，几乎是不可能的事情。笔者在这里举例是为了说明人工智能行业尚处于高速发展中，这种发展需要各种层次的人才，既需要数据科学家、数据架构师这样把控整体的专家，也需要数据分析、数据处理的人才，还需要众多的数据标记员。

如果你未来计划从事人工智能行业，一定要找准自己的定位。

谈到数据分析的未来，我们总感觉大数据和人工智能就是终极追求，所有数据分析相关的行业、公司、个人都希望搭上这一艘船，驶向已经确定的未来。但笔者来看，大数据和人工智能的未来就像一个带着面纱的女郎，她风姿绰约，但在揭下面纱前，你永远不知道她真正长什么样子。下一章我们就将讨论数据分析行业的未来。

第 3 章　数据—信息—知识的认知模型

如果你查阅本章的目录，会发现它的内容非常宏大，从认知模型到推理方法、信息论这样的深刻概念，你一定以为笔者在故弄玄虚，刻意把数据分析拔到一个很高的立意，然后用那种似懂非懂的语言解释这些概念。

其实这种做法与数据分析的目的恰恰相反。

数据分析所做的是从纷繁复杂的数据中获取有价值的信息，其中可能用到复杂难懂的技术，但结论一定是越简单、越明确越好。如果某人告诉你他可以掌握并使用非常复杂的数据分析技术，但是却没法得出可靠的结果，这样的数据分析一定是不合格的。就像 AlphaGo 那样，它使用的人工神经网络复杂到连研发者都无法知道其具体的实现规律，但最终它给出的结果一定是将棋子摆在哪里这样简单。

在已经认识到数据概念、数据历史的情况下，本章我们需要探讨的是一系列更具体的话题。认知模式、心智模式是数据分析的方法论，归纳法、演绎法是数据分析的共识，信息论则是判断数据分析价值的重要指标，它们共同指向了一个目标——数据分析的目的。

3.1　认知模型与心智模式

认知模型和心智模式都是我们理解事物的思维方式，我们从这个宏观的话题开始，逐步展开，探讨到人类逻辑推理的具体方法，然后再具体到信息论关于数据与信息的量化讨论，最后明确数据分析的目的究竟是什么。

认知模型是认知科学中的一个重要概念，是对认知过程的近似，而心智模式则更偏向主观，是我们对外在世界的理解、洞察、推演方法。本节我们需要从这两个概念展开，思考和探讨一个宏大的主题——我们怎样认识事物。

3.1.1　什么是认知模型

首先我们引用维基百科中的说法来了解一下认知模型的定义。

认知模型（Cognitive Model）是对动物（主要是人类）认知过程的近似，人们可以透过这种方式理解认知过程并基于此进行一些预言。无论是否在认知架构的条件下，我们均能够建立认知模型，尽管这两种情况并不容易区分。

与认知架构不同，认知模型倾向于关注单一认知现象或过程（例如，列表学习），多个认知过程是如何互动（例如，视觉搜索和决策），或是对特定任务或工具（例如，安装新的套装软件会如何影响生产率）做出行为预测。认知架构则专注于建模系统的结构特性，并有助于约束认知架构内认知模型的开发。同样地，认知模型的开发有助于了解认知架构的局限性及不足之处。在认知模型中，最流行的一些架构包括 ACT-R、CLARION 和 Soar。

当然，即使是笔者，阅读这段话也要花费一些精力。如果把以上的描述进行概括，可以总结出关键词：认知过程、近似和预测。

1. 认知过程

认知过程是指我们对事情或物品了解学习的过程。这个过程可以分为三种，即问题解决、模式识别和学习。

但无论我们对认知过程进行如何细化的拆解，它始终是一种近似，是将生物大脑数亿年进化的思考方式近似成我们可以理解的方式。既然是进化，那么建立认知模型的过程一定伴随着抽象。

2. 近似

《俄狄浦斯王》中，人面狮身的女妖司芬克斯反复背诵着一个谜语：什么动物有时四只脚，有时两只脚，有时三只脚，脚越多的时候最软弱？但凡猜不出谜语又要出入城门的人都要被她吞掉。俄狄浦斯猜中的谜底，就是人自己，这个答案正好应和了德尔斐神庙入口处的那句神谕：认识你自己。

黑格尔对这个谜语给予了很高的评价，认为这是人第一次觉醒，开始审视自己，大家知道黑格尔对于自我意识、精神等概念有过详细而复杂的论述，本书摘录一段：

“意识的真理是自我意识，而后者是前者的根据，所以在实存中一切对于一个个别的对象的意识就都是自我意识；我知道对象是我的对象（它是我的表象），因而我在对象里知道我”。

关于以上这个谜语，我们其实可以说这就是一种抽象，把人的其他特征忽略，而只强调腿的数量这样一个特征。虽然它构建了一个描述人生的认知模型，但这个模型明显是近似的结果，而非全貌。这个例子恰好说明认知过程伴随着近似，某些细节和全局的缺失恰恰是认知过程在发挥作用。

3. 预测

之所以建立认知模型，目的是为了对事物的结果进行预测。就像古人看到天气阴了，建立起的认知模型是上天发怒了，下一步要降下大雨惩罚人类。认识到上天发怒并不是认知模型的目的，而天阴导致下雨应该提前准备才是它的真正目的。无论是古代的妖术、邪术还是现代的科学，其建立的目的都可以归纳为试图把握客观世界的规律，而非建立学科体系本身。

关于认知模型，我们点到为止，它涉及了诸多心理学、系统学乃至哲学的概念，我们仅需要知道它是对认知过程的近似即可。下面我们将涉及一个更加主观也更加具体的概念：心智模式。它对我们理解事物起着重要的作用。

3.1.2　什么是心智模式

如果说认知模型更加关注单一认知行为的过程，那么心智模式则是一系列认知行为所形成的总体的思维方式。

相比起认知模型，它的概念简单一些。心智模式是指深植我们心中关于我们自己、别人、组织及周围世界每个层面的假设、形象和故事，并深受习惯思维、定式思维、已有知识的局限。如果你觉得这个解释还不够具体，我们不妨来看一个案例。

图 3-1 所示是一个应用的注册页面，现在需要你注册，你能快速地完成这个操作吗？

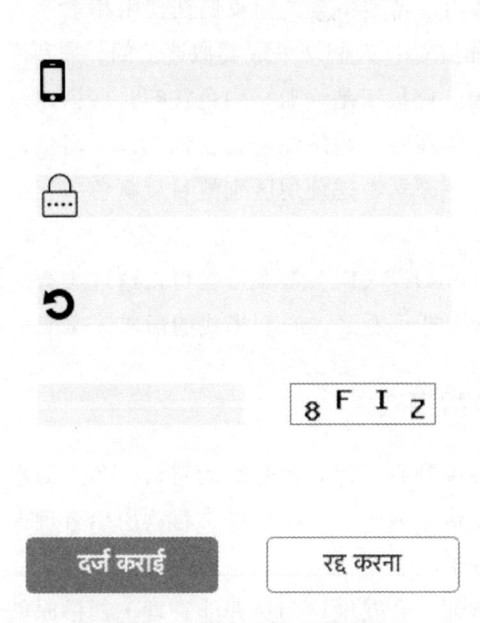

图 3-1　某应用的注册页面

虽然绝大部分读者可能根本看不懂注册页面上的语言文字，但是通过图标、按钮颜色就能轻易地判断出每个项目需要填写什么，哪个按钮是注册，这就是我们的心智模式。

心智模式的形成主要来源于重复。其实应用的注册页为了让用户快速确定每个文本框里填写什么，应用设计者就在文本栏左侧加上小图标，这些图标往往清晰、指向性单一，让你可以不通过文字就了解需要填写的内容；为了引导用户完成注册，各大应用开发商都把确认注册的按钮做得更加醒目。久而久之，我们对文字的认知就变成了对图形和颜色的认知，这就是一个心智模式形成的过程。

诺曼尔对于心智模式的性质有过集中的阐述，他为心智模式总结了六大特性，我们不妨把这六大特性与上面这个例子结合起来说明。

（1）不完整性（Incomplete）：人们对于现象所持有的心智模型大多都是不完整的。

在上面这个案例里，我们凭借的是多年使用手机应用所养成的习惯来进行注册，并没有探索应用底层的逻辑，这样形成的心智模式自然是不完整的，这点很好理解。

（2）局限性（Limited）：人们执行心智模型的能力受到限制。心智模式从来都是应用于特定领域的，例如手机应用的注册是这个页面，但是如果推广到电脑应用、特定领域的注册，这个模式可能就不再适用。

（3）不稳定（Unstable）：如果经过一段时间没有使用，人们就会忘记所使用的心智模型细节。就像在过去，我们手机输入中文使用的都是九宫格输入法，笔者近期再尝试九宫格，发现虽然输入依然不需要思考，但速度和准确率都明显有所降低。

（4）没有明确的边界（Boundaries）：类似的机制经常会相互混淆。这一点和局限性相对，虽然心智模式只能用于特定情景，但我们在使用和思考时却容易将其推而广之。

（5）不科学（Unscientific）：人们常采取类似迷信的、非科学模式，即使他们知道这些模式并非必要的。就像蓝色按钮是注册，白色按钮是取消，这是网站为了引导你完成注册而使用的小把戏，常年在各个网站注册让我们养成了习惯，而非科学研究的成果。事实上，如果至今没有一家公司考虑使用区别醒目度颜色按钮的设计，这也并不会过分影响移动互联网的发展。

（6）简约（Parsimonious）：人们会多做一些可以透过心智规划而省去的行动。这一点其实在心智模式的形成上即可看到，心智模式的形成其实就是对事物的抽象。

3.1.3 建立优秀的心智模式

之所以我们在本节要说到心智模式，是因为它对一个人的事业、职场、家庭、成长起着举足轻重的作用。在这个道理下，我们经常喜欢引用查理·芒格的一句话：拿着一把锤子，看什么都像是钉子。

实际上，如果仔细考证，会发现这句话并非查理·芒格原创。实际上这句话的文本在 194 年就由阿拉汉姆·卡普兰说过，他的原话是：给一个小男孩锤子，他会觉得所有物品都需要敲打。但这句话的历史甚至可以更早追寻到马克·吐温的思想。

笔者无心探讨这句话的归属权，但至少说明很多智者很早就发现一个人的心智模式对其行为方式的影响，无数名人也对此有过各种角度的诠释。

对数据分析师而言，因为我们每天所打交道的事物往往是工具和数据，更容易产生“手拿锤子找钉子”的想法，一旦这种心智模式建立，每日的工作就从数据分析变成了跑代码、做图表、开会，久而久之就形成了一种异化。

马克思对“异化”这个概念有着精准的论述。在本意上，异化是指原本自然上互属或和谐的事物随着演进而相互分离甚至对抗的情况。他在 1844 年的经济学手稿中写道：

这一切后果包含在这样一个规定中：工人同自己的劳动产品的关系就是同一个异己的对象关系。因为根据这个前提，很明显，工人在劳动中耗费的力量越多，他亲手创造出来反对自身的、异己的对象世界的力量就越大，他本身、他的内部世界就越贫乏，归他所有的东西就越少。

宗教方面的情况也是如此。人奉献给上帝的越多，他留给自己的就越少。工人把自己的生命投入对象：但现在这个生命已不再属于他而属于对象了。

因此，这个活动越多，工人就越丧失对象。凡是成为他的劳动产品的东西，就不再是他本身的东西。因此，这个产品越多，他本身的东西就越少。

工人在他的产品中的外化，不仅意味着他的劳动成为对象，成为外部的存在，而且意味着他的劳动作为一种异己的东西不依赖他而在他之外存在，并成为同他对立的独立力量：意味着他给予对象的生命作为敌对的和异己的东西同他相对立。

马克思使用“异化”一词来描述当时工人生产活动和社会地位本应和谐却相互远离的情况，当前数据分析师的视野想必要比每天在工厂上班的工人宽阔得多，但如果没有良好的心智模式，在对待数据分析这个工作的认识上也会产生异化。

一般而言，我们对一项工作的价值感应当与我们用它创造了多少价值有正向关系。例如，如果一份工作的收入是 1000 元，另一份工作是 10000 元，我们理应对 10000 元的工作有更好的感觉，因为很明显 10000 元收入的工作创造了更大的价值。

但很多人在工作中却经常产生一种相反的感觉：在一个岗位上待得越久，对这项工作就越不耐烦，感觉每天的工作是没有意义的。同时公司也因为你是老员工而对你安排越来越重的工作，能力的提升并没有带来对应工作的轻松或收入的增长。这就是一种异化的体现。

这种情况产生的原因是我们对工作的心智模式发生了偏移。如果无法看到数据分析工作的产业链性质和通过它所创造的隐形价值，很容易把这份工作归结于每天跑代码写报告的体力劳动，此时人评价工作的价值就会按照辛苦程度、工作时长进行评价，而忽略了其他的价值，进而对工作愈发觉得无趣。

认知模型的概念宏大又复杂，我们不用对其所有的理论都有所了解，因此本节点到为止，介绍了认知模型和心智模式中最粗浅的概念。下一节，让我们把视野缩小一些，看看在逻辑层面，我们是如何进行思考的。

3.2　归纳、演绎和类比法

思维方式是一个近些年很火的名词，与之相关的高频词诸如高效思维、理性思维、学生思维、老板思维等，每一种思维方式背后都有着一大套的理论基础和现实案例。思维方式的确是一个很重要的概念，它的触角延伸到人类学、心理学、社会学、哲学等一系列学科，形成了一套庞大的知识体系。

虽然体系庞杂，但它们基础的理论实际上来源于最简单的推理方法。在逻辑上，推理方法有且只有三种：归纳法、演绎法和类比法。如果仅从名称上去认识，它们之间的区别和关系很难看清楚，但如果我们把握住这三种推理方法的起点和结论，就能有一个清晰的认识（见图 3-2）。

结论 起点	特殊案例	一般情况
特殊案例	类比法	归纳法
一般情况	演绎法	╳

图 3-2　推理方法的对比

从图 3-2 所示我们可以看到，从一般情况出发，归纳到特殊情况的推理过程被称为演绎法；从特殊案例出发推理到一般情况的推理过程被称为归纳法；从特殊到特殊的推理则是类比法。这里我们可以发现，三种推理方法并没有包含从一般到一般的过程，这是因为在实践中，我们进行推理是为了获得未知的知识，而一般到一般的推理不会有知识的增量。

下面我们就从这几种基本的推理方式开始，探讨一下我们究竟是怎么认识这个世界的。

3.2.1　归纳法——从特殊到一般的推理方式

归纳法是一种我们最常见的认识世界的方法，它基于对特殊案例的有效观察，把对特定事物性质的描述扩展到相同类型对象的一般描述的过程。归纳法不一定完全正确，但在我们与世界打交道的过程中，其扮演了非常重要的角色。

从归纳法的定义可以看出，它是一种从特殊到一般的推理方法。即使在观测足够准确的情况下，我们只能保证每一条得出结论的条件正确，而不能保证一般结论的正确。

例如我们有一句谚语：天下乌鸦一般黑。那么这个结论是怎么得出的呢？

首先，是一个人看到过很多乌鸦，发现都是黑的，然后他又把这个信息分享给他人，他人表示自己看到过的乌鸦都是黑的，此人因此得到结论：所有人观察到的乌鸦都是黑色的，进而得出结论：天下乌鸦一般黑。

我们推敲一下这个认知的思路。所有人观察到的乌鸦与所有乌鸦存在一个包含关系，前者只能是后者的真子集，而不可能等价于所有乌鸦。但当有足够多的样本时，我们可以认为这部分样本代表了总体，因而可以使用归纳法把特殊归纳到一般。

假设全世界有 100 只乌鸦，其中有 1 只是白色，其他 99 只都是黑色。其中有 10 只乌鸦被人观测到，那么这只白色乌鸦被人看到的概率是多少呢？答案是 5%。因此在观察过 10 只乌鸦之后，如果实际上有白色乌鸦但没有被发现，这个错误结论的概率仅有 5%，因此我们可以有较大的把握说这个推论是正确的。

事实上，按照前提条件可靠性的不同，我们可以把归纳法分为三种方式：强归纳、弱归纳和错误归纳；下面我们分析一下这三种不同方式的归纳法。

1．强归纳

强归纳是指按照归纳本质定义进行归纳的过程。例如前面的“因为所有被观察到的乌鸦都是黑色的，所以世界上所有的乌鸦都是黑色的”，或者“太阳从来都是东升西落的，所以明天太阳也是东升西落”。

2．弱归纳

弱归纳是指前提确定但并不具有一般性的情况。例如“我从小到大的英语老师穿着都很时髦，所以所有英语老师的穿着都很时髦”。虽然前提仍然是确定的事情，但相比起之前强归纳的例子，它只是某些特定情况下的特殊状况，即我的观察。而其他人观察到的英语老师可能就没有那么时髦。

如果这个结论在我询问了足够数量的其他同学后，他们也反映自己的英语老师穿着都非常时髦，我们把归纳改为“所有人都反映自己的英语老师穿着时髦，因此所有英语老师的穿着都非常时髦”，这样就变成了一个强归纳。虽然仍然不能保证结论的正确性，但前提具有了更强的普遍性。

3．错误归纳

错误归纳就是我们使用了并不可靠的前提。需要注意的是，无论是强归纳还是弱归纳，它们的前提条件都是确定的。但错误归纳在前提上并不可靠，因此就无法推出具有可靠性的结论。

例如这样一个归纳：我是一个大学生，我们班大多数人都玩王者荣耀，所以大学生都玩王者荣耀。

从结果看，如果我们需要推出“大学生都玩王者荣耀”，使用的前提条件应该是“我观察到的所有大学生都玩王者荣耀”，然而上述案例的前提实际已经否定了这种条件。

为了让结果更加清晰，我们不妨制作一个坐标系（见图 3-3），横坐标代表是否玩王者荣耀，纵坐标代表是否是大学生。

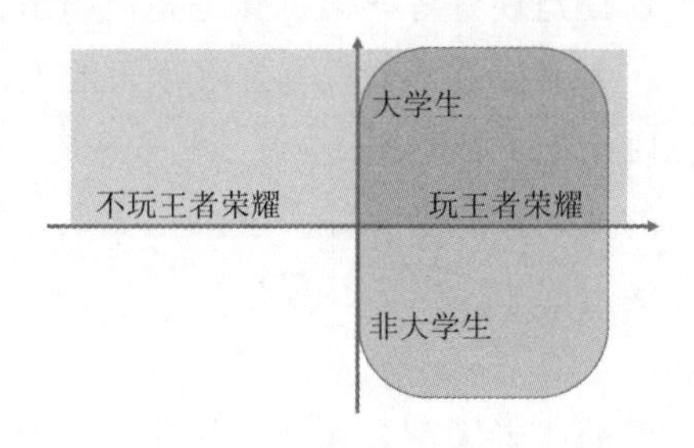

图 3-3　2×2 的表格

从图 3-3 中也可以看出，我的推理结论“所有大学生都玩王者荣耀”，也就是上图中圆角方框部分，而我观察的结论则是矩形阴影部分，从这样的前提推导结论，自然是没有可信度的。

关于归纳法，我们在认识它不足的情况下，也要注意一个事实：归纳法无论有多少的观测前提，只要没有完整观测总体，得到的结论都是不可靠的。但请注意不可靠和不可用的区别。

不可靠只是在结论上没有 100%的把握认为是正确的，但通过统计方法我们可以得到我们对这个结论正确的确定程度，如果确定程度足够大，就认为结论可以指导我们的实践。

最明显的例子就是药物临床试验。一款药物的安全性和有效性，需要经历漫长的临床试验，在上市前需要有三期试验，每期的人数是数十人至数千人，耗费很多年和数亿元。但是我们需要承认，临床试验得到的结论是一个归纳而来的结论。

如果一款药物被证明有效，那么它实质上是“因为这款药物对参与试验的人有效，因此我们认为它对所有患者都有效”（此处不考虑对照组）这样一个归纳法的结论。医药公司不可能让全世界所有患者都参与药物的临床试验，那么通过少量样本进行归纳的方式就是一种可选的方法。临床试验数据分析的很多工作都是确定结论的可信度，无论是计算 p-value 还是置信区间，目的都是说明归纳出的结论是有一定代表性的。

3.2.2 演绎法——认识世界最稳定的方法

演绎法与归纳法相反，是从一般推导到特殊的情况。一般情况是指具有普遍性的确定的结论，而特殊情况则是一般情况下的某个分支。因为很多时候，特殊被一般所包含的特性显而易见，所以，我们经常会不自主地使用归纳法，乃至忽略了它的部分前提。

举例来说，家长经常教育我们的一句话：“你要好好学习，才能考上好大学”，这里面其实就用到了演绎法。

演绎法要包含一个大前提和一个小前提，从这两个前提推导出结论。

在家长的这句话中，小前提是要好好学习，结论是能考上好大学，这里其实还缺少一个大前提，在这个话题下，大前提就是“只有好好学习的人，才能考上好大学”。

因此，完整的演绎法三段论如下：

大前提：只有好好学习的人，才能考上好大学；

小前提：你是好好学习的人；

结论：你能考上好大学。

大前提一般是指不言自明的或者大部分人都自然认同的理论，它具有一般性。而小前提往往是针对当前所述对象的描述，具有特殊性。

我们之所以认为演绎法是认识世界最稳定的方法，是因为它的结论在正确性上是与前提相同的，如果前提完全正确，那么结论也是完全正确，并不会像归纳法那样从正确的前提推出可能错误的结论。

但正因为这个原因，演绎法的使用场景就受到了一定的限制，它是从一般推到特殊情况，即你先要拥有对一个大概念的认识，然后才可能推出正确的结论。

我们不妨反过来思考，如何获得一个错误的演绎法结果呢？

答案是显而易见的：要么大前提错误，要么小前提错误。

例如以上的例子中，大前提就不一定是完全正确的。除了好好学习高考课程以外，艺术特长、体育特长、竞赛获奖、学校推荐等多种方式都可能进入好大学，好好学习并不是唯一的途径。因此我们可以认为结论并不可靠。

推翻大前提一般是比较难的，因为它已经形成了共识或者被多方验证过，一般想要驳倒演绎法的结论，我们需要做的是推翻小前提。这里笔者以泊松亮斑的发现过程做一个例子。

在物理学历史上，对于光的性质有两派截然相反的观点，一派以牛顿、爱因斯坦为代表的粒子说；另一派是以惠更斯、菲涅尔等为代表的波动说。需要注意的是，这里提及的科学家并不是一个时代的人，他们只是以自己的试验分别论证光具有粒子性和波动性。在历史上，这两派也是因为这些试验的发现而交替占上风。

菲涅尔一直是波动说的支持者。1817 年，托马斯·杨提出“光是一种横波”的假说来解释光的偏振现象；1818 年，菲涅尔在法兰西学术院发表了自己对于光线波动性的研究，这让粒子说的支持者泊松颇为不满，他认为应该通过一些事实推翻菲涅尔的波动理论。

既然光是横波还是一个假说，那么有没有可能找到一个思路否定这个结论呢？

泊松使用了演绎法，如果大前提是横波都有性质 A，小前提是光没有性质 A，那这样不就证明光不是一种横波了吗？泊松决定找到一种横波具有但是光没有的性质。

衍射是横波具有的性质，它是指波在穿过狭缝、小孔或圆盘之类的障碍物后会发生不同程度的弯散传播。根据泊松的计算，如果一束光照射一个圆形的遮挡物，因为衍射现象让光产生弯曲，那么在圆形遮挡物后面的中心就会产生一个亮点，如图 3-4 所示。

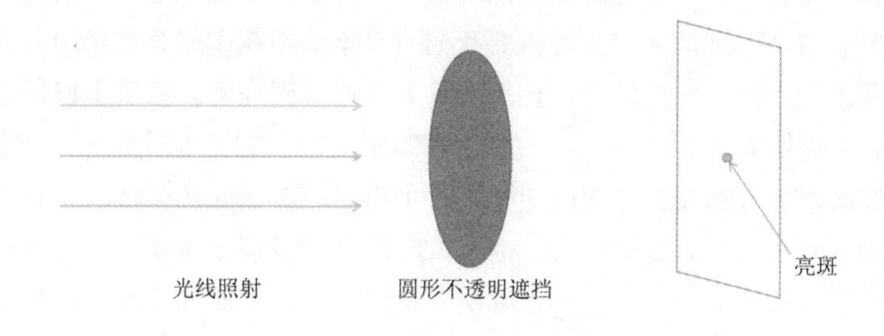

图 3-4　光的衍射

当然，这个现象在计算里不一定会出现，只有满足以下条件时，亮斑才会更清晰。

$$F=\frac{d^2}{l\lambda}>\approx 1$$

其中，F 表示菲涅尔数；d 为圆形遮挡的直径；l 是遮挡物到屏幕的距离；λ 是光源的波长。如果菲涅尔数大于 1 但接近 1，就能在屏幕中心看到一个明亮的光斑。这是因为圆形遮挡物使横波衍射造成了聚焦的特性。

然而根据我们的常识，如果一个人站在蜡烛前或灯下，从来没有发现过自身的影子中间出现一个亮斑的情况。因此再次使用演绎法：

大前提：所有横波被圆形遮挡物遮挡后会产生聚焦效果；

小前提：光不会在小圆片遮挡下产生光斑。

大前提是理性计算得出，小前提是日常经验得出。泊松认为二者都没有错，使用演绎法自然可以得出结论：光不是横波。

然而有趣的事情来了，菲涅尔经过计算确定了圆形遮挡物的尺寸和距离屏幕的距离，使用单色光照射遮挡物，真的在屏幕上发现了亮斑，这个原本是泊松计算出来用来反对光具有波动性的结果竟然成为波动说的一个有力证据。

此时菲涅尔可以反过来使用演绎法，如下：

大前提：衍射是波特有的现象；

小前提：光可以衍射；

结论：光是一种波。

后人为了纪念这段有趣的公案，就把这个亮斑命名为泊松亮斑。

这个故事是演绎法有效性和局限性的一个优秀的案例。演绎法的大前提往往是被证明的经验，不容易推翻，而小前提是大前提下的一个特定领域，往往来源于我们的经验和常识，因此它常常成为演绎法的“软肋”。

3.2.3 类比法——不可忽视的推理方法

归纳法和演绎法是两种古老的认知世界的方法，它们都有一定的局限性，但都可以推出比较合理的结论；只是它们或者需要我们对对象长期观察或总结经验，或者需要我们对一般性规律具有概括性的结论，使用的场景总是受到局限。为了更好地了解世界，类比法经常被人类使用。

类比是根据两类事物在某方面的相似性，推出另一方面的相似性。常见的表达方法是因为 A 具有 a 和 b 性质，B 也具有 a 性质，所以 B 也具有 b 性质。

但这种推理方法并不一定可靠，它取决于 a 性质与 b 性质之间的相关性。

例如，我们在股票分析中有时会看到以下两种语句。

甲说：这个公司过去 3 年的表现很不错，近期管理层没有大的轮换，领导班子也决定继续执行过去的经营策略，外部市场环境相比起前两年更好，因此我认为这个公司的股票未来还有一定的上升空间。

乙说：一位股票分析专家说这个公司未来股票还有一定的上升空间，所以我觉得股票还能涨。

两个人都使用了类比法。甲的潜在意思是，因为公司管理层、经营决策、市场环境在过去和未来是相同的，因此股票增长的势头在过去和未来也是相同的；乙的潜在意思是，股票分析专家在过去预言增长的股票的确增长了，所以这只股票也会如他所愿。

对比两人得出结论的过程，如果你认可公司股票价格与公司价值具有更密切的关系，那么不难看出甲所做的分析中，已知性质和未知性质的相关性更高，因此我们有理由认为甲做出的结论更可靠。

事实上，不合格的类比在生活中比比皆是，它们主要的错误主要可以分为三类：不相干、不充分和不当预设，这种错误被称为不当类比。下面我们就以举例子的形式看一下不当类比的几种类型。

1．不相干

朱买臣贫贱时为樵夫，妻子弃他而去。后来朱买臣受举荐得到汉武帝赏识，先后成为中大夫和会稽太守。衣锦还乡时前妻恳请复合，他把一盆水泼在地上，说你若能把地上的水收回盆里，我们的感情才能和好。前妻羞愧难当。

如果不刨除掉文人义气和“覆水难收”这个成语的贡献，朱买臣这个类比无疑是不合格的。类比的对象是泼出去的水和与前妻的感情，两者只在“失去无法回收”这一点上有相似性，但构成这个性质是有不同原因的。水难以收回是因为物理定律，朱买臣不愿与妻子复合是内心意愿，因此不能推出水和感情具有类似性这个结论。

2．不充分

A 同学勤奋工作，终于成为一位成功者。如果我也像他一样勤奋，一定也能成为一名成功者。

我们在很多情况下都听说过这种类比方法，但只要仔细思考就知道这种类比错在条件不充分。A 同学的成功是多方面的，有勤奋工作、团队协作、策略得当等各种因素，或者说每一条都是他个人的一个性质，而从我与他具有某一条相同的性质推出，我与 A 同学也同样具有成功者这个性质，显然是不合理的。

掌握这条不当类比，你可以避免被很多“鸡汤”洗脑。

3．不当预设

例如下面这句话：

我们所处的世界是一个虚拟世界，所以未来使用技术把人的记忆存储在计算机里是可行的。

这种假设的问题在于预设条件不一定成立，关于“我们所处的世界是一个虚拟世界”，虽然现在有各种案例佐证，但仍然并非一个确定的结论，因此从不确定的预设进行推导，结果也是不可靠的。

请注意，笔者以上对不当类比的描述，是不可靠、不合理，并不是说它们的结论一定错误。这是因为即使存在不当类比，我们也可能得到正确的结论。但类比作为一种认知方式，自有其判断可靠性的方法，这一点需要各位读者自己去把握与理解。

在这一节，我们介绍了一个看上去与数据分析本身无关的话题，但数据分析就是我们理解、丈量事物的一种方式，虽然它看上去宏大，但其中的原理是每个人的每次思考中都会不自主调动的。

相比起逻辑思维，数据分析所做的事情更多是量化的，信息论也告诉我们，数据与信息是可以计量的。那么下一节，我们就尝试从最简单的角度说说信息论的概念。

3.3 信息论入门

科学发展的历史中从来不缺天纵之才，他们中又可以分为两种，有些人在现有的理论上进行创新，对理论做出了更深刻的解释；有些人则更进一步，以一己之力开创了全新的理论，牛顿、达尔文、爱因斯坦和本节的主角克劳德·香农（见图 3-5）都是后一类的人物。

图 3-5　香农

香农的名字已经和信息论紧密绑定，几乎就是信息论的唯一代言人，事实也的确如此。

在香农之前，我们本能地知道，从数据中可以得到信息，信息可以被传递，有些信息似乎很有冲击力，有些信息则比较平淡，但信息是否可以量化，如何对比两条信息的信息量，这些数学方法却没有人可以明确阐述。

纵观香农的一生，可以发现这是一个优秀的别人家的孩子，优秀到一般人没法模仿。

16 岁进入密歇根大学，毕业时拿到电子工程学和数学双学位，之后进入麻省理工学院攻读硕士学位，在毕业论文中提出了将布尔代数应用于电子领域来解决逻辑和数值关系问题。

同时，香农还是一个极具生活情趣的人，发明过火箭动力飞行光盘、电动弹簧高跷、喷射小号、复原魔方的设备，并和数学家爱德华·索普共同发明了世界上第一个佩戴式计算机，用途是在赌场中记牌以提升胜率。

但是如果与他在科学上的成就相比，以上这些又似乎完全不值得一提。香农在密码分析、保密通信、信息论等众多学科中有着突出的贡献，奠定了我们现在计算机和互联网的基础。

本节我们就尝试用最简单的语言窥探信息论这个庞大系统的一隅，了解它的基本理论。

3.3.1　为什么信息可以被量化

在日常沟通中，我们经常会说“这句话的信息量太大了”，这往往是描述我们接收到一个信息时被冲击的状态，但冲击的大小却不容易说清楚。

与其他理论相同，信息论中也有一些基本的假说，其中最重要的就是形式化假说，即通信的任务只是在接收端把发送端发出的消息从形式上复制出来，消息的语义、语用是接收者自己的事，与传送消息的通信系统无关。

以上关于形式化假说的描述可能理解起来有些枯燥，下面我们不妨考虑这样两句话：

（1）中国队这场比赛打得太好了！后卫长传直接找到边锋，边锋带球突破两人一脚射门直挂球门死角，1∶0 绝杀巴西队！

（2）中国队与巴西队比赛的结果是 1∶0。

两句话的长度、内容、风格完全不同，但在比赛结果这个信息的角度上，从信息论看来，两句话包含了相同的信息。我们都可以把他们缩写成“中国队 1 巴西队 0”，如果更简化的话还可以写成“1 0”这两个数字。

这就是形式化假说，信息要去掉消息的“语义”和“语用”因素，保留能用数学描述的“形式”这一因素。

明白了形式化假说的意义，我们不妨再看一个提到概率论就会用到的例子——抛硬币，我们从信息论的角度重新认识一遍这个过程。

关于抛硬币的结果，我们既可以说“这次抛硬币的结果是正面”这句话，也可以说“正面”两个字，根据形式化假说，这两种描述方式中，信息量是一样的。更极端地，如果约定 1 表示正面，2 表示背面，这样信息传递用一个数字就能完成，这也是想要传递这个信息的最简方式。

如果我们把这个案例扩展，现在投两枚硬币，这样获得的结果将会是以下四种：

结果 1：正正

结果 2：反正

结果 3：反反

结果 4：正反

此时，我们可以使用两个数字来表示投掷结果，如下：

11 = 正正

21 = 反正

22 = 反反

12 = 正反

这里，我们最短需要使用两个数字才能表示投掷结果，因此结果的信息量就可以理解为投掷一枚硬币的两倍。

读到此处你肯定会有想法，如果我们仍然使用一位数来表示结果，用 1、2、3、4 分别代表不同的情况，那样传递的信息量不就应该是 1 了吗？

这里我们需要明确，信息量的大小并不取决于表示它的位数，而是根据概率进行计算。下面，我们就来说说信息论的核心——香农公式，以及两个我们很熟悉的概念。

3.3.2 无处不在的熵和比特

在科学界，经常会有某一个概念跨越多个学科的情况，本小节说到的熵和比特就是两个例子。

熵的概念是在 1865 年由德国物理学家克劳修斯提出，用于度量能量的退化，英文是 entropy，这个词在克劳修斯到中国讲学时，被中国近代物理学奠基人胡刚复创造性地翻译成了熵，以火字旁加商字表示这是热量除以温度的商数。

在信息论中，同样有熵这样一个概念，它表示的是不确定性。

我们继续使用抛一枚硬币的案例，考虑以下两种情况：

情况 1：别人告诉你结果是正；

情况 2：别人告诉你他没看见是什么结果。

如果去除知情者说谎、知情者看错了这样的可能，情况 1 可以理解为你 100%确认结果，反过来说就是不确定性为 0。情况 2，你跟没被告知信息一样，对结果的不确定性没有任何变化。

信息熵就可以定量地描述某个信息里包含的平均信息量，注意信息熵的定义是信息的平均量，例如抛硬币既可能是正，也可能是反，那么结果的信息熵就可以用以下公式计算：

$$-K\sum_{i=1}^{n} p_i \log(p_i)$$

即每种可能情况的概率乘以概率的对数之和取反。例如，在抛硬币的案例中，正与反的概率均为 1/2，那么这个事件的熵则为

$$-\left(\frac{1}{2}\times\log\left(\frac{1}{2}\right)-\frac{1}{2}\times\log\left(\frac{1}{2}\right)\right)$$

很明显，这是一个无量纲量，而 log 的底数会影响变量的值，因此我们对熵的单位做出如下规定：

（1）当 log 的底数为 2，得到的熵值单位是 bit 或比特；

（2）当 log 的底数为 10，得到的熵值单位是 hart 或哈特；

（3）当 log 的底数为 e，得到的熵值单位是 nat 或纳特。

这三个单位中，比特是我们最熟悉的一个词，在计算机里，代表 0 和 1 的一位就是一个比特，无数比特的叠加就记录了一切信息。

回到上一小节的问题，如果使用 1、0 分别代表两次抛掷硬币的不同结果，那么结果带给我们的信息熵就是：

$$-\left(\frac{1}{2}\times\log\left(\frac{1}{2}\right)-\frac{1}{2}\times\log\left(\frac{1}{2}\right)-\frac{1}{2}\times\log\left(\frac{1}{2}\right)-\frac{1}{2}\times\log\left(\frac{1}{2}\right)\right)$$

结果是 2bit。

如果我们使用 1、2、3、4 四个数字分别代表四种不同的抛掷结果，它们每一种结果发生的概率都是 1/4，那么我们的公式就可以写成：

$$-\left(\frac{1}{4}\times\log\left(\frac{1}{4}\right)-\frac{1}{4}\times\log\left(\frac{1}{4}\right)-\frac{1}{4}\times\log\left(\frac{1}{4}\right)-\frac{1}{4}\times\log\left(\frac{1}{4}\right)\right)$$

结果仍然是 2bit。

这也说明，信息在应用形式化假说，只考虑其数学描述之后进行计算，结果并不会因为表述形式而发生改变。

关于比特，我们需要强调这个单位在信息论和计算机科学中仍然有一个显著区别。计算机中的比特是最小的计量单位，例如我们熟悉的 1 字节（Byte）就等于 8 比特（bit），但在信息论中，因为比特是平均信息量的单位，因此可以出现 0.5bit、0.01bit 这样的计算结果。

下面我们不妨考虑以下情景，现在有如下一个短语：

好吃的_______

请你填空，猜出这道题的答案应该是什么。

在没有任何信息的情况下，答案很难说。无论填蛋糕、火锅、冰激凌、香蕉，每一项都有道理。假设我们有 100 个备选选项，每一个出现的可能性都相等，那么最后得到

的信息熵就是 $\log_2 100$，约为 6.6bit，信息量明显就比刚才的硬币问题大了许多。

下面仍然是这道填空题，你发现有人帮你填写了一个字，你能把它填写完整吗？

好吃的葡____

相信这一次所有人都会毫不犹豫地填上“萄”，这是因为，在中文中，“葡”字所组成的词基本只有葡萄。换言之，“萄”字有很大概率会跟着“葡”字出现，假设有 99.5% 的情况都是如此，那么在看到“葡”字之后我们对答案的不确定度又是多少呢？

经过计算发现答案是 0.01bit，从数字上可以看出此时不确定性已经非常小，这跟我们的预期也是相符的。

而 6.6bit 与 0.01bit 的差，就是“葡”这个字为我们带来的信息量。

其实明白了以上概念，也就解决了所谓感觉“信息量太大”的原因。当我们对一个事物完全不确定的时候，如果此时给你一个确定的信息，那么信息熵的变化就会很大，我们就觉得信息量大；如果是一件你本就比较确定的事情，再告诉你结果，信息熵的变化并不大，因此你会觉得信息量很小。

信息论正是从数字量化的角度计算了信息量的大小。

3.3.3 难以消除的噪声

我们从形式化假说了解到了信息熵与比特的概念，信息论中另一个重要论点是非决定论，它可以概括为一切有通信意义的消息的发生都是随机的，消息传递中遇到的噪声干扰也是随机的，通信系统的设计应采用概率论、随机过程、数理统计等数学工具。

在信息论出现以前，科学界一般认为，以固定速率发送信息而忽略概率误差的传输系统是不可能存在的。简化理解，就是说如果我们传递信息的时候有难以消除的误差出现，只要存在误差，就不可能以固定速率发送和接收信息；或者如果以固定速率发送信息，那么误差就无法被忽视。

但香农使用了一个简洁的香农公式告诉我们，只要信息发送速率低于一个值 C，就可以找到一种编码方式，让误差接近 0。这里 C 被称为信道容量，可以通过以下的香农公式计算出来：

$$C = B\log_2\left(1+\frac{S}{N}\right)$$

其中，B 为传输信号的带宽；S/N 是传输信号的信息与噪声的比例，简称信噪比。

这个公式是一个伟大的发现，它揭示了信号传输速率的一些影响因素：

（1）噪声是不可能消除的。若噪声为 0，那么 $1+S/N$ 这一项就会变成无限大，信号的传输速率也会变成无限大，这显然与事实不符；

（2）影响通信速率的因素有通信带宽和信噪比，无论是加大通信带宽还是提高信噪比，都可以让通信速率达到有效的提升。

一条公式，两种思路，信息传输的科技正是在提升信号带宽与提升信噪比两个方向的演进让我们享受着越来越快的信息传输速度。

最新的 5G 技术，就是在信噪比不变的情况下，通过使用厘米波和毫米波，使通信带宽从 4G 的 20MHz 变成了 100MHz 和 400MHz，使信道容量 C 分别提升了 5 倍和 20 倍，即通信的理论速率提升了 5 倍和 20 倍。

但无论是提高带宽还是信噪比，都是需要花费成本的。因此在工业界，采取的方法是选择合理的带宽与信噪比，达到相同投入下的最大回报。

图 3-6 所示的是电磁波光谱，由于 5G 基站使用了厘米波和毫米波，电磁波的穿透性更小，因此需要修建更多的基站，投入成本也会更高。如果未来 6G、7G 技术继续发展，那么它们使用的电磁波波长会更短，频率会更高，我们有朝一日甚至可能会经历靠可见光通信的技术时代。

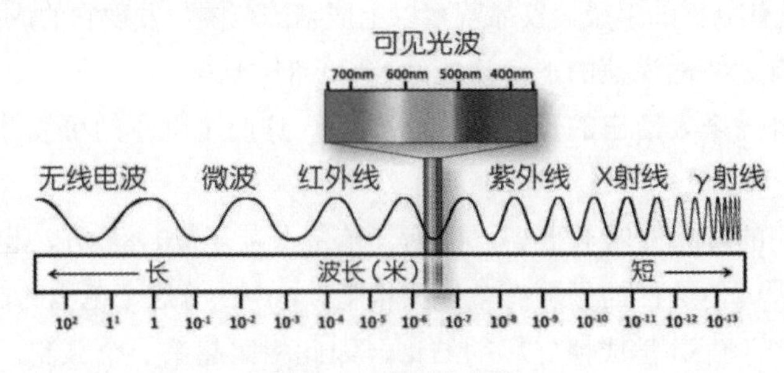

图 3-6　电磁波光谱

3.3.4　从信息论看数据分析

相信看了以上的内容，各位读者虽然了解了信息论的基本知识，但脑海中一定存在一个问题：这有什么用？是的，你的问题其实很有价值。科学理论的归宿向来是指导实践，即使它在诞生之初与技术距离遥远，随着技术的发展，有朝一日总可以用上。就像爱因斯坦的相对论，在诞生之初也受到各种质疑甚至刁难，后来所有质疑点都得到了证明，并且在现在的航天、能源、计算机领域都得到了应用，虽然它诞生之初看上去与现实并没有紧密的联系。

信息论其实也是这样，它理论的思想其实也可以指导我们的数据分析工作，笔者就尝试通过信息论的思想方法来总结一些数据分析的经验。

1. 数据质量和分析方法缺一不可

数据分析是将数据转变为信息的过程，而数据的质量在其中起到了重要的因素。一般而言，选择合适的分析方式可以获得更多有效的信息，但如果数据包含大量错误信息，那么无论多么优秀的统计分析方法，都无法得出可靠的结论。

因此，数据收集的质量和分析方法共同决定了数据分析的可靠性，就如同香农公式中的信号带宽和信噪比，单一提升其中的一项对分析的结果不会产生决定性影响，相反还会因为边际效应产生额外的成本支出，例如，为了保证数据收集的质量，需要增加人力对数据进行审核。

因此，数据分析也应当采取效用最大化的原则，让数据质量和分析方法形成一个组合，这个组合的成本和效用达到最优化的情况。

2. 信息可靠性和有效性的平衡

我们还有一个考量，就是信息的可靠性和有效性必须达到一个平衡，不能为了保证数据完全可靠而忽略有效性，也不能为了分析结果可以指导实践而做出不可信的结论。

已知某同学最近 5 次相同难度的数学考试成绩分别为 72 分、75 分、85 分、70 分和 78 分，如果让你对他下一次的成绩进行预测，你会给出一个什么样的成绩范围呢？

我们不使用统计分析的手段，仅靠观察以上成绩的范围，发现它的成绩均在 70~85 分，那么我们就比较有把握地说他的下一次成绩在 70~85 分。

但同时，另外一个人给出的预测是 60~95 分，这两个预测的可靠性和有效性孰高孰低呢？

60~95 分预测的可靠性明显更高，因为其范围覆盖了 70~85 分，也就是分数落到这个范围的概率更大。但这样的预测有效性又很低，60~95 分这个范围跨越了及格到优秀，根本无法得出一个学生数学成绩好坏的结论，因此相比起第一个预测，这个预测虽然可靠性更高，但有效性却很低。

在统计分析中，我们可以使用诸如置信区间这样的概念量化描述可靠性，例如 95%置信区间和 90%置信区间，但信息的可靠性和有效性在条件一定的情况下无法兼得，数据分析所做的事情就是在合理可靠性和有效性的情况下给出分析的结果。

说到这里，我想信息论的基本概念已经给大家解释清楚了。我们在做数据分析的时候，当然不需要计算每一张图表所带来的信息比特量，也不会去考虑数据分析降低了多少信息熵，但信息论的基本理论在潜移默化中指导着我们的工作。

在本章的最后一节，我们再把视野从前几节里复杂的逻辑学、信息学知识拉回，重新聚焦到数据分析这个工作上来，关注它工作的意义和所能带来的价值。

3.4 数据分析的目的

在这一节，我们终于要讨论一个与我们职业相关的话题：数据分析的目的究竟是什么。

在这里，笔者希望提出一个数据分析的三级火箭模型。

很多读者都知道三级火箭的概念，它由美国人最初实验成功，并且推动了人造地球卫星、阿波罗飞船进入预定轨道，是一项重要的发明。为什么火箭要做成三级的呢？这是为了保证最高的能量使用效率，每一级推动单元在使用完后就与火箭主体脱离。

数据分析的三级火箭也是类似的结构，从数据归纳出信息，用信息获得知识，而数据、信息、知识就如同火箭的三个层级一样，依次推动我们的认知提升一层，每当认知提升一层或者传递到下一步骤执行者的手中，前期的内容往往就会被忽略。

3.4.1　从数据到信息

关于数据到信息，我们在之前的过程中已经有过讨论，本节将用具体的案例来谈一谈。

笔者在拙作《SAS 数据统计分析与编程实践》中提到过一个案例，也是很多人在职场中可能会遇到的事情。那就是帮一起加班的新领导叫外卖，你应该点什么菜呢？

这是一个很为难的场景，别看单纯是选择一个外卖，这里面包含了菜量、餐馆、口味、菜品等多个选择，如果组合一下，那么生成的可选结果是海量的。

如果把“点领导爱吃的外卖”作为一个目的，目前我们这个目的没有任何可以支撑的数据。

现在，假设给了你一份公司领导的简历（见表 3-1），有没有可能帮助到你作决策呢？

表 3-1　公司领导简历信息

姓名	刘大芝	身高	190cm
籍贯	四川	体重	90kg
教育经历	湖南师范大学计算机学士学位		
	湖南大学管理信息系统硕士学位		
工作经历	诺美药业市场部企划 2015—2019		
	砝码数据高级系统工程师 2019 至今		

这里面的每一项都可以归纳成数据，从中我们似乎可以用演绎法总结两点：

（1）这位领导的籍贯是四川，教育经历在湖南，这两个地方的人很多都喜欢吃辣，俗话说“四川人不怕辣，湖南人辣不怕”。那么这位领导有可能也喜欢吃辣；

（2）这位领导的身高体重都比平均值高出很多，一般而言，身材高大的人的饭量也更大，那么领导的饭量可能也比一般人要大。

不知你发现没有，简历本身是用于求职的数据列表，但在这里，我们却归纳出了可能知道点外卖决策的信息。这就是笔者在之前提到的数据的特点，数据是客观、抽象的，而信息是具体的。相同的数据可以从不同角度得出不同的信息。

为了避免读者在此处产生“数据可以得到确定信息”的错误认识，我们仍要做两点补充说明：

（1）从这份简历数据得到的信息只能部分地消除不确定性，而不是 100%正确的结论。例如，即使是湖南人和四川人，也有可能并不喜欢吃辣。同理，身高和体重是一个人综合生活习惯的体现，从中并不能得出“身高高或者体重重的人一定饭量大”这个信息。用前一节的内容表述就是信息熵仍然存在。我们从数据得到信息这个过程并不一定要求 100%的正确，也无法保证 100%正确。如果想要完全消除不确定性，那就需要完整的数据。例如，每个湖南人和四川人是否吃辣的数据，但这是不可能的，因此，尽可能消除不确定性和与不确定性共存才是数据分析的常态。

（2）信息并不一定要依靠所有数据才能得到，例如在这个案例中，这位领导的姓名和工作经历对我们总结信息并没有任何的帮助。这也正是数据分析工作的一个特点：筛选有效数据来推导有用信息。

现在的互联网公司，每天产生的数据车载斗量，可以细化到像网站用户鼠标移动轨迹、产品页用户浏览顺序等，但其中的大部分数据并不能用于分析；而可获得有用信息的数据只占总数据量的一小部分。因此，选择合适的数据归纳信息，也是数据分析师的一项重要能力。

3.4.2 从信息到知识

下面我们说数据分析的第二步，也就是如何从信息再获得知识。

知识的定义颇有哲学色彩，首先我们摘录一段维基百科中对于知识的定义：

知识是对某个主题确信的认识，并且这些认识拥有潜在的能力为特定目的而使用。意指透过经验或联想，而能够熟悉进而了解某件事情；这种事实或状态就称为知识，其包括认识或了解某种科学、艺术或技巧。

如果简单总结，我们可以说知识是某个主题下的认识+使用；如果只有对一个主题的认识或理解而无法通过方法将其使用出来，我们不认为这是知识。同理，如果只能使用而对事物没有认识，我们也不认为这是知识。

这个概念或许可以帮助我们理解信息和知识的区别。

信息相比起知识具有片断性，它的价值取决于信息拥有者的需求和对信息的理解。知识则是对信息抽象化的总结和概括，从具体变成了一般。

例如，在上一小节的点外卖案例中，“领导可能喜欢吃辣”和“领导的饭量可能比较大”就是两个信息，而“我今天要在 A 餐馆点 B、C、D 三个菜，因为领导可能喜欢”就可以被称为一个知识。

对比信息和知识的区别，“领导可能喜欢吃辣”就具有片断性，并且信息拥有者可以根据自己的需求和理解对这个信息进行自己的加工，比如考虑到领导可能爱吃辣，所以选择湖南菜馆，或者想为领导换换口味而特地选择一家鲁菜馆。但当信息加工成知识时，它就有了确定性，一个人不能在选择一家餐馆的同时选择另一家餐馆，依据知识所作出的决策变成了唯一的选择，这种认识+使用的性质是对知识这个概念一个比较好的阐述。

在以上概念还没有把你绕晕的情况下，笔者希望各位读者回顾一下之前我们从数据得出信息的过程，我们需要从此得出一个重要的概念：先验信息。

我们认为，领导是四川人并且在湖南上学，因此可能喜欢吃辣，在这里其实有一个前提条件，这个条件被我们默认成立，也就是湖南人和四川人喜欢吃辣。如果没有这个条件，领导的籍贯和教育经历就无法被我们用于归纳信息和知识。这种不需要说明就被一般人所认同的信息被称为先验信息。

先验信息在我们作出决策时可以提供非常大的帮助，并且先验信息的范围非常广大。例如这样一句话：

猫喜欢靠在炉子边，因为它的温度非常高。

如果把这句话交给人工智能系统翻译，这一句里的“它”将会是一个难点。究竟是猫的温度高，还是炉子的温度高？是猫觉得太热，所以要在炉子边靠着；还是因为炉子热，所以猫喜欢在旁边靠着？在这一句中并没有给出明确的逻辑线索。

但如果是别人跟你说这句话，我们就能不假思索地知道“它”明显是指炉子，这是因为，每个人脑海中都有一个先验的信息：炉子是用来烧火的，火的温度很高。这些先验信息让我们对这句话的逻辑有了一个轻松的判断。

我们所收集的数据并不一定包含所有得出信息的数据，我们很多时候还需要先验信息的帮助，而有些先验信息并不是前面炉火温度高那样的常识，而需要我们去对比获取。

例如，某在线教育平台发现它的客户在某个平台的转化率是 8.8%，那么这个 8.8% 究竟是高还是低？真正有效的思路是对比其他公司，最好是同行业公司的相同渠道下的客户转化率，看看是否有明显的区别。而其他公司的数据显然不是我们可以轻易获得的，因此就需要用其他方法寻找比对，获得先验信息。

3.4.3　用知识作出决策

虽然，我们一向认为获取知识是数据分析的目的，但实际上，知识并不是一个公司最终所要的产品形态。对于数据分析师，做完统计报表上交给领导就算完成任务；对管理者而言，用报表做出精美充实的 PPT 在会议上完成报告是完成任务。

如果我们把公司看成一个实体，它也有自己的任务，就是根据知识作出正确的决策，那么我们可以发现知识和决策期间又差了一个维度，即全面性。

知识并没有机会成本，这是经济学里的一个非常重要的概念，是指为了做某事而放弃的其他所有事情中收益最高的价值。

在很多对机会成本的讲解中，机会成本都会被描述为其他所有未做事情价值的总和，其实如果这样定义的话，机会成本将会变成无穷大。例如，为了跟心爱的人一起去看电影，你损失了今晚 3 小时的学习时间，但这损失掉 3 小时也可以用来打游戏提升段位，甚至去买几张可能中奖的彩票。如果这样计算，3 小时中可能有无穷的事情发生，机会成本就会被无限放大。

但实际上，我们考查机会成本时应该对比的是为了做这件事而放弃你最可能做的事情。例如，作为一个考研的学生，如果不去看电影，那么这 3 小时一定会用来学习，因此 3 小时学习所收获的知识才是看电影的机会成本。

但决策中充满了机会成本。所谓决策，就是选择一个或少数收益最大的计划来实施。而没被选中的计划就可以当作机会成本。

当年苹果公司在乔布斯回归后，Mac 电脑的销量一飞冲天，也让当时的苹果公司决定扩大产品线，当时有三个产品方案提上了计划：

方案一：制造一辆智能汽车；

方案二：开发一款智能摄像头；

方案三：生产一部智能手机。

通过图 3-7 所示，读者会有更直观的感受。

图 3-7　苹果公司的三种产品方案

最后，苹果公司选择了方案三。到目前为止，苹果公司成为全球市值最高的公司之一。

然而这个选择真的是最好的吗？笔者在和其他人讨论这个故事的时候，就得到过两种完全相反的观点。一种说幸亏苹果选择了智能手机这条路，如果生产汽车或者摄像头，它怎么能有今天的成就；另一种观点是可惜苹果没有选择智能汽车，否则我们现在的汽车一定会更好，苹果公司的估值还会更高。

这两种观点非常有趣，它们截然不同却又有各自的道理，主要原因就是对机会成本不一样的价值判断。

作为一本数据分析行业的图书，我们无法涉及管理、决策、布局这么宏大的主题，但知识对决策的辅助作用，笔者仍然要向所有读者强调。

至此，我们回顾本章内容，我们从最大的视野开始，一步一步梳理了跟数据分析行业紧密相关的认知模型、心智模式、逻辑推理、信息论等知识，然后在最后一节讲解了从数据到决策的过程。

俗话说得好，“工欲善其事，必先利其器”，在前几章我们所说的都是“事”，那么从下一章开始，我们将介绍什么是数据分析的“器”。

第 4 章　选择正确的数据分析工具

工欲善其事，必先利其器。但是面对多款“利器”时，数据分析师应该抉择呢，计算机软件技术发展到现在，具有一定体量的数据分析工具并不少见，而且它们已经没有明显的好坏之分，并且凭借着各自在特定方向上的优势，在各自行业都有着出色的应用。

笔者将在这一章中和大家探讨常见的数据分析工具，并通过项目演示的方式让各位读者体会不同数据分析工具的优势和适用行业，并最终阐述自己选择数据分析工具的方法与思考。

4.1　Excel——最简单的工具暗藏玄机

如果回想我们刚刚使用电脑时，绝大部分读者所用的第一款软件都是微软公司的 Office 系列。用 Word 写日记，用 Excel 记账，用 PowerPoint 在课堂上做展示，相信很多读者应该都做过。

笔者仍然记得 Excel 2000 版本中还隐藏着一个赛车游戏，通过选定特定的行列即可调出，这成了同学们每节电脑课上都乐此不疲的事情。

关于 Excel 的传说其实还有很多，不过这都不是本节的重点。在这一节中，让我们从数据分析这个视角来看看 Excel 可以做什么样的数据分析，它又应用在了哪些行业之中。

4.1.1　微软的 Excel，苹果系统上的软件

Excel 的历史可以追溯到 1985 年，彼时微软公司制作的图表软件 Multiplan 在 DOS 系统上表现不佳。其实即使以现在的眼光来看，Multiplan 的完成度已经很高，并且操作逻辑和界面设计跟 Excel 十分相似。但其昂贵的售价是制约其销售量的因素。Multiplan 开发了多个版本，其中即使最便宜版本的售价都高达 150 美元。

为了在生产力工具中占据“领头羊”的位置，微软公司启动了 Excel 项目，并在 1985 年成功上市。

一个有趣的事实是，第一代 Excel 只用于苹果的 Mac 系统（见图 4-1），直到 1987 年，Windows 版本的 Excel 才出现。因此 Excel 可以说是苹果公司与微软公司合作的典范软件。

此后，微软公司按照 2~3 年的迭代速度对 Excel 进行更新，添加新功能，目前最新的版本是 Excel 2022。

每一代 Excel 的更新基本上主打的都是三个特点：界面美化、函数增加和性能增强。到

目前为止，Excel 已经可以完成绝大部分数据处理、统计和制表功能，而它的样子，仍然是 36 年前简单的由横纵网格交叉而成的表。

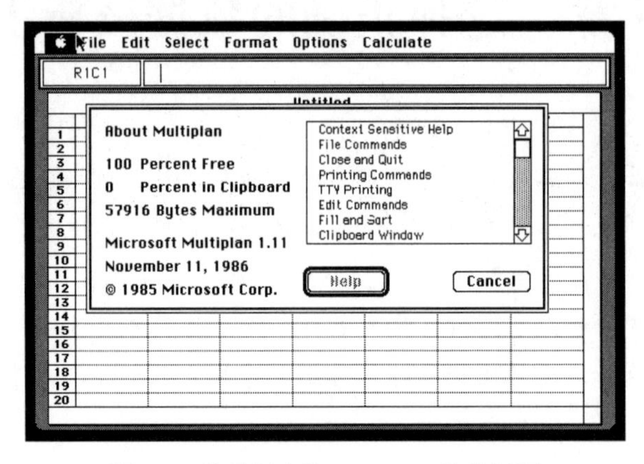

图 4-1 苹果版本的 Multiplan 软件界面

4.1.2 使用 Excel 进行简单的数据处理

提起使用 Excel 进行简单的数据处理，就不得不说到它丰富强大的内置函数。Excel 自带的数百种函数可以说是轻松满足了日常的数据处理需求，其函数库囊括了从一般的日期时间函数、逻辑函数等，到较为专业的财务函数、数学函数等各种各样功能的函数。虽然掌握全部的函数并不是一件易事，事实上也不是必要的，但熟练掌握常用的几十种函数仍然可以让你的数据处理工作轻松不少。笔者认为，大部分与数据处理相关的工作都是可以优先考虑使用 Excel 来完成的，Excel 的强大可能远超你的想象。

在日常的工作中，笔者最常用到的两类函数是查找引用类函数和统计类函数。统计类函数中的平均值函数 AVERAGE()、个数计算函数 COUNT()和 COUNTA()等都是非常实用的函数。查找引用类的函数如 VLOOKUP()，可以非常便捷地从一堆数据中提取你想要的数据。举个简单的例子，如图 4-2 所示，我们有一个记录了人名、电话和邮箱地址信息的表格，那么想要在这一堆数据中快速找到 ID 为 18 的人的全部信息，就可以使用 VLOOKUP()函数来完成如下：

```
=VLOOKUP(A3,A7:E26,2,FALSE)
```

我们来看一下这个函数具体的参数意义，该函数的公式为 VLOOKUP（查找的依据，查找的范围，想要查找的值在查找范围的第几列，准确查找还是模糊查找（1/TRUE or 0/FALSE）），那么对应这个例子，ID 就是我们的第一个参数，A7:E26 就是我们的查找范围，如果查找 first_name 就输入第二列，如果是 last_name，phone 和 email 就依此类推，最后参数值为 FLASE，意味着准确查找。

使用 VLOOKUP()函数的时候有重要的一点要注意，一定要将查找依据列放在要查找的值所在列的左边。否则函数会返回 N/A。

B3　=VLOOKUP(A3,A7:E26,2,FALSE)

ID	first_name	last_name	phone	email
18	Gladys	Rim	414-661-9598	gladys.rim@rim.org

ID	first_name	last_name	phone	email
1	James	Butt	504-621-8927	jbutt@gmail.com
2	Josephine	Darakjy	810-292-9388	josephine_darakjy@darakjy.org
3	Art	Venere	856-636-8749	art@venere.org
4	Lenna	Paprocki	907-385-4412	lpaprocki@hotmail.com
5	Donette	Foller	513-570-1893	donette.foller@cox.net
6	Simona	Morasca	419-503-2484	simona@morasca.com
7	Mitsue	Tollner	773-573-6914	mitsue_tollner@yahoo.com
8	Leota	Dilliard	408-752-3500	leota@hotmail.com
9	Sage	Wieser	605-414-2147	sage_wieser@cox.net
10	Kris	Marrier	410-655-8723	kris@gmail.com
11	Minna	Amigon	215-874-1229	minna_amigon@yahoo.com
12	Abel	Maclead	631-335-3414	amaclead@gmail.com
13	Kiley	Caldarera	310-498-5651	kiley.caldarera@aol.com
14	Graciela	Ruta	440-780-8425	gruta@cox.net
15	Cammy	Albares	956-537-6195	calbares@gmail.com
16	Mattie	Poquette	602-277-4385	mattie@aol.com
17	Meaghan	Garufi	931-313-9635	meaghan@hotmail.com
18	Gladys	Rim	414-661-9598	gladys.rim@rim.org
19	Yuki	Whobrey	313-288-7937	yuki_whobrey@aol.com

图 4-2　使用 VLOOKUP()函数查找信息示例

掌握了 Excel 常用的函数，对于日常的分析工作来说已经足够。而在实际的工作中遇到的场景可能需要一些复杂的函数嵌套去完成，因此平时我们要多多注意在工作中积累经验，对于每一个跟你行业相关的常用函数都有准确的理解和熟练的应用，在处理复杂任务的时候才能得心应手。

4.1.3　数据透视表——Excel 最强大的工具

要说起如何才能称为精通 Excel，很多人可能会觉得 VBA 是必须学会的。VBA 的存在的确使 Excel 变得灵活和强大了许多，无论你是为了快速完成简单重复工作而使用宏录制功能，或是根据项目的需求编程来完成复杂的分析计算，学会 VBA 都会让你的工作轻松不少。不过笔者认为，在很多情况下，面对一堆令人头大的原始数据，想要快速得出想要的结果，还必须掌握一项重要技能，那就是数据透视表的应用。

数据透视表的基本操作十分简单，通过拖曳的方式就可以迅速得到统计结果。举个例子，图 4-3 是某母婴用品商店一周的销售记录，数据里包含了产品类别、销售额和销售地区。

产品类别	销售额	销售地区
奶粉	530	北京
尿不湿	354	上海
婴儿车	1682	杭州
儿童玩具	364	北京
儿童绘本	684	北京
安全座椅	952	杭州
奶粉	468	上海
儿童玩具	436	杭州
辅食	236	北京
衣服	1654	北京
婴儿车	1682	杭州
尿不湿	218	上海
儿童绘本	492	杭州
安全座椅	468	上海
儿童玩具	648	杭州
辅食	438	上海
衣服	2468	上海
儿童玩具	684	北京
儿童绘本	298	北京
辅食	186	杭州
安全座椅	684	北京
儿童玩具	954	上海
尿不湿	652	杭州
衣服	2950	杭州
奶粉	538	杭州
儿童绘本	1360	上海
婴儿车	3364	上海
尿不湿	350	北京

图 4-3　母婴用品商店一周的销售记录

我们以此数据集为依据插入一张数据透视表，然后根据你想要的结果进行拖曳操作，比如我们想要知道这一周内销售额最高的产品是哪一种，拖曳的方式如图 4-4 所示。

在以下区域间拖动字段:

筛选 | 列

行：产品类别 | 值：求和项:销售额

（a）

行标签	求和项:销售额
安全座椅	2104
儿童玩具	3086
辅食	860
奶粉	1536
尿不湿	1574
衣服	7072
婴儿车	6728
儿童绘本	2834
总计	**25794**

（b）

图 4-4　制作数据透视表

这样，我们就可以比较直观地看出销售额最高的是衣服这个产品分类。不过你可能会认为例子中的数据量太小，做出的数据透视表也相对简单，如果是一年甚至多年的销售记录，或者是产品种类很多，需要统计分析的量也很多，遇到这种不好直接观察的数据怎么办？其实这就要说到数据可视化的重要性了。

比起让人眼花缭乱的数字，使用图表和统计图形来展现分析的结果无疑会更简洁、直观。现在虽然有很多优秀的数据可视化工具，像 Tableau、Power BI 等都能做出动态绚丽的可视化图形。不过在 Excel 中使用数据透视表加统计图形的方法同样能做出毫不逊色的可视化面板，操作起来甚至比其他工具还要简单许多。例如，我们使用刚才的数据配合透视表作出如图 4-5 所示的可视化面板。

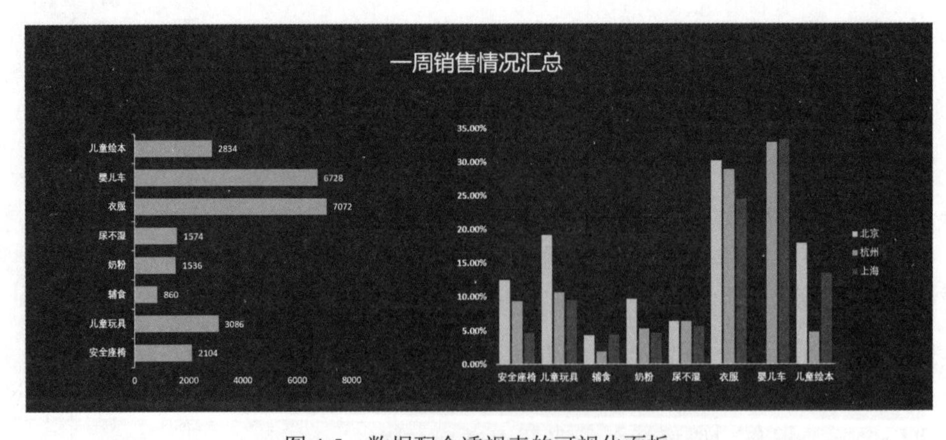

图 4-5　数据配合透视表的可视化面板

这样我们就可以一目了然地观察出一周内各产品种类的销售额以及在各个地区的销售占比。

数据透视表的功能还有很多，你可以根据自己的需求去改变，比如变化值的显示方式，插入计算字段使其能够根据自定义公式统计出你想要的结果，插入切片器以便更好地从各个维度观察统计结果等。下一次数据分析任务不妨试试使用数据透视表来完成，相信它一定可以成为你工作的好帮手。

4.1.4 使用 Excel 进行数据分析的行业

相信在以上的例子中，你已经感受到了 Excel 的强大，恨不得赶紧打开自己的 Excel 学习一番，然后在简历上加上自己精通 Excel 数据分析这一项。然而就像笔者之前强调的，数据分析的工具具有鲜明的行业性，有的工具只在特定领域中有应用，有的行业只选择部分分析工具。如果你选择的行业和学习的工具并不匹配，这就好比南辕北辙，无论你耗费了多少心力去学习，到头来也只是一场空。

下面，让我们来看看经常使用 Excel 进行数据分析的行业吧！

Excel 因为其广泛的应用，一个最大的特点就是跨平台性，也就是方便进行数据迁移。像医药行业中使用的 SAS 软件，作为非开源收费软件，你不可能要求公司所有人的电脑上都安装 SAS，但 Excel 和 Windows 深度绑定的特点让它几乎安装在了每一台电脑上，因此对于需要协作、快速的岗位而言特别友好。

Excel 的一个重要的应用就是运维，也叫运营维护，是指一些公司特别是互联网公司，从反馈数据获取用户体验进行维护和改进的一个职位。这个职位的特点是标准化程度低，每个公司都有自己的一套运维标准，而且使用软件不限，只要能够正确反馈数据得出信息即可，因此 Excel 成为很多运维人员都经常使用的工具之一。

运维人员的一个重要素质就是将数据传递出来的用户信息“翻译”成自己和决策层可以看得懂的信息，在这个过程中，Excel 是一个非常好的帮手。

运维专家工作的第一步是导入数据，手动输入是一种最直接但现在几乎已经不采用的方法。相反，很多平台已经可以允许用户直接下载 Excel 文件。图 4-6 所示的是腾讯课堂的课程导出按钮。

导入文件后的第二步一般是数据整理。

因为不同平台数据的样式有所不同，运维专家一般需要将数据进行转置、筛选、清洗后保留出合格的数据。

图 4-6　腾讯课堂的课程导出按钮

第三步则是数据可视化。为了方便我们理解数据，运维人员需要选择合理的可视化图表，例如，柱状图适合观察绝对值，饼状图适合研究比例，折线图容易表现趋势等。另外，运维人员还经常会将结果进行美化，形成一套完整的、可以直接查阅的可视化报表（见图 4-7）。

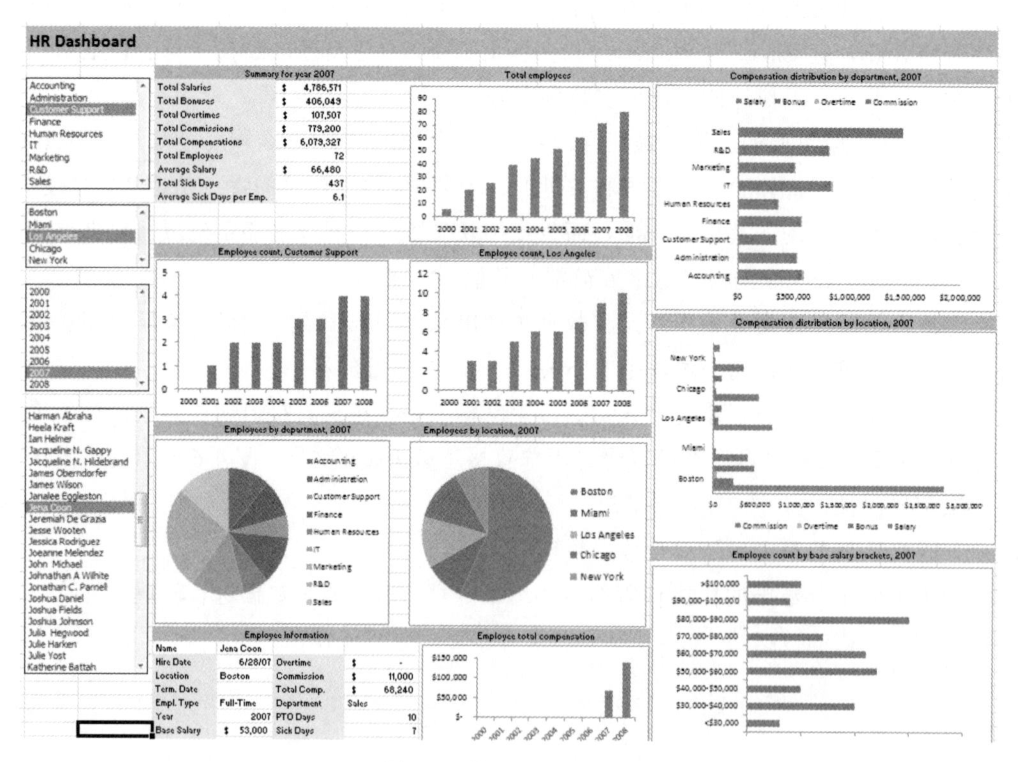

图 4-7　数据可视化报表

但是，运维专家的工作可没有就此结束。我们在之前说过，数据是金矿，而信息才是黄金，运维人员需要根据数据反映出的情况进行阐述和解释，总结出产生数据变化的原因，然后指导公司的资源投入。

这一步所需要的不仅仅是对运维专家数据分析能力的考验，还要综合经验、市场变化等作出结论。例如，笔者运营自己的公众号时就经常发现，周一至周三这三天文章的阅读量明显要比周四和周五少，原因是一周的前几天很多读者把更多的精力放到工作上，因此我给自己定下了周一至周三平均文章阅读量要达到周四、周五 60%的目标。如果没有几个月的积累，就无法理解数据变化背后的本质。

Excel 经常应用的第二个领域就是财会。当然，财会并非传统意义上的数据分析行业，但它所用到的 Excel 功能却与数据分析是相通的。

财会工作主要使用 Excel 中的各种函数，对与财务相关的项目进行汇总、分类和计算。需要注意的是，市面上有很多会计、财务专用的软件（见图 4-8），它们也都对 Excel 的局限性进行了突破，但 Excel 仍然是财会的基础软件，并且数据的传递也往往依靠 Excel 进行。

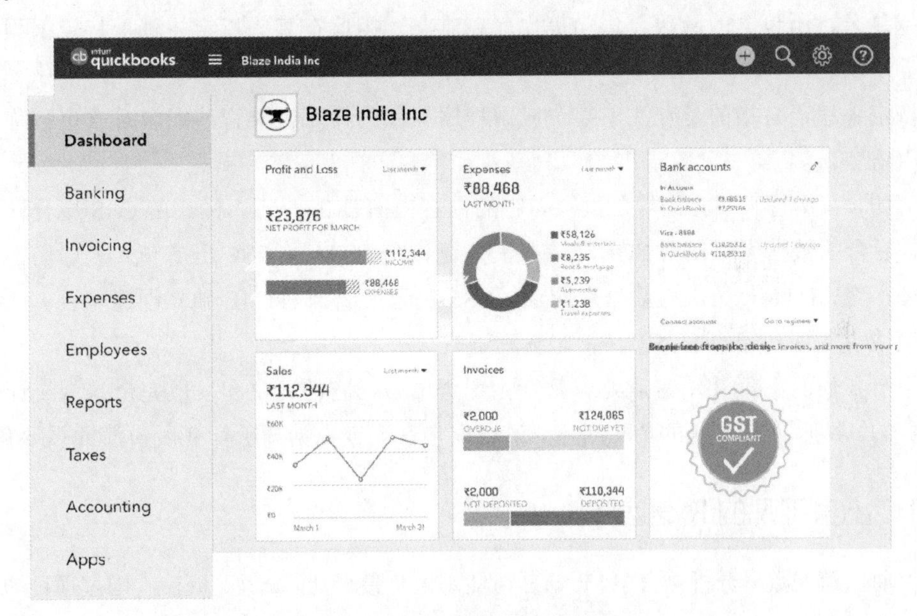

图 4-8　更专业的财会软件 Quickbooks

如果你希望成为一名专业的 Excel 数据分析师，就是把握 Excel 随时使用的机会，不同于 SAS、SPSS 需要烦琐的安装和激活过程，只要打开 Excel 你就有大量时间用于训练。

除了自己学习以外，Excel 众多的网络教材也提供了非常多的案例可以参考。笔者平时使用 Excel 的机会并不多，为了创作此书，查阅了很多网络上的 Excel 教程，竟然简单模仿也可以制作出比较成型的数据图表，这在其他数据分析工具中是不可想象的。另外，很多教程不仅讲解了 Excel 数据分析的技术，还提供了很多数据可视化设计的思路和方案。笔者建议可以从模仿开始，逐步归纳、收集，形成一套属于自己的数据可视化方案。

关于 Excel 的应用，我们仅仅点到为止，因为这是一个复杂的软件系统，不同职业的人都可以把它作为生产力工具发挥作用。在下一节，我们来看一个为数据统计分析而生的语言——R 语言。在那里，你可以体会到更纯粹的数据分析之美。

4.2 R 语言——为统计分析而生的语言

如果把计算机语言分类，可以简单地分成通用编程语言和特定编程语言。通用编程语言是指为各种应用领域服务的编程语言，通常也不含有为特定应用领域设计的结构。与之相对的特定编程语言就是为某一个特定的领域或应用软件设计的编程语言。

我们耳熟能详的语言基本都是通用编程语言，例如 C、Java、Go、JavaScript、Ruby、Python、Swift 等，这些语言往往具有强大的功能，无论在任何平台、任何环境都可以使用，它们所作出的软件往往也在各行各业扮演着重要角色。

虽然通用编程语言如此优秀，但不可否认的是一个语言能做的事情越多，它的语法就会越复杂，所包含的函数、语句等也就越难学。因此在某些特定领域，特定编程语言就派上了用场。

特定编程语言指的是专注于某个应用程序领域的计算机语言，很多时候也被称为领域专用语言。

例如，我们每天都会浏览的网页，它的内容由 HTML 呈现，样式由 CSS 层叠样式表完成，后台的数据库则使用 SQL 语言编写。无论是 HTML、CSS 还是 SQL，它们都是特定编程语言，HTML 无法与数据库沟通，CSS 也无法离开 HTML 独立创建网页。这些在特定领域中发挥功能的语言就是特定编程语言。

本节我们的主角 R 语言就是一款特定编程语言，它的诞生和发展完全是为统计分析所服务的。我们从 R 语言的历史讲起，说一说它在当今数据分析行业所扮演的重要角色。

4.2.1 出身平凡的 R 语言

当前主流的数据分析语言中，R 语言可能是出身最平凡的一个。既没有国家项目的经费资助，也没有传奇大神的“加持”，R 语言只是由新西兰奥克兰大学的两位担任副职的专家自行开发的。

R 语言也不是从零开始的开创性语言，它脱胎于 S 语言，语法上又遵循 Scheme。如果要问 S 语言和 Scheme 是什么，我们又能得到更多的专有名词。

S 语言是贝尔实验室在 1975~1976 年间开发出的一款用于统计运算的语言，而这款语言出现的目的是因为当时的统计运算所用的都是一种名为 SCS 的逻辑，S 语言则使用了互动式的方法来操作。

Scheme 则是一种函数式编程语言，具体什么是函数式编程，大家可能不太理解，但考虑到现在我们熟悉的程序，往往是使用一个函数计算某个值，然后存储和输出，这就算一种函数式编程。

可以看出，R 语言在诞生之初并没有开创某个领域的先河，相反它借鉴了很多成熟的语言语法和结构，因此 R 语言在易用性和易学性上一直被人所称道。

关于 R 语言的命名也很有趣。创造 R 语言的两位专家分别叫罗斯·伊哈卡和罗伯特·杰特曼，因为他们名字首字母都是 R，所以就命名为 R 语言。它的前辈 S 语言在被贝尔实验室发明多年后甚至都没有名字，当时大家称之为统计运算系统（Statistical Computing System）、统计分析系统（Statistical Analysis System, SAS），因为都以 S 为开头，所以 1979 年贝尔实验室将其命名为 S 语言。

1993 年，两位开发者把 R 语言的部分源代码放到了卡耐基·梅隆大学的统计系统网络中，请其他人来下载并提出修改建议。后来在一位名叫马丁的教授的建议下，二人干脆将 R 语言的所有代码公开，将其变成了一个开源软件。

随后 R 语言的发展进入了快车道，1997 年，R 语言正式成为 GNU 项目，这就吸引了大量优秀统计学家加入 R 语言开发的行列。GNU 是自由软件集体协作的缩写，它的目的是允许所有人自由地“使用、复制、修改和发布”，所有 GNU 软件都需要允许编写者在不添加任何限制条款的情况下，将软件授权给他人。

关于 GNU 这个名字，它实际是 GNU is Not Unix 的缩写，它的全称里也包含了这个缩写本身，这种缩写方法被称为递归缩写。

回到 R 语言本身，因为 GNU 项目的特点，大量统计学家和专业程序员为 R 语言开发和优化了大量支持工具，让 R 语言在科研、统计等领域扮演着越来越重要的角色。

所以回顾 R 语言发展的历史，一款出身平凡的统计语言，依靠自身不断的修炼和正确的选择，成为某个领域不可忽视的存在。对于数据分析师而言，这是一个非常具有正能量的故事。

4.2.2　R 语言的基本操作

R 语言的安装非常简单，可以说没有任何门槛，就像安装大部分应用软件一样，在官网获取安装包后按照提示一步一步继续，你就可以接近这个强大的统计软件了。图 4-9 所示为 R 语言软件界面。

可以看出，R 语言本身并没有可视化窗口，一切的交互都使用命令行完成。

但这样的操作方式，对于 R 语言的高手而言可能无所谓，但对于新手则是相当不友好。因此一般情况下，我们会使用 R 语言的可视化界面 RStudio。

安装 RStudio 仍然不复杂，在安装 R 语言本身后，在 RStudio 的官网上下载并安装即可。需要注意的是，虽然 R 语言为整体开源软件，RStudio 的学习桌面版也是免费下载使用，但如果希望将 RStudio 用于商业用途，则需要按年缴费。

图 4-9　R 语言软件界面

下载安装 RStudio 后，按照安装提醒一步一步进行，即可成功安装 RStudio。图 4-10 所示为 RStudio 软件界面。

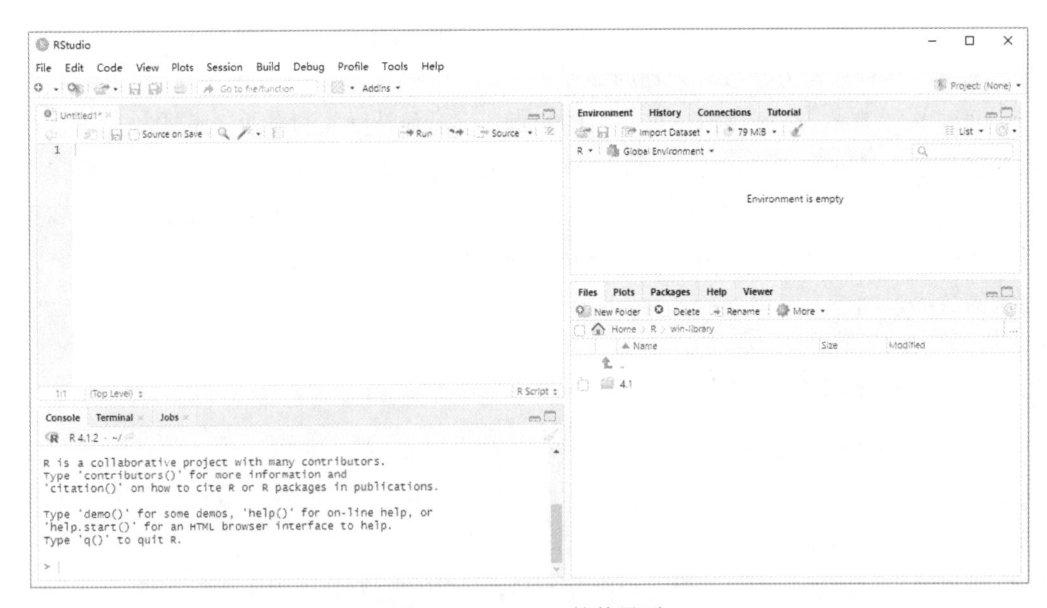

图 4-10　RStudio 软件界面

相比起 R 语言本身的界面，RStudio 将窗口简单划分为了四个区域。

如图 4-10 所示，左上区域是代码编辑区，用于显示和修改代码；左下区域是命令运行区，用于放置命令运行的日志、计划任务运行情况等；右上区域为数据显示区，用于显示程序运行后生成的数据、运行历史等；右下区域是多功能区，在这里可以查看计算机系统文件、展示绘图结果、帮助信息等。

这样四个区域分布清晰，让编程更加方便。

在开始学习一门编程语言之前，往往需要掌握这门语言的基本语法规则。基本语法规则是一门语言独有的语句书写要求和规定，这些要求和规定有时并没有原因和逻辑可以参考，就像英文的字母和中文的笔画一样，是一些需要记忆的基本定义。笔者总结了 R 语言编程中的一些要求，包括如下五点：

（1）合法的变量名只能以字母或点号开头，以字母、数字、下画线和点号组成，若变量以点号开头，则其后面不能跟随数字。例如 var1、var2、var_1、.var1、.var_1 都是合法的变量名，1var、.1var、_var1 都不是合法的变量名。这一点要求与很多其他语言的合法变量名称要求都不一样，需要着重记忆。

（2）R 语言的赋值方法与很多语言都不同，一般使用符号“<-”，例如希望把 123 赋值给变量 var，则需要使用 var<-123，这与很多语言使用等号赋值的方法有所区别。虽然目前 R 语言也支持等号赋值，但等号与<-在传递参数、赋值作用域等情况下还是有所差别，需要额外对比记忆二者的差别。

（3）R 语言的注释使用“#”开头，如果需要多行注释，则在每一行注释内容前都加上“#”。

（4）R 语言的基本数据类型可分为数字型、文本型和逻辑型三种。由于 R 语言是弱类型语言，所以赋值的过程中就包含了对变量的类型定义。

（5）R 语言区分大小写，例如逻辑型常量值为 TRUE 和 FALSE，true 和 false 并不能代表 TRUE 和 FALSE，变量 VAR 与 var 也无法指代同一个变量。

以上五条是笔者认为初学 R 语言时应当记住的一些语言特色和规则。

下面我们使用一个最简单的案例来了解一下 R 语言编程——使用 R 语言计算一个整数范围内有多少个质数。

首先我们使用最朴素的方法计算质数，让一个数与比其小的数字依次相除，如果所有相除的结果都有余数，那么说明这个数无法被除了自己和 1 之外的数整除，那么它就是质数。用同样的过程判断范围内每个整数，就可以确定每个数字是否为质数，把它们的个数相加即可获得范围内质数的数量。

例如，如果计算 1~100 的质数数量，可以归纳成如图 4-11 所示的思路。

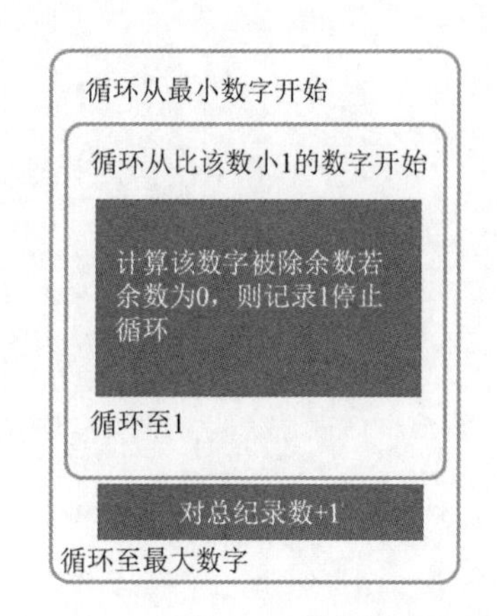

图 4-11　计算 1~100 的质数数量

理清了以上思路，学习 R 语言语法后，你就会发现，作为一款高级语言，R 语言的语法其实与我们的思路高度一致。例如，下面代码就是一个实现方案：

```
total=0
for(i in 2:100)
{
   mark<-0
   for(j in 2:(i-1))
   {
      if(i%%j==0)
      {
         mark<-1
         break
      }
   }
   if(mark==0)
   {
      total<-total+1
   }
}
print(total)
```

在最外层的循环中，我们使用循环变量 *i*，让 *i* 从 2 取值到 100，然后针对每一个 *i* 的值，再创建一个循环，用循环变量 *j* 表示，数字从 2~*i*−1，在每次的循环中，判断 *i* 除以 *j* 是否有余数。

若某次计算发现余数为 0，则修改 mark 变量的值并停止循环，然后把计数变量 total+1。

选中当前程序，单击代码编辑区中的 run 按钮，结果如图 4-12 所示。

图 4-12　计算 1~100 质数数量的结果

图 4-12 中显示 100 以内的自然数中，总共有 24 个质数。

我们通过改变最外层 for 循环的范围，就可以计算不同整数范围内的质数个数，表 4-1 所示的是使用该程序计算得到的一些结果。

表 4-1　计算不同整数范围内的质数个数

取值范围	质数个数/个	质数密度
1~100	24	24%
1~500	94	18.8%
1~1000	167	16.7%
1~5000	668	13.4%
1~10000	1228	12.3%
1~50000	5132	10.2%
1~100000	9591	9.6%

随着取值范围的越来越大，R 语言程序所运行的时间也会显著变长。

作为一门高级语言，R 语言虽然具有编程简单、兼容性高、可读性强这样的优势，但我们同时不能否认，R 语言的执行效率并不是特别高，很多时候我们需要额外调试程序，保持其执行效率。

4.2.3　R 语言强大的包

R 语言最重要的特色就是其开源性所带来的第三方 package，也称为包。

R 语言作为开源软件，程序开发者可以将自己所编写的函数、数据、预编译代码的集合、注释文档等打包分享给其他编写者。包就是 R 语言程序分享的最小单位。

在 R 语言编辑器中，可以使用 library()函数来查看已经安装的包及其基本功能，结果如图 4-13 所示。

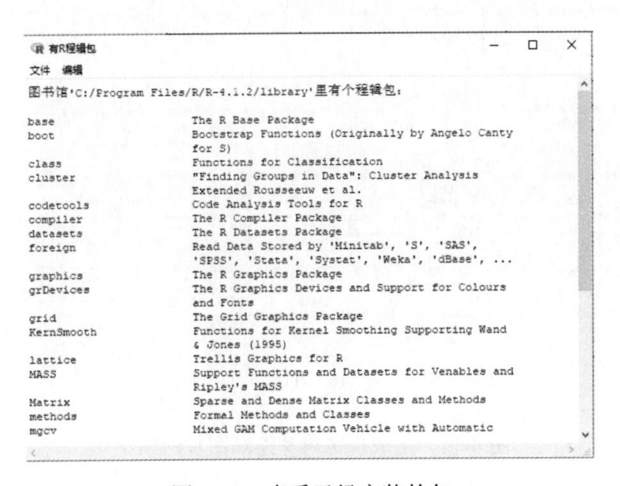

图 4-13　查看已经安装的包

如果我们希望安装某个包，则可以使用 install.packages()函数直接安装。例如下面的例子。

```
install.packages("XML")
install.packages("ggplot2")
install.packages("ggraph")
install.packages("rpart")
```

单击运行后，R 语言就会自动搜索这些包的安装地址并且安装。当然，你也可以选择下载这些包的压缩文件，然后手动指定路径进行安装。

在包安装成功后，分析师就可以使用这些包里自带的函数和数据直接开始数据的处理与统计分析。可以说，使用 R 包就相当于我们站在了巨人的肩膀上，把前人编写并验证过的程序套用在自己的数据上，实现快速、准确的数据分析工作。

下面，笔者将挑选几个在工作和学习中经常用到的包，简单分享它们的功能和使用方法。

决策树分析是一种常用的机器学习方法，可以使用 rpart 包快速简便地实现。

rpart 包中包含的 rpart()函数可以对数据进行决策树分析，并且生成决策树图。通过调整函数中的参数，即可调整学习结果。

我们使用该包自带的数据集，生成决策树并绘制图片，代码如下：

```
library(rpart)
fit <- rpart(Price ~ Mileage + Type + Country, cu.summary)
par(xpd = TRUE)
plot(fit, compress = TRUE)
text(fit, use.n = TRUE)
print(fit)
```

生成的结果如图 4-14 所示。

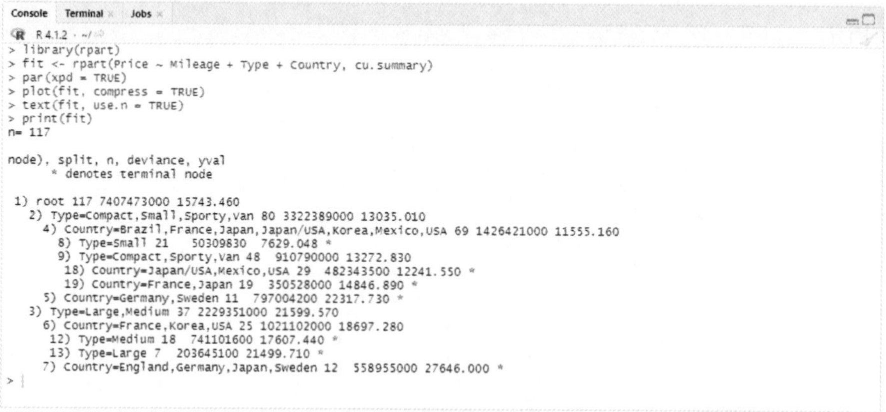

```
Console   Terminal   Jobs
R 4.1.2 · ~/
> library(rpart)
> fit <- rpart(Price ~ Mileage + Type + Country, cu.summary)
> par(xpd = TRUE)
> plot(fit, compress = TRUE)
> text(fit, use.n = TRUE)
> print(fit)
n= 117

node), split, n, deviance, yval
      * denotes terminal node

 1) root 117 7407473000 15743.460
   2) Type=Compact,Small,Sporty,Van 80 3322389000 13035.010
     4) Country=Brazil,France,Japan,Japan/USA,Korea,Mexico,USA 69 1426421000 11555.160
       8) Type=Small 21   50309830  7629.048 *
       9) Type=Compact,Sporty,Van 48  910790000 13272.830
        18) Country=Japan/USA,Mexico,USA 29  482343500 12241.550 *
        19) Country=France,Japan 19  350528000 14846.890 *
     5) Country=Germany,Sweden 11  797004200 22317.730 *
   3) Type=Large,Medium 37 2229351000 21599.570
     6) Country=France,Korea,USA 25 1021102000 18697.280
      12) Type=Medium 18  741101600 17607.440 *
      13) Type=Large 7  203645100 21499.710 *
     7) Country=England,Germany,Japan,Sweden 12  558955000 27646.000 *
>
```

（a）代码

图 4-14　生成决策树并绘制图片的结果

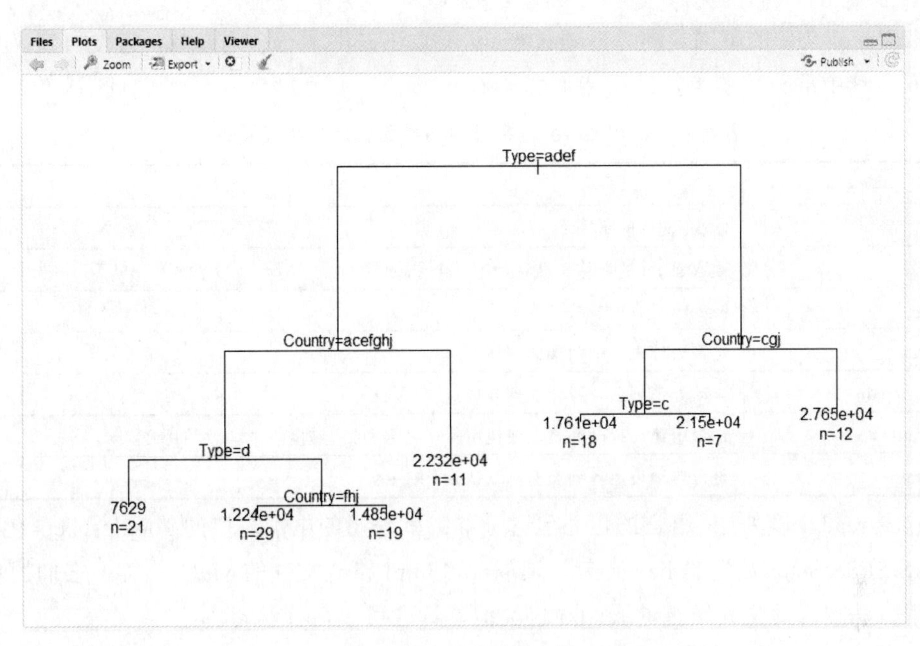

（b）运行结果

图 4-14　生成决策树并绘制图片的结果（续）

图 4-14（a）是生成模型 fit 的具体信息，（b）则是据此绘制的决策树图。

数据分析的第一步是数据读取，这个过程中我们经常需要与不同格式的数据打交道，下面以读取 Excel 文件的 readxl 包为例为读者进行简述。

readxl 包的功能是读取 Excel 文件，这也是常用的数据存储方式。假设我们有一个名为 company 的 Excel 文件，可以使用 readxl 包内的 read_excel()函数进行读取，其代码如下：

```
library(readxl)
read_excel("D:/图书/素材/company.xlsx")
```

读取的结果如图 4-15 所示。

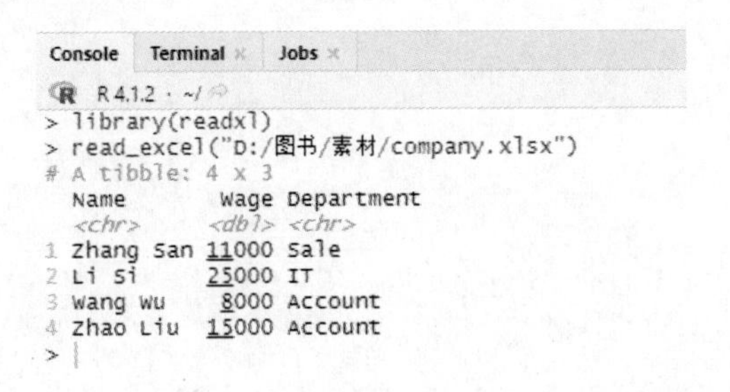

图 4-15　使用 readxl 包内的 read_excel()函数读取结果

如果 Excel 文件中有多个 sheet，我们可以在 read_excel()函数中使用“sheet=”来指定读取。如果希望设定读取范围，则可以在函数中使用“range=”，运用对角线定位法指定读取 Excel 文件的范围。同时，read_excel 函数还提供了一系列参数，方便自定义数据的读取，其中部分重要参数的功能见表 4-2。

表 4-2 read_excel 函数部分重要参数的名称及其说明

参数名称	说明
path	Excel 文件的路径
sheet	读取 sheet 的名称，默认是第一个 sheet
Range	Excel 表的范围
trim_ws	是否去掉表头中两端的空格
.name_repair	自动处理列名，避免空列名或重复列名
col_name	是否用第一行做列名，或使用默认名称和指定列名，默认为 TRUE
col_types	是否自动设定各列类型，默认为 TRUE

除了 readxl 以外，R 语言的包还包含读取谷歌公司的电子表格的 googlesheets 包、读取 SAS/SPSS/Stata 数据的 haven 包、读取 xml/html 格式文件的 xml2 包等，它们的功能和使用方法也与前文介绍过的 readxl 包类似，读者可以自行学习。

除了数据处理和统计分析，数据可视化也是数据分析非常重要的一步，R 语言的包在这个步骤里也有出色的发挥。下面我们介绍一下最常用的包——ggplot2。

ggplot2 包可谓大名鼎鼎，是优秀的 R 语言程序员和数据科学家 Hadley Wicham 的杰作，ggplot2 包以其简单编程和丰富的数据可视化方案，被无数 R 语言分析师青睐。

例如，我们使用 ggplot2 中自带的数据框，创建一个散点图，代码如下：

```
library(ggplot2)
ggplot(data = mpg) +
   geom_point(mapping = aes(x = displ, y = (cty+hwy)/2))
```

绘制的结果如图 4-16 所示。

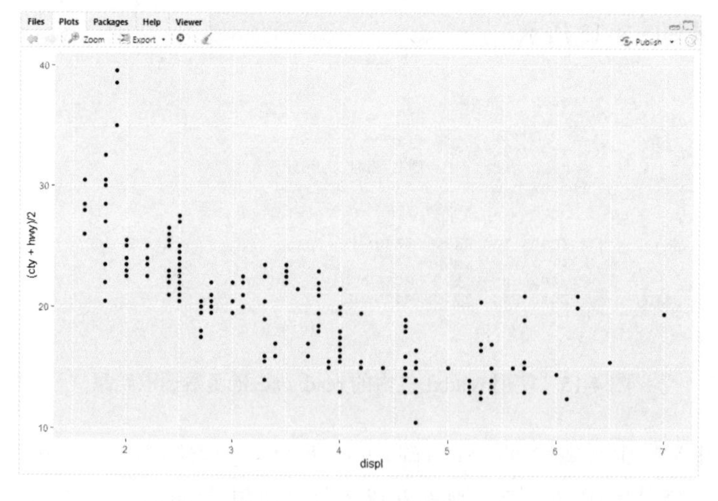

图 4-16 使用 ggplot2 创建散点图结果示例

我们还可以通过修改代码，让生成的可视化结果变得更加美观和清晰，也可以让结果根据我们的需要进行变化。例如下列代码：

```
ggplot(data = mpg) +
  geom_smooth(mapping = aes(x = displ, y = (cty+hwy)/2,color=class))
```

就是在显示 displ 与平均油耗的关系外，对不同 class 变量的值进行分类，并且修改为拟合线图的形式，结果如图 4-17 所示。

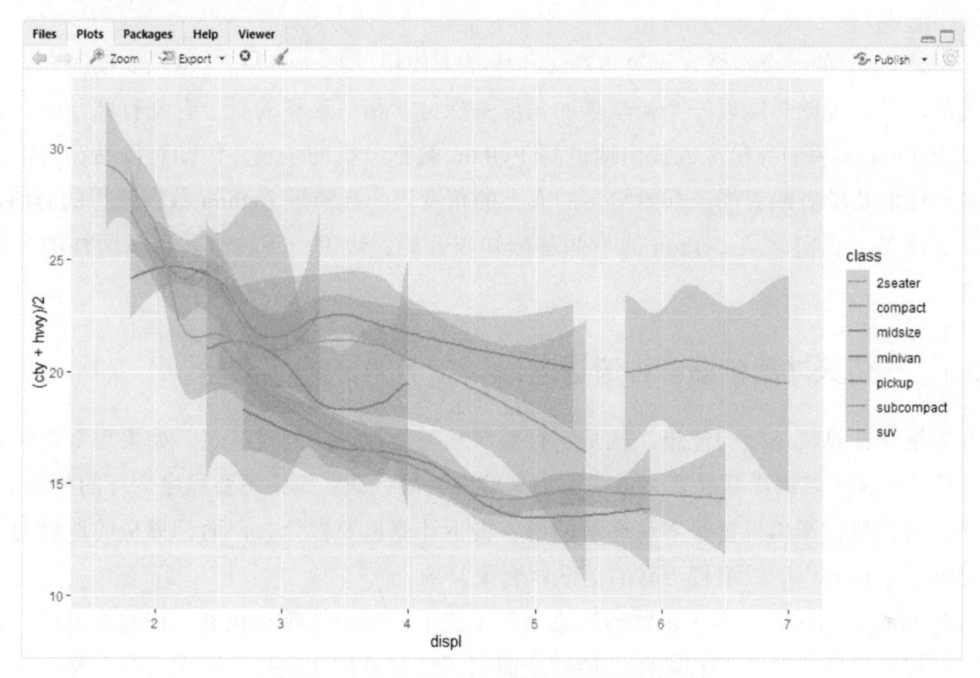

图 4-17　修改为拟合线图的形式的结果示例

善用 ggplot2 包，一定可以让数据分析师的可视化结果达到清晰、准确、美观的境界。

关于 R 语言，一节内容当然无法涉猎它的全部精髓，甚至连入门都无法做到。

笔者更希望各位读者通过本节建立起对于 R 语言的一个基本印象。这是一个在科学研究、统计、教育的行业内应用非常广泛的数据分析工具，它编程简单、可读性强，并且具有大量包辅助进行复杂的统计分析和可视化工作。

R 语言是一个典型的上手轻松、精通困难的数据分析工具。想要学习 R 语言，除了自身的努力以外，还要阅读大量与行业专业相关的论文和教程，更重要的是应用与实践。同时，我们也不能忽视 R 语言执行效率较低这样一个缺点，在实际应用中，需要对代码不断优化，追求更好的运行效率。

在数据分析行业的工具中，我们经常可以看到“两架马车”，一架是本节介绍的 R 语言，而另一架是被广泛采用的数据分析工具——Python。下一节我们来认识这个使用范围更广并且似乎功能更强大的数据分析工具。

4.3 Python——人生苦短，我选 Python

在创作 Python 这一节的时候，笔者发现下笔尤其困难，因为这是一个非常传奇的工具。从它的诞生，到如今被广泛使用的现实来说，这都是一门拿着主角剧本的编程语言。

尤其是当需要把 Python 收束到数据分析这么一个具体领域之中的时候，它的特点、性质、应用，以及由此带来的行业特性，很难做到既涉及所有重要知识点，又不会让本节过于宏观。

另外，本节的一个遗憾在于笔者在工作中从未使用过 Python 语言，也很少接触 Python 相关的项目，因此只能以一个初学者的角度来探讨。相信这样的身份有利有弊，虽然无法以 Python 高手的身份深入浅出地讲解 Python 数据分析的全貌，但却可以站在与很多读者一样的初学者或者尚未开始学习的人士的角度，一起梳理 Python 数据分析的脉络。

在本节，我们就从 Python 的一些基础知识开始，认识一下这个具有多面性的传奇语言。

4.3.1 一位天才所创造的神奇语言

如果说计算机编程的悖论，就是运行效率和方便性无法同时满足。如果想要追求编程的简单，就需要编译器耗费大量资源去理解和处理代码；如果想要程序运行的效率高，程序员就需要试图用机器最容易理解的语言告诉计算机要做什么，而计算机的逻辑与人类思维并不相同，所以编程语言的语法就会很复杂。

Python 的创始人吉多・范罗苏姆也发现了这个问题，他希望找到一种编程方法，让自己能够像使用 C 语言那样编程，能够全面调用计算机的功能接口并保持高效率，又可以像 shell 一样，使用简单的语句就可以调用程序。因此他在 1989 年的圣诞节，为了打发无聊的时间，吉多开始撰写一款编译器，使用 C 语言完成，并且可以使用 C 语言的库文件。

这也是这个故事最传奇的一点，一位程序员在无聊的圣诞节的奇思妙想，改变了当前计算机行业的发展。

诚然，我们不能否定吉多的天赋异禀，但如果观察后续的故事，我们会发现，Python 的成功实际上是一群程序员和计算机科学家共同努力的成果。

1991 年，Python 的第一个编译器正式诞生。具有极客精神的吉多自然是把这个编译器分享给周围的同事。同事们反响热烈，为吉多提供反馈和修改建议，有些人还与吉多一起开始进行 Python 的维护和更新工作。吉多曾经参加一款名为 ABC 语言的设计，ABC 语言的设计非常人性化，注重程序的可读性，但它最终失败。吉多认为，原因主要在于非开源性。因此 Python 在诞生之初就坚持了开源，让其他人也可以参与到 Python 的完善之中。

在 1994 年 1 月，Python 发布了 1.0 版本，之后 2.0 版本与 3.0 版本分别在 2000 年和 2008 年发布，新增了诸多特性。需要注意的一点是，虽然极客圈讲究开放、平等，但 Python 的主要功能的更新仍然需要吉多的审核与批准，这也保持了 Python 语言相对的完整性和体系化，让学习者可以更容易地找到语言的逻辑。

从以上故事中，不知你是否觉得似曾相识？笔者觉得这个故事与 R 语言具有很高的相似度，都是一个或少数能力超群的人，草创出一门语言，然后将语言与其他人分享，在别人的帮助下加以改进的故事。开辟者纵然对一款语言具有极大的贡献，但若没有后续者来做维护和版本迭代，这个语言也绝不可能成为顶尖级别的编程语言，因为一个人纵使能量再大，也需要在集体智慧的帮助下发挥他的能力。

Python 的口号是“人生苦短，我用 Python”（Life is short, use Python），这句话的作者是布鲁斯·埃克尔，他是 C++标准委员会拥有表决权的成员之一，著有大量编程相关的图书和文章，他对 Python 的评价非常高，认为这门语言优美、简洁、功能强大，因此用这句话形容 Python 的特点。

正因为上述的优势，Python 的使用量一直在增长，如图 4-18 所示的，Python 自从 2012 年开始，关注和使用者的数量一直呈快速上升趋势，根据预测，它的使用量将超过 C#、C++、Java 等，并且增长势头迅猛。

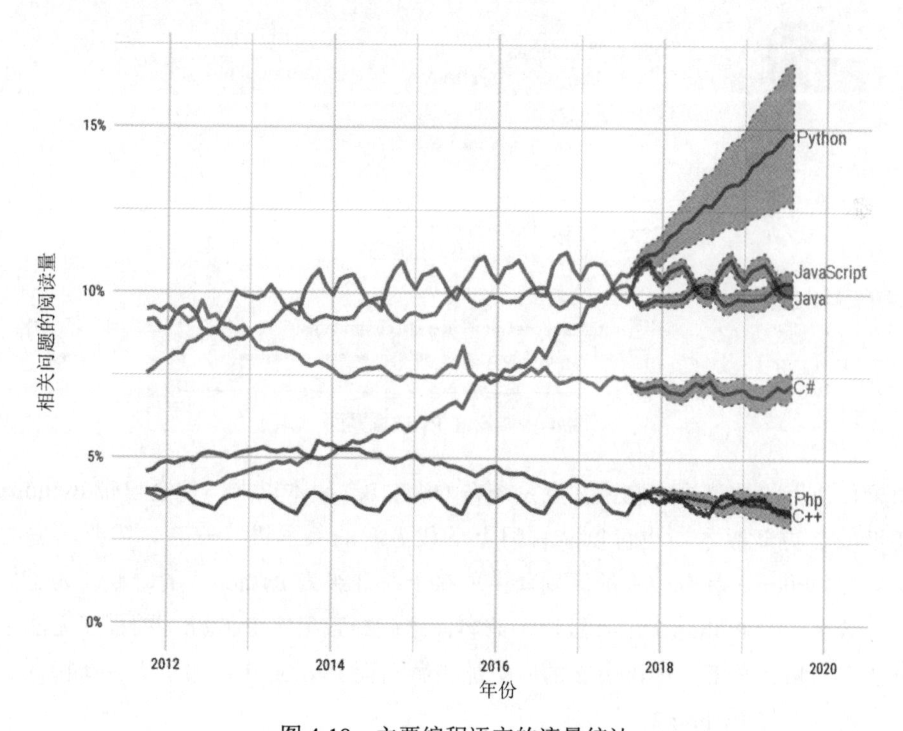

图 4-18 主要编程语言的流量统计

4.3.2 具有多副“面孔”的 Python

正因为 Python 的强大功能，所以它也被应用在各个领域之中。而所谓隔行如隔山，在不同领域中的 Python 实际上所用到的功能也不尽相同。

例如，Python 的一个重要应用是 Web 开发，开发者的工作是在 Flask 或 Django 等开发框架下完成网站开发和性能调优；另一个 Python 的应用则是网络爬虫，它是使用 Python 抓取网络信息并且下载的工具，编写爬虫则需要对爬虫原理、爬虫架构、调度器、解析器等概念有所了解，并使用诸如 BeautifulSoup、Scrapy 等库进行编程。

在本节，我们把 Python 的功能局限在数据分析之中。作为数据分析的重要语言，Python 也扮演着重要的角色。下面我们就来看看 Python 最简单的语法吧！

首先安装 Python 就像安装 R 语言一样简单，只需要在官网上下载 Python 的安装包然后安装即可，如图 4-19 所示。

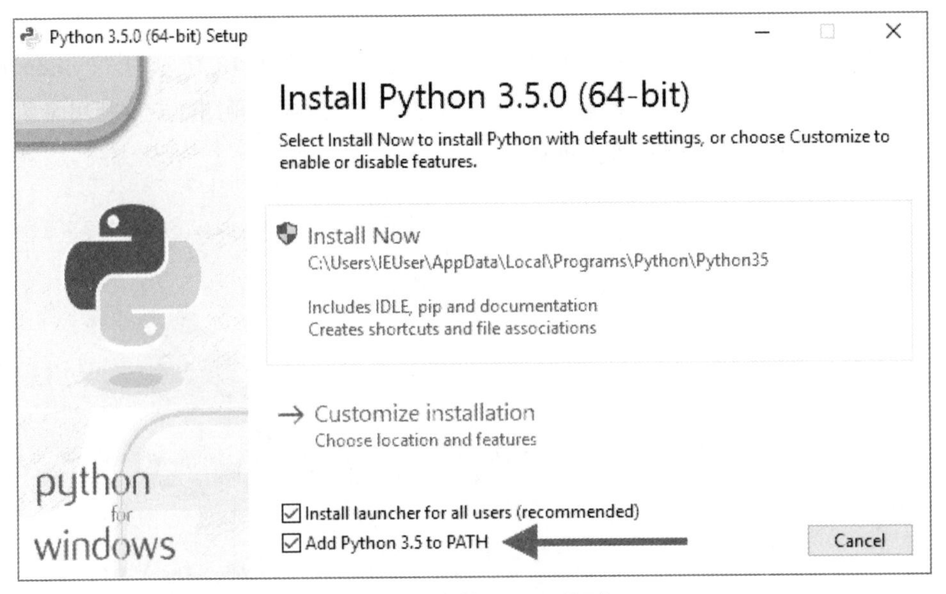

图 4-19 安装 Python 界面

如果你使用的是苹果电脑，并且系统在 OS X10.9 版本以上，便会自带 Python 2.7；如果想要安装更新版本，也可以从官网上下载更新的版本进行安装。需要注意的是，Python 2 与 Python 3 具有较大的区别，主要在于在升级为 Python 3 的时候，为了保证系统的运行效率，对 Python 2 没有做过多兼容，这就导致很多 Python 2 的程序无法运行在 Python 3 上。相比之下，Python 2 的库更加完善，而 Python 3 增加了更多新特性。笔者建议各位读者选择 Python 3。

在安装完后，我们就可以使用 Python 进行编程了。

Python 与其他语言一样，也有一些自定义的编程标准，这些标准并不遵循某些逻辑，而是语言底层的规定，包括：

（1）在 Python 里，所有标识符包括英文、数字以及下画线“_”，但不能以数字开头，例如 abc、abc2、_abc 是合法的标识符，而 2abc、*abc 是不合法的标识符。

（2）Python 中的标识符是区分大小写的，abc 与 ABC 不是相同的标识符。

（3）Python 对于缩进有很严格的要求，它的代码块不使用大括号“{}”来标记。Python 最具特色的就是用缩进来写模块。缩进的空格数量并没有严格要求，但所有代码块语句必须包含相同的缩进空格数量。

（4）如果需要输入多行语句，那么在行结尾使用反斜杠“\”，表示此句与下一句连接在一起。这一点很重要，因为 Python 不使用终止符，因此一般每一句表示一行代码，如果语句较长，推荐使用反斜杠的方法分行书写。

（5）Python 有单行注释和多行注释两种。其中，单行注释使用“#”开始，从“#”到本行结尾都是注释内容；多行注释使用三个单引号或双引号作为开头和结尾，其中的多行内容都作为注释。

以上就是笔者总结的比较重要的 Python 特有的语法，它们中有的与其他语言区别很大，有的与其他语言比较贴近，这也是 Python 这门语言设计的特点，它尽可能地向已有语言靠拢，让学习成本最低，但有的地方为了提升编程效率，而使用了独特的语法。

Python 在很多场景中都有应用，这也是学习 Python 的必要性，如果开始学的时候没有选择正确的方向，那么很多学习内容可能对工作本身起不到什么帮助。例如，如果想做数据分析的工作，却学习了一些 Web 开发、网络爬虫的案例，虽然对 Python 总体的认识有所提升，但并没掌握到数据分析工作的精髓，这无疑是南辕北辙的。

纵然 Python 具有强大的功能，可以适用于多个领域，学习的时候也要明确自己的学习方向，切不可被网上眼花缭乱的 Python 功能所吸引，应当先确定自己学习的主干，然后再逐步推进。

下面，我们再来看看 Python 作为一款强大的语言，其在哪些行业的数据分析中扮演着重要角色。

4.3.3　Python 数据分析的现状与未来

Python 目前在数据分析中的应用包括描述性统计、假设检验、预测模型、优化选择等，并且应用集中在以互联网为代表的科技公司上。

打开某些招聘网站，输入 Python 数据分析关键词，可以看到招聘的绝大多数公司类别集中在互联网、软件、科技、游戏、文娱等领域，如图 4-20 所示。

图 4-20　关于数据分析师的招聘网站

深入查看这些职位的要求，我们不难发现，Python 数据分析目前还未形成一个统一的市场或行业标准，各家公司在职位的描述上都是类似“使用 Python 完成统计分析和数据可视化”“向团队领导提供改进建议”等笼统、模糊性的描述。这一点也提醒从业者，在不同行业和企业间，Python 做数据分析可能具有较大的区别。

不过好在 Python 提供了丰富的库让分析师可以简单地完成工作。像 NumPy 库支持大量的维度数组与矩阵运算，并对数组运算提供大量的数学函数；SciPy 包含的模块包含最优化、线性代数、积分、插值、特殊函数、快速傅里叶变换、信号处理和图像处理、常微分方程求解的常用计算；Pandas 提供科学计算相关的功能。以上几个库都是 Python 数据分析几乎必备的辅助工具。

在薪资方面，笔者通过某招聘网站的统计，绘制了月薪水平分布图，如图 4-21 所示。

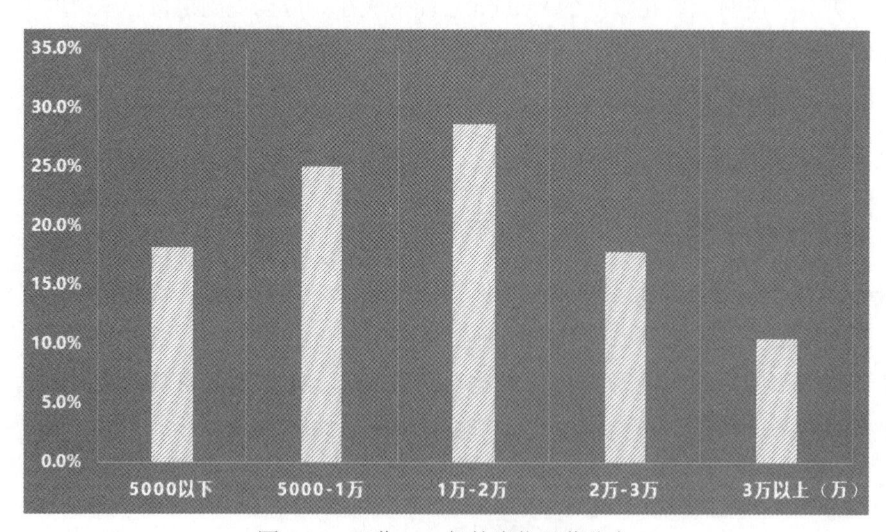

图 4-21　工作 1~3 年的岗位月薪分布

为了保证可对比性，笔者选取了工作经验要求在 1~3 年的职位，相信这个区间也是本书大部分读者所在或即将达到的区间。

经过简单地统计我们可以得到以下规律：

（1）Python 数据分析师的薪资平均数和众数集中在 1~2 万元月薪这个区间，这是一个相当高的水平，也证明了 Python 数据分析职业具有非常好的发展前景。

（2）Python 数据分析岗位的薪资水平差别很大，从 5000 元以下到 3 万元以上，每个区间都有超过 10%的岗位，并且大企业的薪资比小企业平均看来更高，例如字节跳动、度小满、嘀嘀等公司都为 Python 数据分析师开出了 3 万元以上的月薪。

（3）从薪资的对比来看，Python 数据分析工作在不同企业的工作内容和创造的价值也有所不同，有的企业只是需要 Python 作为一个工具，生成某些报表，而有些数据驱动的公司，则是使用 Python 对数据进行分析和优化。这两种工作虽然都叫数据分析，但对人才能力的要求是很不一样的。

最后，我们不妨再畅想一下 Python 数据分析行业的未来。

笔者认为，Python 数据分析的最大优势在于 Python 语言的广泛使用。试想如果公司的其他业务均使用 Python，那么使用相同的语言，数据的收集、传递、输出都在一套系统之下，过程将会非常流畅，也可以将分析工作内置于生产环境之中，对效率是进一步的提升。

另外，Python 数据分析这样一个框架实际并未形成统一的行业标准，也就是虽然工作的名称都叫 Python 数据分析，但实际上工作内容、对能力的需求天差地别，相信未来这种情况会随着行业工作内容逐渐清晰而改善，Python 数据分析师也将细化成不同的具体工种，例如，Python 预测模型、Python 数据可视化等。

相信通过以上内容，你已经基本了解了 Python。从它的特点和定位来看，它与 R 语言有诸多相似之处，很多人也经常拿 R 语言和 Python 进行对比。如果你还不确定这两者应该如何选择，请将这个问题放一放，我们会在本章第 4.6 节详细讨论。

无论是 Python 和 R 语言，它们都是在开源框架下，由少数人发明并交由一个团体来更新和维护的语言。但除了这种模式，实际上有另外一种模式仍然可以创造出优秀的数据分析工具，这就是由国家拨款或商业机构推动的数据分析工具，下一节我们要说的 SAS 正是这个情况。

4.4 SAS——特定行业应用的分析工具

在数据分析行业，SAS 是一个非常特殊的存在。

如果统计不同行业的数据分析师使用的工具，SAS 在其中的排序一定不会是前几位。但 SAS 在某些特定行业却如同空气和水一样，对行业的运行起着至关重要、不可或缺的作用。

SAS 的全称是 Statistical Analysis System，直译过来就是统计分析系统。从这个名字可以看出来，SAS 的野心是成为统计行业的标准软件，而不是仅仅成为一款数据分析工具那么简单。目前在统计行业，SAS 虽然无法算是一家独大，但其很多底层设计和编程思路却影响着整个统计分析行业。

如果探究历史，SAS 可以追溯到 1967 年的北卡罗来纳大学 SAS 研究所。当时的美国国立卫生研究院为分析大量农业数据，拨款给北卡罗来纳大学研发一款运行在当时最先进的 IBM System/360 计算机上的统计分析工具。这款计算机有多先进呢？8~64KB 内存，最大 1024KB 硬盘，当时 IBM 公司征召了 6 万名员工，新建了 5 座工厂才在多次延期之下将这款计算机开发完成。相比之下，美国国立卫生研究院的农业数据有多少条呢？详细的数字已经湮灭在历史中，但据我查到的资料来看，至少有数万条。数万条的数据对应几十 KB 的内存和不到 1MB 的硬盘，对当时的人来说这是一个极其艰难的任务。

因此，SAS 在诞生初期就需要考虑运行效率，对资源不允许有一丝的浪费。到了 1972 年，美国国立卫生研究院停止支持 SAS 项目，SAS 研究院的成员逐渐将其开发成一个收费商业软件。

如果 SAS 与 Python、R 语言和 Excel 进行对比，可以发现 SAS 的一个最大特点：它是为了解决具体问题而生的，而这个问题的特点就是低硬件水平和大样本数据，这也让 SAS 直到现在对大样本数据量都有压倒性的运行速度优势。

4.4.1 SAS 的版本与安装

与 Python 和 R 语言这样的免费开源软件不同，SAS 是收费的，因此它的购买和安装过程要复杂一些，需要与 SAS 公司或代理商联系。SAS 提供了运行在不同环境上的不同版本，仅仅是选择版本就要花费大量时间。

不过我们仍然可以简单地将 SAS 分为桌面版和网页版，其中桌面版需要付费购买才能安装并激活，网页版是 SAS 官方提供给研究机构和学校的免费版本，可以免费使用 SAS 的大部分功能，但不能做商业用途。

SAS 桌面版需要安装在读者自己的计算机上，使用自己的计算机算力完成数据分析。它支持 SAS 的一切功能，并且可以跟随 SAS 版本进行升级。SAS 桌面版又可以分为 SAS Base、SAS Enterprise Guide 等版本，不同版本在界面和辅助功能上有所区别，但编程语法是相同的。

与一般软件安装相同，安装 SAS 桌面版先要下载程序包，然后根据安装提示一步一步进行即可，如图 4-22 所示。

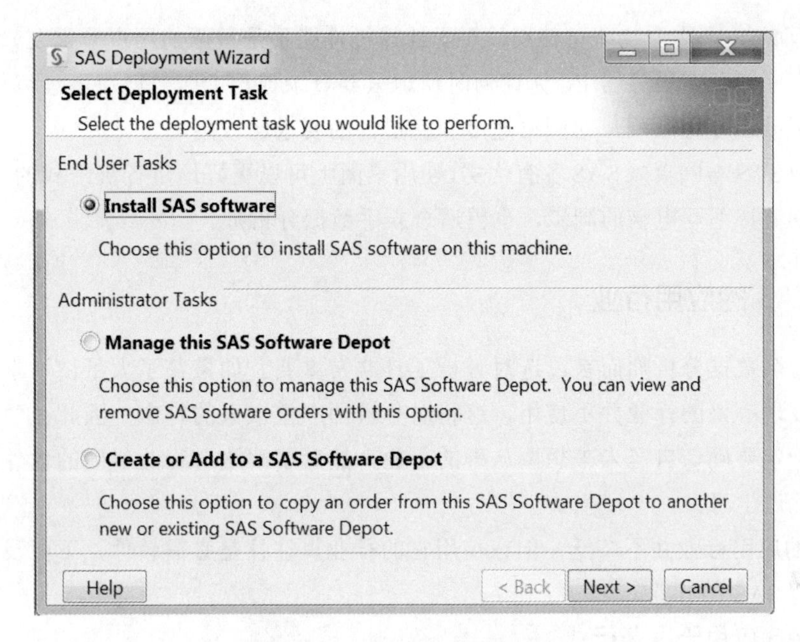

图 4-22　SAS 桌面版安装界面

桌面版 SAS 需要购买激活证书后才能使用，而 SAS 采取了非常灵活的定价方式，不同的模块、版本价格都不相同。不过，这样复杂的定价策略让个人购买 SAS 软件的难度变得很大，学习者想要使用 SAS 进行练习也成为了一个难点。幸好 SAS 公司很早就意识到了这个问题，并且开放了网页版本允许大家免费使用。

SAS 网页版是一种运行在服务器上的版本，被称为 SAS on Demand。通过浏览器连接 SAS 官网，系统会自动分配给你一个网络空间，在里面你可以编写和运行 SAS 程序，如图 4-23 所示。

图 4-23　SAS 网页版界面

网页版 SAS 无需安装即可使用，对于计算机性能不是很强的用户非常友好。同时因为文件和程序储存在服务器上，无论何时何地只要登录自己的账号即可继续编程。不过，SAS 网页版要求全程联网，对网络速度和稳定性的要求比较高。

桌面版SAS与网页版SAS各有优劣，使用桌面版可以更好地进行沉浸式的编程练习，而网页版则支持不同电脑的同步，也更适合新手数据分析师。

4.4.2 SAS 的应用行业

对于一名数据分析师而言，选对分析工具非常重要。如果花了大量精力学习某个工具，最后发现心仪的行业并不使用，这将对分析师产生很大的打击。因此在学习数据分析之前，一定要确认自己未来想要从事的行业，然后了解这个行业所用的软件是什么，再有针对性地学习。

SAS 的应用行业并不广泛，但在使用它的行业里往往是必需软件，下面我们就来介绍一下应用 SAS 的行业。

1. SAS 应用于医药行业

如果说 SAS 应用比例最高的行业，非医药行业莫属。

药物临床试验会产生大量的数据，而数据的存储、整理、分析和可视化则要依靠 SAS 来完成。美国 FDA 目前只接收以 SAS 格式提交的数据，其他格式的数据一概不认。统计分析上 FDA 并没有限制所用工具，但所有药厂仍然无一例外地使用 SAS。换言之，SAS 是药厂数据分析的“御用”工具。

那么我们使用 SAS 在工作中主要是干什么呢？我们的工作主要分为两类，一是数据整理，二是统计分析。下面我们来分别讲一讲。

所谓数据整理，就是将临床试验产生的杂乱无章的数据转化成符合 CDISC 标准的数据。这里出现了一个新概念——CDISC：它是定义数据怎么记录的标准，方便了药厂分析程序的重复使用，方便了试验流程的标准化，也方便了监管部门的审核。而药厂的 SAS 程序员的工作就是将试验收集的非 CDISC 标准数据转化为标准的 CDISC 数据，在这个过程中，SAS 的 data 步、proc sort、proc means、proc transpose 等步骤经常被用到。

所谓数据分析，就是在收集数据之后，我们不能将一堆数据丢到监管部门面前，告诉他们：这个药品真的有效，我们做了详细的数据收集工作，想得到任何信息你们可以自己找。相反，我们要耐心地把试验结果做成可以反映信息的图表，然后创作审核文档，尽量清晰、简单地把药物的有效性和安全性数字放在监管部门面前，有时还要使用到图形这种更清晰的可视化方式。

以上两步是临床试验统计分析师最常见的工作内容，它们都需要依靠 SAS 来完成。可以说，SAS、FDA 和 CDISC 标准已经形成了一个完整的铁三角关系（见图 4-24），在可以预见的未来，SAS 在医药行业中都会占据统治地位，并作为唯一的数据分析工具伴随每一种药品临床试验的过程。

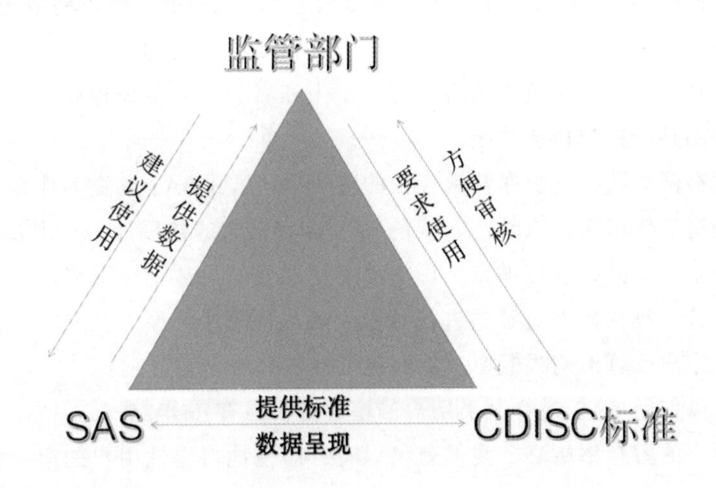

图 4-24　SAS 用于药厂的工作流程示意

2．SAS 应用于金融行业

SAS 应用于金融分析，也叫投资分析。需要注意的是，在金融这个大概念下，SAS 并不占有绝对领导的地位，而是与其他很多软件如 MATLAB、R 语言、SPSS 等共同应用于不同的细分领域中。

SAS 在金融或证券市场中，最常用的是处理股票报酬率数据和研究公司财务报表。股票报酬率数据一般从股票市场交易记录中提取出来，包括股票代号、开盘价、收盘价、月成交额、市值、换手率、时间等信息，利用这些信息，可以研究出公司某项财务政策的好坏，以及探讨公司价值被高估或低估，因此决定股票的买卖策略。

财务报表研究的对象是上市公司每季度向市场发布的财务报表，里面包含销售额、净利润、成本、研发费用、固定资产、折旧、负债率、股票分红等信息，利用这些数据可以分析出一家公司的破产风险指标、客户集中度等信息，更可以与市场中相同行业的其他公司进行对比，选择出最优秀的公司进行投资。

因此如果你职业规划为金融相关行业，那么 SAS 将是你必学的重要技能。

3．SAS 应用于营销行业

随着营销重要性的日益增长，公司对营销概念的理解也有了迭代。

在 SAS 应用于营销行业之前，营销主要关注手段，例如电视广告、户外广告牌等，并没有注重用户体验和获取反馈数据，当然这也是因为过去的统计手段有限，很难收集相关数据所致，比如在北京市投放广告，我们可以基本确定西单的户外广告牌的观看人数比顺义某小区广告牌的观看人数更多，但具体多多少，却是无法计算的。如今的营销，更多依赖于互联网平台，可以做到精准的投放，即把广告推荐给最可能买某个产品的人。

此时，数据分析的作用尤为凸显。

200 年前的广告大师约翰·沃纳梅克提出过“广告界的哥德巴赫猜想”——我有一半的广告投资浪费掉了，但我不知道是哪一半。借助数据的功劳，现在的广告再也不是随便乱投的时代，它可以精确地告诉你每一个人在看了广告多少秒后选择了购买，或者多少人在广告的某一秒选择了关闭。

以上都在强调数据分析在营销行业的重要性，那么 SAS 究竟为什么可以在营销环节中发挥出神奇的作用呢？原因之一就是 SAS 拥有强大的建模能力。例如，一款产品所有购买者的性别、年龄、居住城市、历史消费记录等信息被记录下来，我们可以简单地使用随机森林或决策树模型对数据进行分析，形成预测性模型，在未来可以准确地为每一个广告观看用户计算出购买概率，然后提供针对性的营销方案。

我们可以使用 SAS 进行某类用户的留存分析，在图 4-25（a）中，可以看出男性用户比女性用户的留存率更高，我们就可以有针对性地将男性用户的留存转化为购买，或者针对女性用户提供不同的广告。而图 4-25（b）所示的则是随机森林的 ROC 曲线分析，用于检测我们模型的拟合度。

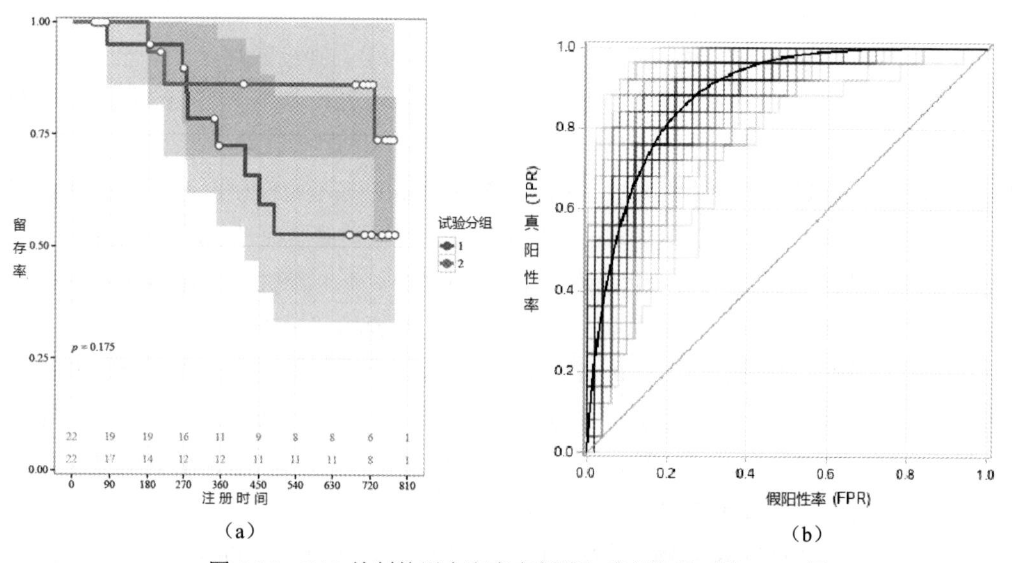

图 4-25　SAS 绘制的用户留存率折线与真假阳性对比 ROC 图

另外，SAS 的 Enterprise Guide 版本还提供可视化编程，通过拖曳操作，建立某些分析模型，保证的营销数据分析的快速性和及时性。

本节简单讲述了 SAS 软件在不同行业中的使用。相信大家可以看出，SAS 在很多行业中都有所应用。这些行业或者是跟 SAS 深度捆绑，或者是 SAS 在其中扮演着重要角色。

需要注意的是，不同行业所使用 SAS 的功能重点有所不同，医药行业侧重数据的整理和统计分析；金融行业更重视分析结果的有效性，往往会使用各种复杂的预测模型，分析的部分占了绝大部分；营销行业偏爱使用 Enterprise Guide 版本，因为它具有更好的便捷性。在学习的时候，我们一般先要确定自己的就业方向，再有针对性地开始 SAS 的学习。

4.5 Tableau——数据可视化的好帮手

在数据分析行业，一般而言，工具的使用会跟随行业习惯，例如医药行业使用 SAS、科研领域使用 R 语言、科技公司则使用 Python 更多。但本节所介绍的 Tableau，则是一个少见的打通了行业壁垒，在很多行业中都有应用的数据分析工具。

2021 年 11 月，数据分析软件 Tableau 宣布退出中国，一时间受到了很多数据分析师的关注。不过等大家冷静下来，发现原来 Tableau 只是不再直接经营中国市场，而是由战略合作伙伴阿里巴巴负责其在中国的运营。很多数据分析师这才放下心来，明白自己的工作还算稳定。

Tableau 的退出引发了行业内人的大量关注，其市场规模可见一斑。

Tableau 涉足的领域包括通信、媒体、科技、能源、金融、生命科学、制造业等，是一个真正的全行业都会使用的数据分析工具。

为什么 Tableau 能做到这样的成绩呢？

一个原因就是 Tableau 专注于数据可视化功能。虽然，Tableau 也可以进行数据处理和统计分析工作，但一般情况下，提到这个软件，使用者更多时候想到的是绚丽的图表、复杂的图片、优雅的配色，这也成了 Tableau 的核心竞争力。

本节我们对这个应用广泛、使用简单的数据可视化工具进行一个简单的说明。如果你未来计划与报表、图形、可视化打交道，Tableau 将是你的一件“称手利器”!

4.5.1 Tableau 的历史、特色、安装与使用

Tableau 诞生的历史并不算太长，它于 2003 年被三位斯坦福大学的学者所创建，这个年龄可能还不如本书的一些读者大，更别提与 R 语言、SAS 这种具有数十年迭代历史的语言相比了。它创建的目的主要是使数据库行业具有互动性和全面性，让数据更清晰地呈现在人们眼前。

如果希望学习一个数据分析工具，笔者认为最重要的就是掌握它与其他工具的区别。关于 Tableau 的特点，笔者愿意与读者分享以下三点：

（1）Tableau 的一个特色或者说优势就是对各种数据源的良好支持。虽然其他分析工具，如 R 语言、Python 等也可以轻松地读取各种格式的数据，但 Tableau 把这个过程做得更加智能和简单，让使用者更加聚焦数据本身，而不用操心数据读取的方式。

（2）Tableau 对于可视化操作或者说拖曳编程更加友好。作为对比，SAS 的 Enterprise Guide 版本虽然也支持拖曳操作，但总体而言，SAS 的大部分工作需要借助代码才能完

成。而 Tableau 在数据读取之后，就可以随心所欲地将变量和数据拖曳到合适的位置，并调整可视化的样式，这对于编程基础比较薄弱的使用者而言是非常友好的。

（3）Tableau 本身专注于数据可视化。我们并不用像其他数据分析工具一样，一点一点调整和美化可视化结果。以笔者的工作经验，某些复杂的统计图表的美化代码量往往超过了创建绘制图表所需数据的时间。使用 Tableau 就可以从这种情况中解放出来，加上拖曳操作的优势，可视化结果往往可以快速、准确地呈现。

说完了 Tableau 的优点，我们还需要进一步了解它。下面就来说说 Tableau 的版本和安装。

与大多数数据分析商业软件相同，Tableau 也提供了多个版本（见图 4-26），可以运行在不同平台上。

桌面版是 Tableau 最强大也是最基础的版本，它安装运行在本地，使用本地电脑的算力进行数据处理和可视化。服务器版是很多企业都会采用的 Tableau 版本，图表的创建和浏览可以在浏览器或手机上完成，大大提升了工作效率。另外，Tableau 还有一个在线版（Tableau Online），它是基于云的服务，企业不用自行部署 Tableau 服务器即可使用。

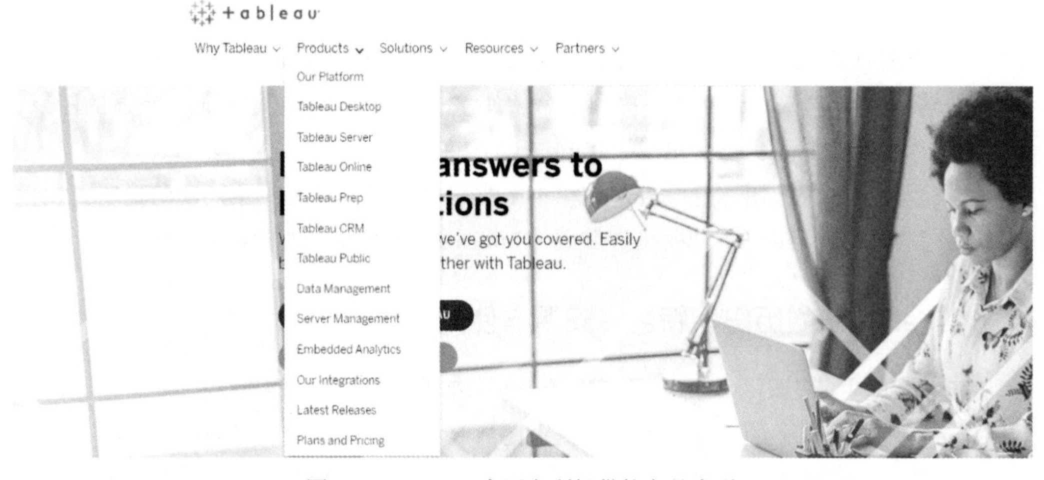

图 4-26　Tableau 官网上所提供的产品类型

以上三种版本都需要支付使用费，对于个人用户并不友好。如果你希望体验学习 Tableau 的功能，可以选择 Tableau Public 版本，这是一个简化后的 Tableau 桌面版，但仍然保留了核心功能，对于初学者而言已经足够了。另外，由于软件安装后有 14 天的免费试用期，你也可以选择利用这段时间进行学习。

作为一款成熟的数据分析软件，Tableau 的安装非常简单，在官网找到安装包后下载并安装即可，如图 4-27 所示。

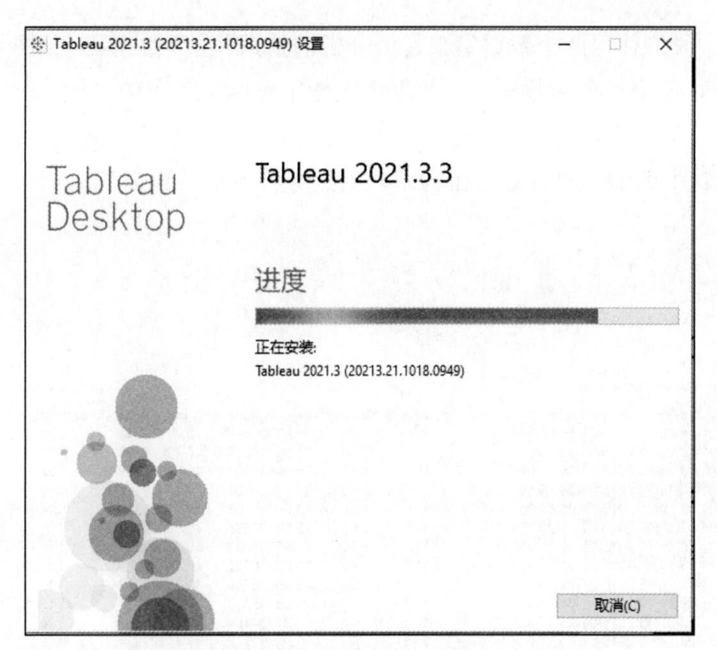

图 4-27　Tableau 安装界面

与一般软件不同，在第一次打开时，Tableau 会要求你输入一些个人基本信息，输入完后即可进入软件的主界面，如图 4-28 所示。

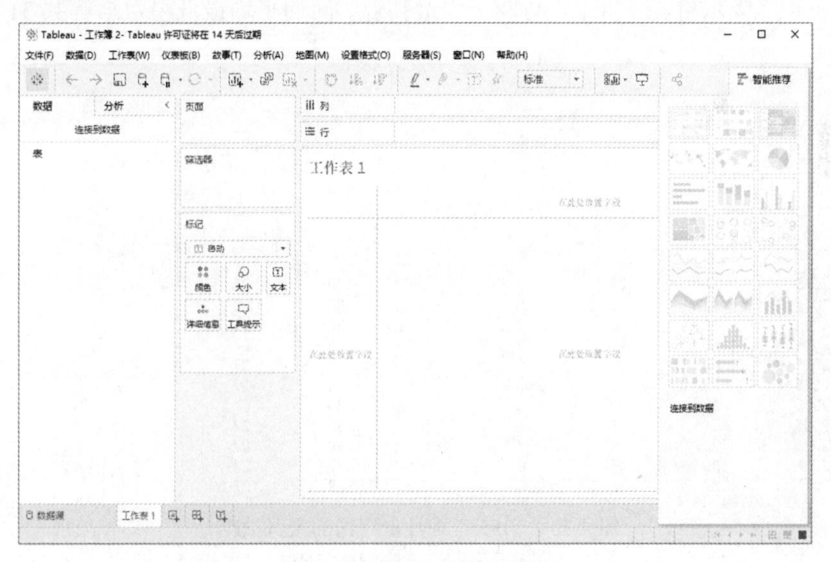

图 4-28　Tableau 的主界面

4.5.2　生成可视化结果

下面我们通过一个例子来了解一下 Tableau 的数据分析和可视化功能。

该案例中，我们使用两个数据集来作为分析的依据。主要数据集（见图 4-29）为 2015 年 1 月份纽约黄色出租车的数据，该数据中包含了乘客上下车的日期、时间、地点、行程距离、费用、收费类型、付款方式以及乘客数量等。由于该数据集包含的数据量过大，我们随机筛选其中的 16000 条数据作为本次数据分析所用的数据集。

	A	B	C	D	E	F	G	H	I	J
1	Vendor	Pickup_datetime	Dropoff_datetime	senger_Count	rip_distance	Pickup_Longitude	Pickup_Latitude	teCodeID	store_and_fwd_	ropof
2	1	2015-01-15 09:47	2015-01-15 09:56:	1	1.60	-73.97924042	40.77156448	1	N	-7
3	1	2015-01-20 22:49	2015-01-20 23:01:	3	2.40	-73.99170685	40.72621536	1	N	-7
4	1	2015-01-26 13:04	2015-01-26 13:09:	1	1.10	-73.99849701	40.76407242	1	N	-7
5	2	2015-01-08 16:24	2015-01-08 16:50:	1	8.75	-73.87310791	40.77413177	1	N	-7
6	2	2015-01-08 16:24	2015-01-08 16:30:	1	1.28	-73.96090698	40.76928329	1	N	-7
7	1	2015-01-07 19:57	2015-01-07 20:26:	1	6.90	-73.98433685	40.73692703	1	Y	-7
8	1	2015-01-10 19:12	2015-01-10 19:31:	1	2.40	-73.97038269	40.75062561	1	N	-7
9	1	2015-01-10 19:37	2015-01-10 19:40:	1	.90	-73.96148682	40.80207062	1	N	-7
10	1	2015-01-02 19:15	2015-01-02 19:26:	1	1.20	-73.96830750	40.76223373	1	N	-7
11	2	2015-01-09 20:29	2015-01-09 20:42:	1	2.71	-73.98745728	40.76449966	1	N	-7
12	1	2015-01-23 17:43	2015-01-23 17:43:	1	.00	-73.97034454	40.76208878	1	N	-7
13	1	2015-01-23 17:43	2015-01-23 17:57:	3	2.90	-73.98769379	40.77022934	1	N	-7
14	2	2015-01-12 19:08	2015-01-12 19:13:	1	1.23	-73.97354889	40.76200867	1	N	-7

图 4-29　2015 年 1 月份纽约黄色出租车的数据

次要数据集（见图 4-30）为 2015 年 1 月份纽约的天气数据，该数据集包括日期、最高温、最低温、降水量、降雪量、同期平均最高温、同期平均最低温数据等共 31 条数据。

	A	B	C	D	E	F	G
1	Date	High	Low	Precip	Snow	Avg.Hi	Avg. Lo
2	1/1/2015	39	27	0	0	39	28
3	1/2/2015	42	35	0	0	39	28
4	1/3/2015	42	33	0.71	0	39	28
5	1/4/2015	56	41	0.3	0	38	27
6	1/5/2015	49	21	0	0	38	27
7	1/6/2015	22	19	0.05	1	38	27
8	1/7/2015	23	9	0	0	38	27
9	1/8/2015	21	8	0	0	38	27
10	1/9/2015	33	19	0.07	1.5	38	27
11	1/10/2015	23	16	0	0	38	27
12	1/11/2015	37	18	0	0	38	27

图 4-30　2015 年 1 月份纽约的天气数据

第一步，需要合并两个数据集。在 Excel 中我们为主要数据集添加日期列，其值与乘客上车日期相同，然后在 Tableau 里以日期为依据合并两个数据集。

第二步，进行数据清理。通过观察可发现数据中有一些缺失值和明显错误的值，比如收费为负数，地点的经纬度为零等。对于这些数据，我们使用手动删除的方法来清理。

第三步，数据清理好后，可以开始对数据进行一些简单的分析，比如我们可以对行程时间使用聚类分析并根据结果将时间分为五组，代码和运行结果如图 4-31 所示。

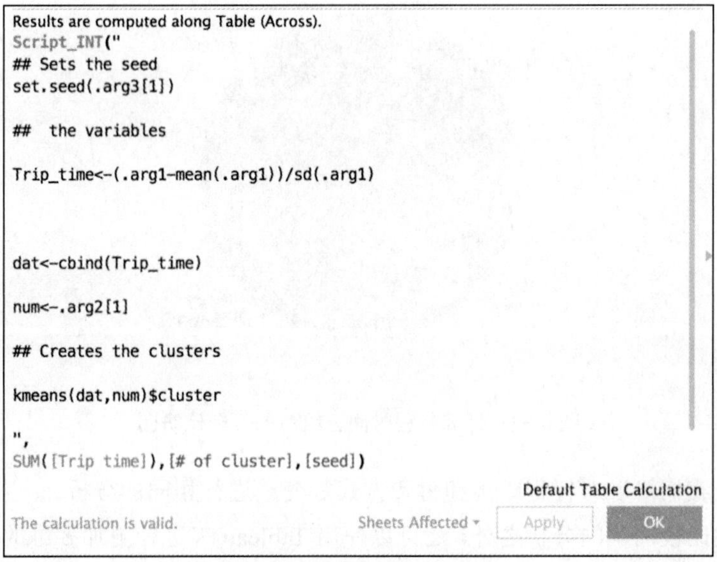

```
Results are computed along Table (Across).
Script_INT("
## Sets the seed
set.seed(.arg3[1])

##  the variables

Trip_time<-(.arg1-mean(.arg1))/sd(.arg1)



dat<-cbind(Trip_time)

num<-.arg2[1]

## Creates the clusters

kmeans(dat,num)$cluster

",
SUM([Trip time]),[# of cluster],[seed])
                                        Default Table Calculation
The calculation is valid.          Sheets Affected ▾   Apply   OK
```

（a）对行程时间进行聚类分析代码

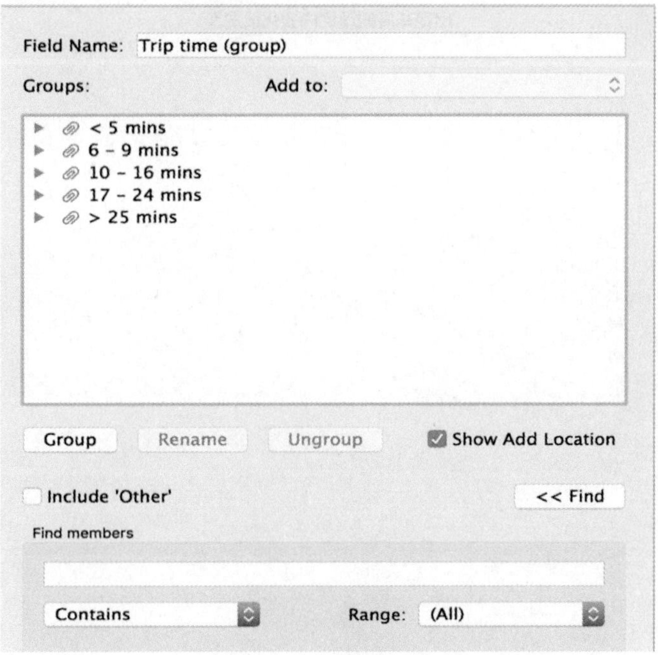

```
Field Name: Trip time (group)
Groups:                 Add to:
  ▶  < 5 mins
  ▶  6 - 9 mins
  ▶  10 - 16 mins
  ▶  17 - 24 mins
  ▶  > 25 mins

Group   Rename   Ungroup      ☑ Show Add Location
☐ Include 'Other'                          << Find
Find members

Contains                 Range: (All)
```

（b）运行结果

图 4-31　对行程时间进行聚类分析的代码及运行结果

然后计算每种分组所占的百分比，得到结果如图 4-32 所示。

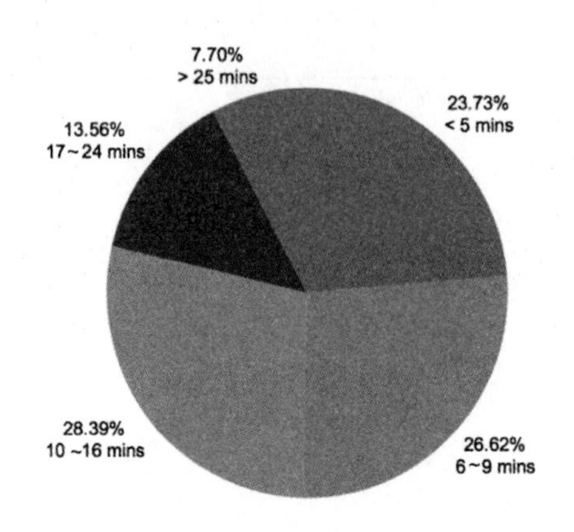

图 4-32　计算行程时间分组后的百分比饼图

类似地，我们可以对行程距离和付费方式等变量进行相同的分析。

除了上述比较简单的分析之外，还可以使用 Tableau 来进行更加多维的分析。我们可以将叫车的数量与日期一起分析，做出折线图，如图 4-33 所示。

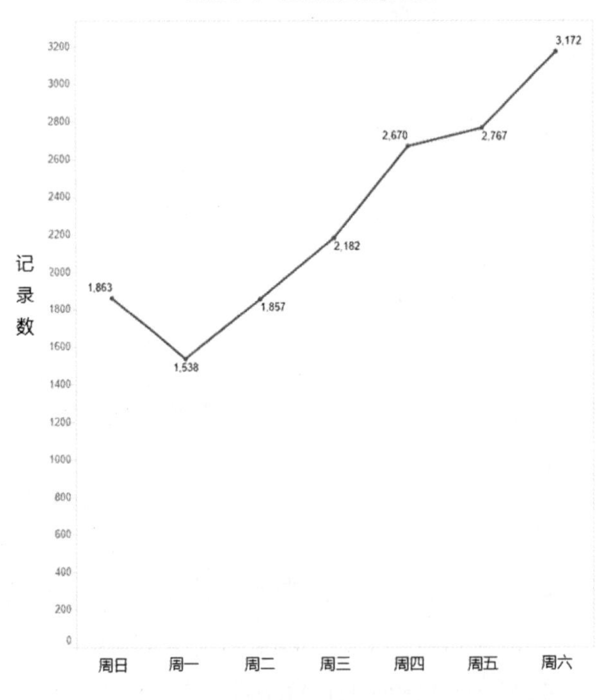

图 4-33　星期一至星期日叫车的数量折线图

可以看到一周中从周一开始直到周六出租车的叫车数量一路上升，周六是一周中的叫车的最高峰，共有 3172 条记录，而周日却有一个比较明显的回落。

如果想分析天气对出租车运营的影响，我们可以将叫车数量、行程时间、降雪量以及降雨量的数据进行可视化分析，如图 4-35 所示。

图 4-34 所示的 x 轴为 2015 年 1 月的 31 天，上半部分的柱状图为每天的叫车数量，柱状图上方的折线为平均行程时间。下半部分的折线图为降雪量和降雨量。

通过观察图 4-34 我们可以获得几个比较有趣的结论，比如节假日的第一天都是打车的高峰期；而降雨并没有对出租车的运营有明显的影响；相对来说，降雪对出租车的运营影响更大。观察可知，6 号和 9 号有两次小型的降雪，次日的叫车数量都有一个比较明显的上升，而 26 号和 27 号的大雪直接导致了城市关闭，出租车的运营也受到了严重的影响，并且由于道路有积雪结冰现象，大雪之后的几天平均行程时间也有所增加。

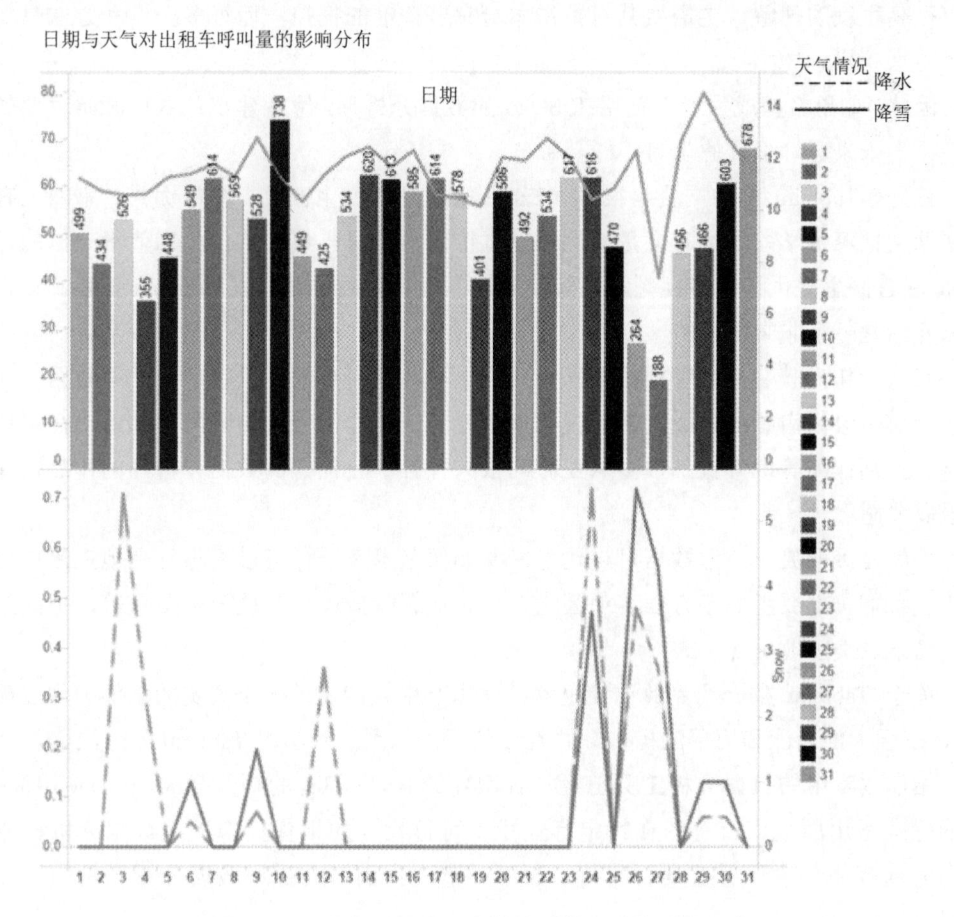

图 4-34　天气对出租车运营的影响的可视化分析示意

使用 Tableau 对数据可视化之后，我们可以轻松地洞察到数据背后所具有的价值，加之 Tableau 操作简便，很容易让人认为数据分析师从入门到精通并不难。

虽然数据可视化的确不是什么高不可攀的学问，但作为 Tableau 的使用者，请一定要明确这是一个入门简单而精通难的工具。

4.5.3 成为一名终身学习的数据艺术家

在上一小节中，我们展示了使用简单的操作就让 Tableau 可以完成复杂的图表，把结果清晰、明确、美观地显示出来。

然而 Tableau 其实是一个上手容易，但进阶较难的工具。除了使用已有数据进行可视化以外，Tableau 还允许与外部动态数据源连接，生成实时的可视化报表；运用故事板使用数据讲述一个完整的商业故事等。这些 Tableau 的进阶用法，不仅要求数据分析师对 Tableau 具有很高程度的理解，更需要其对数据本身有着精准的把控，而很多操作和方法只能通过经验来积累。

因此，如果希望成为一名使用 Tableau 的数据分析师，笔者建议从入门开始就要做好准备，为未来进阶阶段的学习打好基础。

首先，Tableau 的中文资料很多，Tableau 本身的汉化也做得非常优秀，官网上有很多帮助文档可供学习，也有大量案例可以直接作为素材自我训练。尤为值得一提的是，Tableau 官网上提供了很多视频，可帮助新手入门。如果你是一名 Tableau 新手，从官方视频开始是一个非常稳固的学习方法。

其次，作为一名数据可视化专家，我们很多时候需要的是灵感，也就是数据呈现的方式，这个时候借鉴他人成功的可视化方案就是一个非常重要的手段。你可以在可视化教学、大师作品等地方找到很多从业时间很久并且十分优秀的数据分析师的作品，并从中汲取灵感。

虽然是汲取灵感，但数据可视化专家并非像艺术家一样可以天马行空地挥洒自己的才华，我们仍然要考虑多方面客观因素，包括数据时效性、数据分析受众等，把结果清晰、简洁、美观地呈现出来。

关于 Tableau 的介绍到此已经足够，在本节中我们通过一个真实的案例为你展现了 Tableau 强大的功能和简单的操作，并且提到了入门到进阶学习 Tableau 的方法。

相信本章中的数据分析工具已经让你眼花缭乱，它们有的功能强大、有的使用简单、有的行业适用面很广、有的在特定行业里不可替代。如果你尚未进入数据分析行业，一定为选择哪一款分析工具而纠结。在下一节，我们将会探讨数据分析工具的选择和使用。

4.6　正确选择数据分析工具

在本章前面的内容中，我们介绍了几种最常用的数据分析工具或语言，它们特点不同，但都在行业中发挥着举足轻重的作用。

相信读过前几节的你一定有一个问题：我应该学习哪一种工具？

在当前，每个人的时间成本越来越高，选择某款工具其实附带了很多的抉择，它包括对自己未来职业发展的抉择、对未来这个职业长期发展和稳定性的考量、对这款工具不可替代性的预测等。虽然工具甚至职业并不能绑定一个人长期的职场生涯，但在就业起步时选择正确的一步却是至关重要的。

在之前的章节中，我们称 R、Python 为语言，而称 Tableau 为软件或工具，在本节中，我们将统一把它们称为工具。在这一节，我们就从数据分析工具的角度，横向对比不同工具在职业中的应用，以及掌握数据分析工具的必要性。

4.6.1　学习曲线

一般而言，每一项工具和技能都有它特定的难度曲线，有的难点集中在入门，有的难点集中在进阶。不同工具或编程语言在设计的时候也考虑到了学习曲线的情况，将门槛设置在了不同位置。

根据学习时间和掌握程度的关系，我们可以绘制一条曲线，横轴表示学习某项技能的时间，纵轴表示对这项技能的掌握程度，如图 4-35 所示。

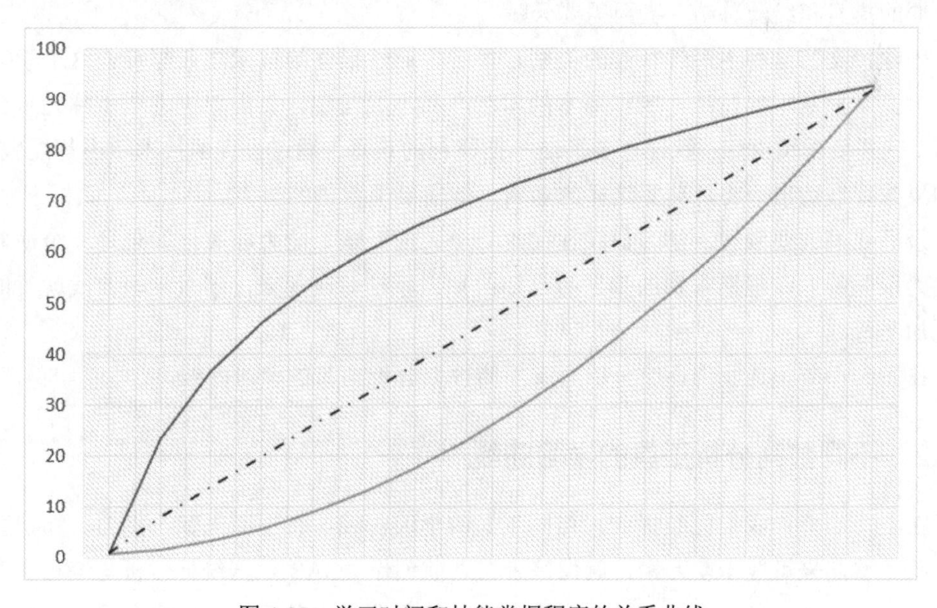

图 4-35　学习时间和技能掌握程度的关系曲线

理想情况下，学习时间与掌握程度最好是一条直线，即每付出一定程度的努力，就能收获相同程度的提升。然而在现实中，技能的学习曲线往往不是这样，而是类似图 4-36 所示的两条实线一样的情况。

下方的那一条表示的是一项工具入门困难而提升迅速。这种工具的特点是上手很困难，往往需要很长的时间才能掌握它的使用技巧，但掌握之后就比较容易通过它内在的逻辑自我提升。一个典型的这样的学习曲线的例子就是学习各种外语。无论你从小学习英语还是其他语言，都会发现最痛苦的都是开始的背诵字母、单词的过程，在掌握这些基础知识的时候，你很难把它们应用到真正的实践之中，甚至无法了解自己当前对这门语言处于一个什么样的掌握程度。但一旦过了某个坎，比如背过多少个单词、读过多少篇文章，学习者会渐渐发现对语言有了全新的认识，可以通过外语学习外语，这就让整个学习过程开始加速。很多人都是不知不觉间发现了自己对语言掌握水平的巨大进步。

与上一种学习曲线相反，另一种学习曲线则是入门容易而精通难，在图 4-36 中就反映为虚线上方的那条曲线。

在刚开始学习这门技术的时候，你会感觉到自己的进步非常快，每一次学习都能明确地感觉到自己能力的提升。但是随着对技术掌握的逐步深入，学习者会发现技术里的诸多难点并不容易掌握，因此学习的效率就会逐渐下降，呈现一个越学越慢的趋势。

这样学习曲线的例子也很多，例如相声演员郭德纲评价相声就是这一种学习曲线，他认为相声看起来简单，有嘴就能说。两个人穿一套演出服，经过基本的训练，很快就能登台并且逗乐观众。但是这个行业的门槛在入门之后，临场发挥、节奏掌控等，都需要长期的摸索和经验总结，甚至需要天赋。

刨除掉文艺这种主观性很强的类别，很多专业性很强的技术职业都符合这个学习曲线，木工掌握基本的技法，制作基本的木艺产品不成问题，如果想更进一步称为木艺艺术家，就需要千锤百炼；铁匠想要锻造一把锋利的兵器，通过合理的技术学习都能做到，但如果想要锻造出干将、莫邪这样的名剑，就需要千百倍的努力。

最后我们需要强调，学习曲线往往也与个人的天赋、能力相关，如果是一个横向思考能力很强的人，能把未知的知识与已知的知识轻松对应起来，那么学习曲线就可能变得更加平缓。

在下一小节，让我们逐个分析一下不同数据分析工具的学习曲线。

4.6.2 不同数据分析工具的学习曲线

在上一小节，我们已经提到，相同工具的学习曲线，在不同天赋、能力、知识背景的人眼中看起来可能千差万别，就像笔者在之前创作《SAS 数据统计分析与编程实践》一书后，收到了大量读者的反馈和咨询，有的问题非常容易回答，但出自从业良久的数据分析师；有的问题非常具有前瞻性，甚至笔者也需要查询资料才能回答，但询问的对方却只是尚未毕业的学生。

笔者深切知道，不同人对于每个数据分析工具学习曲线的区别感受，因此本小节的内容仅仅是笔者在深入学习各种数据分析工具后的个人心得，希望对各位读者有所启发。

首先我们说 Excel，这是一个典型的入门容易而精通难的工具。如果说使用 Excel 进行数据分析，相信很多读者在不看本书的情况下，都知道部分 Excel 的函数，也能使用 Excel 制作基本的数据可视化图表。但如果想要精通 Excel 的全部数据分析功能，分析师还需要深入学习 VBA 语言、VSTO、数据透视表等，才能制作出优秀乃至艺术级别的数据分析成果（见图 4-36）。

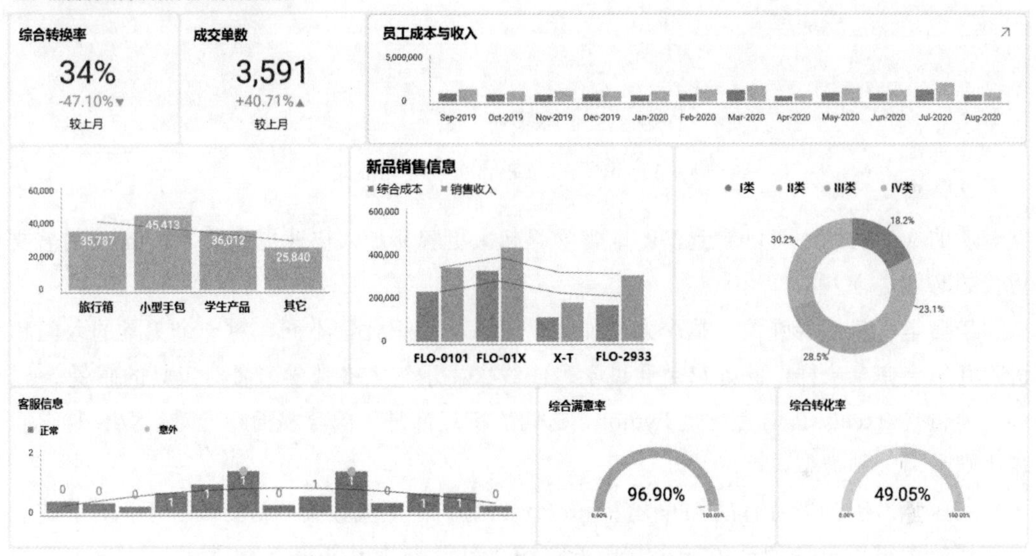

图 4-36　用 Excel 制作的数据分析图示例

R 语言和 Python 是数据分析行业中使用最广泛的两个工具，二者的优劣也经常被放到一起对比。两个工具都是高级语言，在编程上尽可能做到简化，因此上手都比较容易，同时二者都提供了大量的包，可快速、简单地实现复杂的统计分析、建模和可视化功能，因此二者的前期入门相对都比较容易。

入门容易也是有区别的，R 语言是数据分析专用语言，语法上更为简单，加之包的种类丰富，因此上手更加容易，可以轻松地使用几行代码就可完成复杂的数据分析工作。

Python 则是一个更加全面的工具，除了数据分析以外，它还可以编写自动化脚本、开发网站、制作网络爬虫、开发人工智能等工作，又是一款功能完备的语言。

这样的定位也导致 Python 的语言体系非常庞大，入门起来会比 R 语言困难一些，但学习之后能做工作的灵活性也会超越 R 语言。总体来说，Python 学习曲线相较于 R 语言，在入门和进阶阶段的时间相对要更长。

图 4-37 所示的是笔者对两款数据分析工具学习曲线的感受。

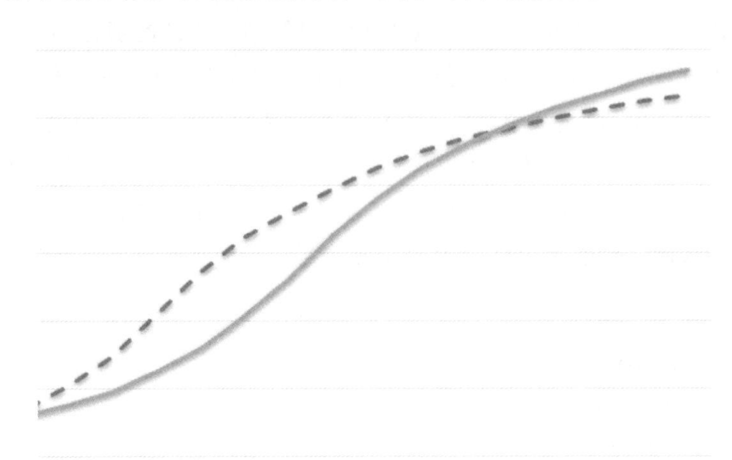

图 4-37　R 语言与 Python 的学习曲线

从曲线的对比中可以看到，R 语言学习起来更容易步入快速提升期，Python 则需要更长的时间进行入门。

最后笔者仍然要强调，每个人的能力、天赋、知识背景不同，对一个工具的入门和进阶并不会完全一样，此处只是通过学习曲线来显示绝大多数学习者对工具的感受。

无论是 Excel、R 语言还是 Python，它们的特点都是入门容易而精通难，SAS 与它们相比则是另一种类型。

SAS 语言因为其特有的 data 步和 proc 步，与其他主流数据分析工具都不同，从其他编程经验中可以借鉴的地方较少，因此学习者往往需要从头开始建立对于这款工具的认识。

笔者在工作中大量使用 SAS，也培训过不少 SAS 的学员，其中很大比例的人都认为 SAS 入门较难，可能学习一个月，一些基础的语法和操作仍然不熟悉。一旦掌握了 SAS 编程的基本技术，并且有能力自主学习，很多复杂的统计预测模型可以通过简单的代码创建出来。在数据可视化中也是如此，SAS 数据可视化需要使用 ods 完成，其中很多复杂的语法需要长期学习和实践才能掌握，使用这些语法可以制作出非常复杂的数据可视化图表。

图 4-38 所示的是 SAS 语言的学习曲线，与前面的案例不同，SAS 语言的快速提升期明显更加靠后。

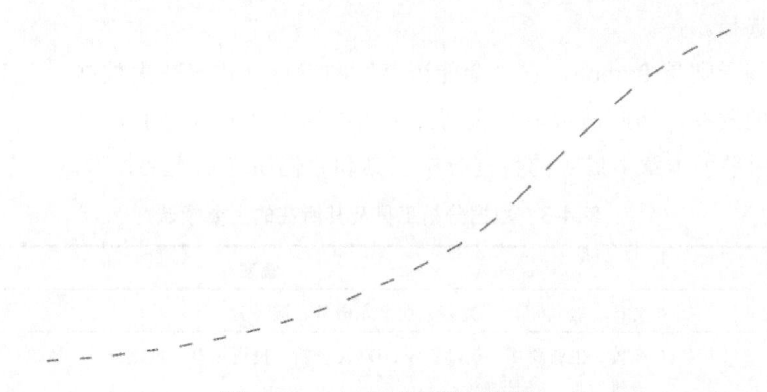

图 4-38　SAS 语言的学习曲线

我们再简单说一说 Tableau，作为一款工具性的数据分析软件，它的学习曲线也是符合入手容易而进阶难的特点。

在本小节，我们对本章中介绍过的数据分析工具从学习曲线的角度进行了一个重新的认识。最后笔者需要强调，如果你是一位数据分析的新手，入门容易的工具并不代表可以轻松地学习，打好基础为日后的进阶做准备很重要。同样，入门较难的工具如果设置好学习计划，也并不困难。

下面，我们就来说一说数据分析工具的选择。

4.6.3　从职业需求选择一门技术

看了上面的描述，很多读者可能已经在内心里做好了学习某款数据分析工具的计划，有些人会根据学习难易程度挑选一款工具，有些人会根据自身已有能力选择一款工具，但笔者在这一小节需要告诉各位：真正决定你要选择什么工具的首要标准是你将要进入的行业。

行业特点往往决定了数据分析工作所用的工具，具体又可以分成行业规定和行业习惯两种情况。

首先我们说行业规定，它是指行业管理部门所要求的数据分析工作。以临床试验数据分析举例，美国 FDA 所接受的临床数据提交必须使用 SAS 完成，而统计分析报告中的图表也推荐使用 SAS 完成。如果希望从事这个行业，SAS 是一个必不可少的工具，而其他工具纵使比 SAS 更好用，更完善，面对这种情况都不是从业者的选择。这就是行业规定。

另一个影响因素就是行业习惯。例如，在科研行业中被广泛使用的 R 语言在科研中发挥了重要的作用，因此相关的包和技术指导也非常多。诚然，很多工具也可以做出像 R 语言一样的结果，但因为产业链的其他人都使用 R 语言，数据和程序也以 R 语言的方式存储，可以查到的技术文件往往也使用 R 语言作为编程案例，因此它就成为了从业者几乎唯一的选择。

另一个例子则是 Python，它“全能语言”的特点，让其在大数据、人工智能等领域中也有出色的发挥，因此被很多互联网公司选用为数据分析的工具。

表 4-3 列举了本章中提到的数据分析工具和它们所在的主要领域。

表 4-3　数据分析工具及其所在的主要领域

工具	领域
Excel	会计、公司审计、教育、数据库服务、服务业
R 语言	高校、生命科学、基础科学、DNA 分析、投资策略、量化分析、风险控制、机器学习、天气数据、统计建模
Python	网络爬虫、大数据、人工智能、互联网
SAS	临床试验、金融分析、制造业、人力资源
Tableau	企业服务、商业策略、软件开发

从表 4-3 中，相信你会发现，很多工具的使用场景都具有重合性，事实也确实如此。在某些没有形成行业标准和行业习惯的领域，不同企业会选择不同的数据分析工具来处理自身的业务，这样就形成了选择数据分析工具的第二个维度，也就是企业。

不少企业都提供社会招聘，在招聘网站上都会具体写明公司所需要的技术能力。如果求职者对某家公司很中意，一定要提前查看相关岗位的招聘描述，确认自己的能力与公司需求匹配。

如图 4-39 所示的就是一家互联网公司的招聘信息的职位要求。

职位要求

1、本科或以上学历，5年以上游戏运营经验，可以适应游戏行业快速敏捷的工作节奏；

2、了解和掌握数据全周期，包括埋点、数据提取和清洗、数据建模、报表及可视化、业务分析等；

3、优秀的信息搜集、数据分析、撰写报告及结构化的分析思考能力，能够形成清晰的业务观点；

4、熟悉掌握和使用Excel，会使用查询工具（SQL、Hive）和分析工具（SPSS、R语言、SAS等）者优先；

5、主观能动性强，具有优秀的抗压能力和沟通协调能力；

6、较好的自驱力，针对游戏版本、系统玩法、活跃活动、商业化等内容，积极探索专题数据研究，通过数据驱动游戏体验优化和用户增长；

7、有成功项目的经验优先，不限品类。

图 4-39　一家互联网公司的招聘信息的职位要求

可以看到，第 4 条详细描述了需要的技术，包括熟练掌握 Excel，会使用 SQL 或 Hive 查询，以及掌握 SPSS、R 语言和 SAS 中的一项。如果你的梦想是进入这家公司，那么以上三种工具你应该至少掌握一项，并且达到可以完成项目的水平。

笔者之所以要强调行业和公司是选择数据分析工具的重要参考，就是因为有很多计划从事数据分析师，并没有从这两点出发，而是根据工具的使用行业、学习难度、自身能力等因素出发，在对市场不了解的情况下学习一款工具，之后发现这款工具在自己想要进入的行业和企业中并没有使用，白白浪费了宝贵的求职时间。

最后，我们仍然要强调，数据分析工具很多时候是我们步入工作后最重要的一项技能，灵活掌握和运用它们的确非常重要。但我们也需要分清楚，对优秀的数据分析师而言，工具永远只是“术”，而非工作的本质，建立起对数据准确、快速、清晰的理解，才是数据分析师的“道”。从第 5 章开始，我们将要针对数据分析中的具体工作进行探讨。

第 5 章　不可不做的数据前处理

说到数据分析，我们总会想起复杂的统计分析模型以及用不同形式表现的预测结果，从无序、凌乱的数据中，一眼找出背后存在的秘密，甚至指导股票买卖、市场投资、商业决策等一系列复杂的事情。

当然，以上的情景只存在于文学作品之中，数据分析从来不是什么神仙法术，相反是脚踏实地地求索。如果拿一种运动来比喻数据分析，笔者认为登山最合适不过，而且是高海拔的山脉。如果你对登山运动有一些了解，就应该知道在攀登世界级的高峰时，路线和动作都是预先计划好的，一般情况下不能有所改变。这些预先的计划都是前人总结的经验，在保证安全性的情况下尽可能减少资源的消耗。

数据分析也是如此。虽然行业、标准、要求不同，但数据分析行业实质上也有一套自己的体系。在数据收集之后，最先的一步就是数据前处理或数据预处理，它是在数据分析前对数据进行删除、修改、转换等操作，让数据更能反映出真实情况。如果没有前处理，就可能导致分析的结果与现实相差甚远，让结果不具有可靠性。

在本章的内容中，我们挑选几种数据常见的问题，从需要解决的问题的角度来说说数据前处理都包含了什么工作。

需要注意的是，数据前处理是一个宽泛的概念，不同行业对其要求也不同，甚至不同的分析工具对于数据的要求也不尽相同。本章我们将从一些概念入手，辅之以案例来进行推进。

5.1　缺失值——最常见的数据问题

说到数据存在的问题，缺失值可能是最常见的一种问题，80%的人第一时间说到数据问题就是指缺失值，同样也有 80%左右的数据问题确实就是缺失值。

的确，缺失作为数据最常见的污染形式，几乎出现在所有数据集之中。获取信息和数据的过程中，会存在各类的原因导致数据丢失和空缺。针对这些缺失值的处理方法，主要是基于变量的分布特性和变量的重要性采用不同的方法。

在本节中，我们首先需要看一看缺失值产生的原因，然后区分不同缺失值的类型，最后我们说一说缺失值的填补方法。

5.1.1　为什么会有缺失值

如果刚开始做数据分析，你可能觉得缺失值没有什么大不了的，毕竟缺失往往都是小部分数据，看起来并不会影响整体的分析结果。

但随着工作的深入，你可能又会逐渐对缺失值越来越不耐烦。有些统计模型无法接受缺失值，分析师必须要提前把它们处理好，否则统计模型运行时就会直接报错。另外，看上去完美的数据，在有了缺失值之后，所得到的结果可能和我们的预期大相径庭。

在经历以上两个步骤之后，你一定会本能地问出一个问题：这些缺失值是怎么来的。

以笔者的经验来说，缺失值可能产生于机器或人工两种来源。

所谓机器来源，是指机器故障导致的缺失，比如数据存储失败、存储器损坏、机械故障等问题，但这其实只是其中的一小类。毕竟以我们日常生活的经验，即使是自己的家用计算机，硬盘损坏的情况可能几年也碰不到一次。所以更多的缺失值是由于人工错误导致的。

数据收集目前有手动填写和自动收集两种办法。如果数据是手动填写的，如临床试验的记录，往往是由研究员手动填写到电子记录表格中，这个过程中就可能导致某些数据忘了被填写。

另一种常见的情况则是自动收集的数据，例如，在注册账户时填写的表单，根据设计需要注册者填写某些信息，但是程序员在设计程序的时候，并未检验这些必填信息是否为空，而直接通过注册，这样数据库里就会记录一条缺少必要信息的数据。

无论是哪种缺失值的产生原因，笔者都必须强调缺失是伴随数据存在的一个问题。可以说，只要有数据，就有缺失的可能。如果希望在数据收集的过程中完全消除缺失值，那么边际成本就会无限提高，这是一种得不偿失的做法。

因此，一般情况下我们可以接受数据中存在一定量的缺失值，这个范围根据数据不同可以在 5%~20%浮动；如果超过 20%，那么数据的可靠性就可能存在一些问题，从它出发得到的分析结果也可能存在不准确的情况。

在了解了缺失值来源的不同之后，我们还需要知道一个概念，就是缺失值本身的类别，按照生成方式不同，它们可以简单分为三类，下一小节中，我们将详细讲解。

5.1.2　缺失值的分类

分类是我们解决问题时的一种本能，根据问题的性质把它们归为不同的类别，然后根据每个类别提供不同的解决方法。既然我们认为缺失值是一种问题，那么我们也可以根据缺失值的特征把它分为以下三类。

（1）我们考虑一种最随机的缺失方式，也就是数据的缺失不依赖于任何其他变量，这种缺失被称为随机完全缺失（Missing Completely At Random,MCAR）。

但我们知道，真正的完全随机其实很少存在，因此这种缺失产生的原因往往是因为随机事件。例如磁盘损坏导致的数据缺失，手动输入数据时因为录入员粗心而缺少的数据。

（2）如果数据的缺失不是以上这种完全随机的分布，而是跟某些变量有关，那么它就被称为随机缺失。

一个常见的非完全随机缺失就是人们在填写自己个人信息时产生的缺失，很多数据对其他数据是否缺失会产生影响。例如，女性在调查问卷中不愿填写自己的体重，男性不愿意填写收入。注意上例中体重和收入的缺失，并非因为收入和体重本身，无论收入高低，男性可能都不愿意填写收入；同理，无论体重高低，女性都不愿意填写体重。这样造成的收入和体重的缺失值，就被称为随机缺失。

如果随机缺失数量较多，在数据分析时，某个类别的样本量可能不足，从而对数据分析的结果产生影响。

（3）还有一种缺失的情况，在上一个例子中，我们进一步思考，同样的个人信息问卷，教育程度一栏也可能存在缺失，但它缺失的原因是因为低教育程度的填写者不愿意填写，这种情况造成的缺失叫作完全非随机缺失。注意，这种情况与随机缺失的不同点在于，一个是缺失数据本身数值造成的缺失；而另一种是其他数据原因所造成的缺失。

从完全非随机缺失这个名字就可以看出来，因为缺失并不随机，而是直接与该变量原本的值相关，因此它对数据分析结果的影响是比较大的。例如，如果直接删除缺失值而计算平均值，平均收入这一项就会因此而高于实际值。

关于缺失值的分类，不知你是否有感觉，我们探讨缺失值的时候似乎是在“上帝视角”下进行的讨论，我们假设自己已经知道缺失值的形成原因，然后根据原因对缺失值进行探讨的。但实际在接触数据时，我们只可能拿到一组带有缺失值的数据，就像前文举例的个人信息表，不会有人在缺失值旁边告诉你自己为什么不填写。比如个人年收入这一项，既可能是因为受访者是男性，也可能是因为受访者是低收入群体而不愿填写，我们无法准确判断某一个缺失值具体的原因。

这其实也说明，缺失值的类型其实并不是可以清晰划分的，因为它们的类型其实是看数据填写者的想法，而这在实践中其实很难把握，这也造成了缺失值的复杂性与不可预计性。但无论如何，即使是通过朴素的认识区分出缺失值的种类，也会对我们后续的工作提供很大的帮助。

5.1.3 缺失值的填补方法

讲完了缺失值的产生原因和分类，我们需要进入到一个对数据分析而言更重要的话题：对缺失值如何处理？选择正确的方法处理缺失值是数据预处理的一个重要步骤。缺失值的处理需要考虑到缺失类型、数据分布、缺失量乃至很多更细节的问题，并没有一个统一的方法。

在这一小节我们介绍几种常见的缺失值处理思路，并尽可能说清楚它们的优劣。但正如笔者之前所说，填补缺失值并不是为缺失值分类，我们没法在“上帝视角”下操作，因此缺失值填补的多种方法可能都适用于一种情况，在工作中需要依据经验来进行选择。

如果说最简单的处理方法，自然就是删除缺失值记录。当然，删除可并不是对缺失视而不见，作为最简单的一种缺失值处理方式，删除缺失值却一点也不容易。

如果删除缺失值，那么首先要考虑缺失的内容是否是随机完全缺失，就像我们之前对缺失值的分类，如果缺失原因与任何其他变量都无关，也与缺失值本身无关，也就是缺失值符合随机完全缺失的特征，那么删除缺失值是一个最简单的数据前处理方法。

另外，如果缺失值的占比较大，那么分析的结果就会因为样本量的减少而产生不准确的结果，因此直接删除虽然是一个简单的办法，但对缺失数据的类型和缺失比例有比较高的要求。

除了直接删除以外，另一种缺失值的填补方法都是填充某些数值给缺失值，这种方法也被统称为插补法。既然是插补，那么自然与原有结果可能产生偏差，分析师所要做的，就是通过未缺失部分本身的特征，找到缺失值最可能的数值。

插补法中，最简单的方法叫特殊值填充，也就是将缺失值填补为某一个特殊值，用于和其他值区分开。这种方法本质上仍然是删除缺失值，但在某些描述性统计上却很有用。例如临床数据分析中就有很多描述性统计，对于某些字符型变量，缺失的部分单独统计就可以更好地描述数据分布的状态。

另外一种常见的插补方法就是使用平均值或众数来填补。如果缺失的变量为数值型，那么可以直接填补为非缺失值部分的平均数，如果变量为字符型，那么可以填补为出现频率最多的那个值。

这种方法除了比较简单以外，还考虑到了缺失值变量最大的可能性，以最大概率的取值来补充缺失的属性值。然而，这种方法也可能导致数据的无效。如表 5-1 所示的案例。

表 5-1　导致数据无效的示例

患者编号	患者性别	是否怀孕
1001	女	已怀孕
1002		已怀孕
1003	男	不适用
1004	男	不适用
1005	男	不适用
1006	女	未怀孕

该数据中，编号 1002 的患者性别缺失，如果按照众数的方法填补，那么填补的结果将会是男，这与是否怀孕变量中的“已怀孕”明显是冲突的。因此针对这种数据，我们不能从数据集中的所有对象来取值，而是预先分组。例如在这个案例中，如果缺失值患者是否怀孕一栏中是“未怀孕”或“已怀孕”，我们就应该直接填补为女。

同样的道理，针对某些数值型缺失，我们也可以对它们的其他变量进行预先分类，分组计算平均值后来填补缺失部分。

下面我们介绍一种很常见的缺失值填补方式——K 最邻法，这也是一种使用平均值填补的办法，该方法比直接使用平均值填补更精准。

首先我们需要进行一个假设，即包含缺失值的记录，缺失值有更大的可能与相似的记录有关系，如果能找出与包含缺失的记录相似的几个记录，使用它们的平均值填补缺失值，将会是一个非常好的填补方法。

关于 K 最邻法，我们需要解决的是两个问题：衡量距离的方式和 K 值的选择。一般而言，衡量距离可以采用欧氏距离、曼哈顿距离或余弦距离；如果是字符型的数据，那么汉明距离比较常用。也就是对于所有分类属性的取值，如果两个数据点的值不同，则距离加 1。汉明距离实际上与属性间不同取值的数量一致。K 值的选择，一般根据数据量的大小而定，可以在 3~9 取值。

虽然这种方法优势很明显，但缺点也同样明显：如果处理的数据集记录很多，那么计算起来非常耗时，因为它需要在整个数据集中计算相似的数据点。另外，如果数据维度较高，那么相邻数据的距离会非常小，因此这种方法的准确性也会有所降低。

另外一种常见的方法则是回归法。一条数据之间本身就有规律，很多时候我们通过这一条数据的其他变量，就可以推测出缺失值最可能是什么。举例来说，个人信息表中，影响收入水平的变量可能有年龄、性别、职业、教育水平，如果收入缺失，我们可以通过建立回归模型的方法来推测缺失值。

如果所有相关变量均为数值型，我们可以使用简单线性回归或多重线性回归，寻找缺失值与其他变量之间可能存在的关系。如果变量中包含字符型，那么我们还需要用到逻辑回归来探索其中的关系。无论如何，这是一种通过已知探索未知的数学模型，同样具有较高的准确性。

然而回归法容易存在的问题就是过拟合，试图把所有可能的影响变量包含进来，而导致预测的可靠性下降，在使用回归法的时候一定要注意相关变量的选择。

最后，对于缺失值，我们仍然有一种方法，就是向数据来源询问确认，这是一种很容易被忽略的方法。作为数据分析师，当数据发送给我们的时候，并不是说数据就与它的收集者完全脱离了，收集者仍然有义务确认数据的可靠性。

所以如果分析师发现某些数据存在缺失，也可以向收集者确认数据的情况。如果是人工收集的数据，在转录过程中很容易发生错误，如果原始数据仍然保留，这可以算是一种最佳的缺失值处理办法。

关于缺失值，我们最后需要说明，缺失值往往是数据自带的一种问题，它的形成原因多种多样，有机械故障、人为因素，但哪种问题实际上都不能算作错误，与缺失值斗智斗勇是数据分析师的日常工作之一。

在下一节，我们说一说与缺失值同样难缠的一个对手——异常值。

5.2　异常值——完美的数据并不存在

比起缺失值，异常值似乎并不那么常见。相比起占比 3%~20%的缺失值，异常值在一组数据中的比例往往不高。但从对统计分析结果影响的角度来说，异常值对数据分析的结果显然影响更大。

在统计学中，异常值是指与其他观测值有显著差异的数据点，其可能是由实验误差或记录错误造成的，会导致统计分析中出现严重问题。

举一个最简单的异常值案例，如果一个班级中有 40 名学生，某次考试满分 100 分，但某个考生成绩被错误记录成了 500 分，这显然是一个异常值。如果没有及时发现，在计算平均分的时候会把全体成绩提高 10 分以上，这会导致严重的统计结果偏差。

当然，对于以上案例，各位读者一定觉得太简单，且认为这个问题非常容易被发现和改正。那么下面我们就从发现异常值和处理异常值两个角度来分析一下这个数据分析的“大敌”吧！

5.2.1　发现异常值

关于异常值，其实并没有一个明确的定义。如果你搜索相关资料会发现，有的异常值的判断方法是选取一组测定值中与平均值的偏差超过两倍标准差的测定值定为异常值，有的异常值判断是远离下四分位数或上四分位数的方框长度的 1.5 倍以上的数字。

从上面这个例子可以看出来，异常值的定义需要考虑到数据的实际情况，不能使用统一的标准。很多时候，相同的数据在不同的场景中，是否异常的判断都不相同。

例如我们一组数据：59，62，58，99，60，61

相信各位读者一眼就能看出，数据中的 99 与其他数字具有显著差异，按照常识判断，这似乎是一个异常值。然而在下定结论之前，我们需要了解这个数据究竟是什么。

如果这是一组某个星体距离地球的观察结果，单位为光年，因为观测存在误差，因此每次观测的结果可能会不一样，但距离应该在一个合理的范围之内。99 这个数字明显远大于其他观测结果，应该理解为异常值，在数据分析的过程中需要删除。

但如果这是某次数学考试的几名学生的得分，那么 99 分就不再是一个异常值。不同人的考试成绩可以差出很多，不能因为一名学生成绩优秀而把他当成异常值不予统计。

从上面这个案例可以看出来，寻找发现异常值与缺失值不同，缺失值很明显，如果某个数据点是空的，那么它就是缺失值，但异常值则需要根据数据的特点进行确定。

综上所述，各位读者仍然相信寻找异常值并不难，只要了解数据背景，纵观数据肯定可以轻松找到。但真实工作中的数据可能动辄上万条，每条记录中又有数十乃至数百个变量，想要在它们之中通过眼睛定位异常值并不容易。因此我们需要选择正确的数学方法来挑选出它们。

首先我们说一个重要的数据分布形式——正态分布，在自然界、人类社会、心理和教育中大量现象均呈现正态分布，例如能力的高低，学生成绩的好坏等。如果用文字概括它的特征，就是越接近平均值的越多，越远离平均值的越少。如图 5-1 所示的就是一个正态分布的样式。

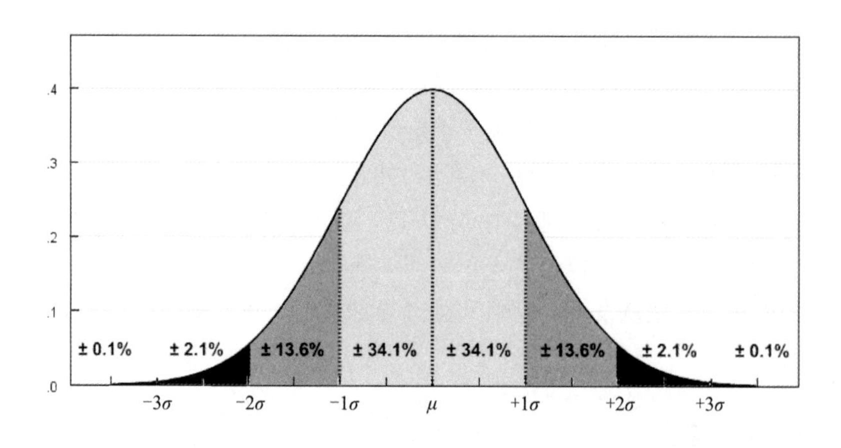

图 5-1　正态分布的样式

正态分布具有两个参数：平均值和标准差。平均值使用 μ 表示，标准差用 σ 表示。在图 5-1 所示中，μ 越大，图形整体越往右偏移，μ 越小，图形整体越往左偏移；σ 越大，表示数据的集中程度越小，反映到图形上就是曲线两侧更加平缓；反过来，σ 越小，那么说明数据更多地集中在平均值附近，曲线两侧就会更加陡峭。

关于正态分布，我们还可以发现，距离标准差越远的值出现得就越少，例如与平均值相差一个标准差的数据，在正态分布中占了 68.2%，距离两个标准差的数据占了 95.4%，距离三个标准差的数据占了 99.7%。因此如果正态分布平均值是 100，标准差是 10，我们就可以说一个数据只有 4.6%的概率落在两倍标准差之外，有 0.3%的概率落在三倍标准差之外。这显然是一个很小的概率，因此如果数据中存在这样的数字，我们就有理由相信它们是异常值。这也是异常值判断的一个常用方法，即选取一组测定值中与平均值的偏差超过两倍或三倍标准差的测定值定为异常值。

这种方法看上去简单快速，只需要知道平均值和标准差即可筛选，但数据分布是我们使用这种方法的一个前提。自然界中，或者说自然生成的数字中，有很多都符合正态分布，例如人的身高、体重、寿命、物理学中的麦克斯韦曲线、多次测量的结果等，但仍然有一些不符合正态分布的例子。

例如，本节已经多次用到过的考试成绩这个案例，很多资料中都说理想的考试成绩属于正态分布，分数很高和很低的人数较少，大部分人成绩在中游。但在实践中，我们却能发现很多考试因为题目设置简单，很多人集中在接近满分的高分区，也有时候因为题目过难，导致大部分人成绩较差，但有少数成绩优异的同学成绩很好。

因此笔者不认为考试成绩可以简单地归结到正态分布中。

另外，根据偏离平均值的方法，定义标准差也需要考虑到数据量的大小来进行一个简单的计算，虽然偏离三倍标准差的概率仅有 0.3%，但如果有 1000 条记录，那么至少存在 1 条记录超出这个范围的概率高达 95%，因此需要根据数据量的大小选定异常值的范围。

除了上述正态分布的方法以外，我们还有一种常用的方法叫作数字异常值方法，这是一维特征空间中最简单的非参数异常值检测方法。

如果说上述文字太过专业，我们换一种简单的说法，这是一种使用第一和第三四分位数判断异常值的方法。针对数值型变量，如果我们把数据从小到大排序，并把它们纵向排列，就能得到如图 5-2 所示的结果。

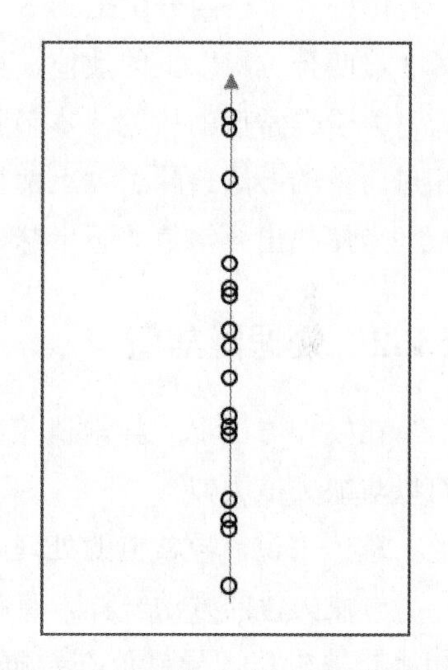
图 5-2　数据从小到大排序的结果

如果想要更好地了解数据，可以计算一些统计量，包括平均值、中位数还有百分位数。平均值、中位数想必读者已了解，百分位数是指数字按顺序排列后，某个百分比位置上所对应的数字。例如 95 百分位，就是指排列后处于 95%位置的那个数字，常用的百分位数有 1、5、25、50、75、95、99 百分位。其中，50 百分位就是我们熟悉的中位数；25、50、75 这三个百分位又被称作第一、第二、第三四分位数。

由图 5-2 可以发现，按照一般的情况，第一和第三四分位数中间容纳了 50%的数据，这一部分数据偏向于中位数，而另外一些数字虽然在第一四分位数以下和第三四分位数以上，但仍然是正常的波动。

用第三四分位数减去第一四分位数，得到的数字叫四分位距，它反映的是数字的分散程度，与标准差有些类似。如果我们发现一个数字与第一和第三四分位数距离较远，例如超过 1.5 倍四分位距，这个时候我们就需要警惕它了，它有可能是异常值。如图 5-3 所示的箱型图可以把这个特点描述得更清楚。

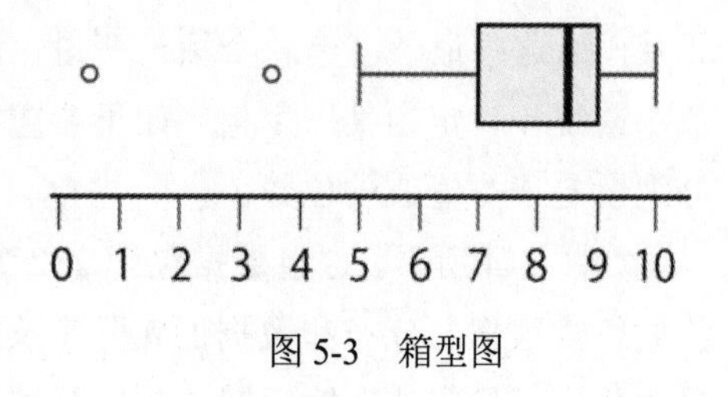

图 5-3　箱型图

箱型图可以描述数字的最大值、最小值、中位数、平均值、第一和第三四分位值。图 5-3 所示中的方框就是箱型图名称的由来，它如同一个箱子，左侧边框表示第一四分位数，右侧边框表示第三四分位数，加粗的线条表示中位数，箱子的中间位置则是平均值，左右两条箱子外侧的线表示最大值和最小值。

由图 5-3 中可以看到，有两个数据点并不在箱型图框架之内，这是因为二者距离第一百分位过远，因此考虑为异常值。通过箱型图我们还可以对异常值进行分类：当某个数值与第一与第三四分位数的范围差距 1.5 倍四分位距以上时，该值为异常值；数值位于范围外 1.5 倍四分位距到 3 倍四分位距范围的数值，称作适度异常值；数值位于范围外 3 倍四分位距以上的数值，称作极端异常值。

关于异常值的检验，本节我们涉及的这两种方法是较为常用的方法，也是操作起来相对简单的办法。除了以上两种方法，还有 DBSCAN 聚类、孤立森林等更复杂的方法。

当然找出异常值并不意味着我们工作的解决，我们真正需要做的是处理异常值。

5.2.2 处理异常值

在发现方法上，异常值相比起缺失值的确难度更大。在发现之后，异常值的处理则可以与缺失值类似。

总体来说，异常值的处理方法可以分为三种：删除、填补和保留。

与缺失值的方法一样，直接删除异常值是一个最快速也最常用的数据预处理方法。相比起缺失值，异常值在数据中所占的比例往往更小。一般缺失值在数据中的比例是 3%~20%，而异常值则可能仅占 1%~3%，所以直接删除包含异常值的记录是我们常用的一个方法。

异常值所占比例虽少，但大部分情况下对统计结果的影响却很大，因此填补也是一个经常使用的方法。异常值的填补方法比较简单，可以选用平均数、中位数、众数等方法填补。在一般操作中，我们可以首先通过前一小节的方法选出缺失值的记录，给这些记录创建一个标记变量，然后将这些记录的异常值变量统一设定为某一个值。如果希望方式方法更精细，还可分组设定平均值或中位数。

如图 5-4 所示，这组数据包含 232 条记录。在这个场景下，我们忽略数据的分布和数据的实际意义，使用四分位数判断法寻找并标记异常值，然后把异常值使用平均值进行填补。以下是在 SAS 里实现的方法。

VIEWTABLE: Work.Outlier

	number
1	66
2	81
3	130
4	141
5	87
6	169
7	37
8	73
9	81
10	92
11	159
12	53
13	113
14	60
15	43

图 5-4　示例数据

```
proc means data=outlier mean q1 q3 noprint;
  var number;
  output out=x mean=mean q1=q1 q3=q3;
run;

data _null_;
  set x;
  call symput("mean",strip(put(mean,best.)));
  call symput("iqr",strip(put(q3-q1,best.)));
  call symput("q3",strip(put(q3,best.)));
  call symput("q1",strip(put(q1,best.)));
run;

data outlier2;
  set outlier;
  if number > %sysevalf(&q3+1.5*&iqr) or
   number < %sysevalf(&q1-1.5*&iqr) then do;
    outlier_flag='Y';
    number = &mean;
  end;
run;
```

然后，我们将筛选出的 outlier_flag 变量设定为 Y 的记录，如图 5-5 所示。

VIEWTABLE: Work.Outlier2

	number	outlier_flag
50	110.38509317	Y
67	110.38509317	Y
184	110.38509317	Y

图 5-5　将筛选出的 outlier_flag 变量设定为 Y 的记录

可以看到，第 50、67 和 184 条记录存在异常值，现在已经被填补为平均值。

最后，对于异常值其实还有一种办法，就是不处理。判断异常值的过程其实包含了部分主观因素，并没有纯粹客观的判断方式，因此我们其实是应用自己的经验为数据应该的值设定一个合理范围。

举例来说，对于成年人的身高，1.7m 是一个合理的数字，身高 10m 是一个绝对不合理的数字，但身高 2m 呢？身高 2.2m 呢？身高 2.35m 呢？每个人可以给出的合理范围并不相同。

因此我们有时也可以相信，数据的异常值是可能真实存在的，这种情况更多产生在社会学的数据中，例如，一群年收入在 10 万~50 万元的人中出现一个年收入为 300 万元的记录，股票的交易量在某一天突然提升 10 倍，按照客观的统计方法来判断，它们可以确定为异常值，但实际上，这些情况都是可能存在的，因此我们可以选择保留这些异常值，并且携带这些异常值来进行统计分析，或者与数据来源进行确认。

在这一节中，我们不断将异常值与缺失值进行对比，可以从寻找和处理两个方面将它们做一个总结。

缺失值几乎不需要寻找，因为它很明显；异常值则需要额外地发现过程，发现的方法主要是看它们与数据中值的差距。判定缺失值是一个客观标准，而判定异常值则需要经验和数据特征。

缺失值和异常值的处理方法相似，都可以简单分成删除、填补和保留三种。

如果说缺失值和异常值都是某个数据点上的问题，那么下一节我们要提到的不一致性则是一个更隐蔽的数据问题，而发现和处理数据的不一致性，是数据预处理的一项重要工作。

5.3 不一致性——难以发现的数据错误

无论是缺失值，还是异常值，我们能够发现，它们都是单一数据点的问题。换言之，它们都可以通过某一条数据来进行判断。但是，数据中存在的问题是各式各样的，除了这种单一数据点的问题，还可能存在于多个数据的比对之中。

这种需要通过多个数据比对才能发现的数据异常被称为数据的不一致性，它产生的来源往往是收集、传递过程中的异常情况，想要发现它不仅需要我们对比每一条数据，也需要我们把具有相同类别或具有时间递进性的数据综合到一起进行观察。

以笔者的经验来说，在临床试验数据中存在着大量的数据不一致性，因此本节将会通过笔者所遇到的案例对不一致性进行描述。不一致性同样可能存在于金融、互联网等行业的数据中，希望本节的内容可以带给你寻找和消除不一致性的系统化思维方式。

5.3.1 横向对比找出不一致性

相信读到这里，你仍然并不认为不一致性是多么复杂的问题，只要认真观察数据内部的联系，找出其中相互矛盾的地方，很自然地就可以找到数据存在的问题。

例如下面这段话：

苏小林，出生于1990年，毕业于北京大学工商管理专业。入职我公司3年，从一名基层员工晋升到中层管理干部，今年只有24岁的他现在是公司研发部骨干，带领2000人的研发团队开发了三版人工智能模型，在公司2022年的“内部金奖项目”评选中排名第一。

以上这段话是我们常见的公司优秀人才介绍，虽然是文字形式，但仍然可以理解为关于一个人的数据。不知你是否发现了上述内容中存在的不一致性？

很显然，苏小林出生在1990年，在本书创作的2022年，年龄应该是32岁，但介绍中却提及苏小林的年龄是24岁。因此出生于1990年和年龄24岁这两条数据存在冲突，需要修改其中某一条才能使其逻辑通顺。

也许这个案例让你觉得并不困难，因为以上文字中只包含了一个人的信息，如果转换成数据的话仅仅是一条记录。

下面我们从这个案例扩展，请看图 5-6 所示的数据，不知你是否能发现数据中存在的不一致性？

姓名	编号	年龄	出生日期	性别	部门	怀孕情况	最高学历
肖翔飞	1001	31	1991年3月15日	男	项目部	不适用	大专
吴君	1002	24	1998年4月28日	男	项目部	不适用	本科
贾长生	1003	32	1990年1月1日	女	法务部	已怀孕	博士
邱爽	1004	18	2004年10月22日	女	人力资源	未怀孕	大专
甄霞玖	1005	26	1996年11月2日	女	项目部	已怀孕	研究生
苗龙翠	1006	23	1999年9月5日	男	总裁办	已怀孕	研究生
贾玲周	1007	19	2003年1月1日	女	后勤部	未怀孕	博士
谢鸥	1008	31	1991年5月6日	男	项目部	不适用	大专
王东龙	1009	28	1994年10月23日	男	人力资源	不适用	本科
李宛	1010	34	1988年8月3日	女	后勤部	未怀孕	本科
刘余庆	1011	18	2004年2月14日	女	后勤部	未怀孕	大专
秦爱珠	1012	23	1999年7月18日	女	法务部	已怀孕	研究生

图 5-6　某公司职员信息

各位读者不妨暂停阅读，自己查看一下数据可能存在的问题。

相信经过了之前的训练，你已经学会横向对比变量，应该可以发现两个问题。

（1）编号 1006 的苗龙翠，性别是男，但怀孕情况却是已怀孕，这显然是不可能的。因此这条记录的性别或生育情况应当有一个是错误的。

（2）编号 1007 的贾玲周，年龄仅有 19 岁，但最高学历却是博士。虽然历史上有一些奇才确实可以在很年轻的时候就取得优异的学术成就，但这种情况非常稀少，因此可以说年龄和最高学历这两个变量中有一条存在问题。

上述这个案例，比起第一个案例，因为数据量变量数量的增加，导致我们搜索数据不一致性花费的时间也成倍增加。如果数据量达到了上千上万条，这种人工搜索的方法显然就不管用了，我们需要使用程序代码来完成这项工作。

然而数据的不一致性与缺失值和异常值不同的地方在于它几乎没有完全客观的评价标准，很难使用通用化的程序来进行检查，因此针对每一份全新的数据，我们很多时候需要依靠经验判断其中可能存在的不一致性问题，然后针对性地编程检查。

如果你可以轻松地找出以上两个案例的不一致性，那么恭喜你，你对数据具有基本的敏感性。然而，不一致性可不仅仅是同一条记录里不同变量的相互矛盾，它还可以存在于多条记录乃至多个数据集之中，让我们继续深入探讨。

5.3.2 隐藏得更深的不一致性

如果说在同一条记录中的不一致性已经需要花费不少精力去寻找，那么跨越记录和数据集的不一致性很多时候会更难对付。

下面我们仍然从一个具体案例开始，看看你是否能发现其中存在的不一致性，为了简单起见，我们以下的所有数据均来源于同一次患者访视（如图 5-7 所示）。

患者编号	测量项	数值	单位
1001-001	身高	178	cm
1001-001	体重	85	kg
1001-001	身体质量指数	26.8	kg/m^2
1001-002	身高	189	cm
1001-002	体重	78	kg
1001-002	身体质量指数	21.8	kg/m^2
1001-003	身高	168	cm
1001-003	体重	90	kg
1001-003	身体质量指数	31.9	kg/m^2
1001-004	身高	175	cm
1001-004	体重	74	kg
1001-004	身体质量指数	22.1	kg/m^2
1001-005	身高	173	cm
1001-005	体重	67	kg
1001-005	身体质量指数	22.4	kg/m^2

图 5-7　患者测量结果

在这个案例中，每名患者记录了身高、体重和身体质量指数（BMI）。BMI 的计算公式如下：

$$\text{BMI} = \frac{\text{体重(kg)}}{\text{身高}^2\text{(cm)}}$$

如果检验每一名患者的数字，会发现患者 1001-004 的身体质量指数计算并不正确，按照身高 175cm 和体重 74kg 计算，结果应当是 24.2，这就说明此处身高、体重或身体质量指数的计算存在错误。

最后，不一致性还可以跨越多个数据集。下面我们用一个稍微复杂的案例来说明这个问题。

假设某次临床试验中，记录了患者的伴随用药与副作用情况。我们俗话讲"是药三分毒"，这个毒不一定是真的毒素，也可能是某些副作用。在临床试验中如果出现了一个副作用，我们需要判断它是与伴随用药相关，还是与试验药物相关。如果可能与伴随药物有关，我们就使用一个数据集来记录二者的联系。

图 5-8 所示的就是副作用、伴随用药以及记录二者联系的数据集。

患者编号	序号	副作用名称	副作用严重程度	开始时间	结束时间
1001-101	1	头痛	轻度	2020年1月15日	2020年1月18日
1001-101	2	发烧	轻度	2020年3月14日	2020年3月15日
1001-101	3	发烧	中度	2020年3月15日	2020年3月17日
1001-101	4	腹部绞痛	轻度	2020年4月7日	2020年4月7日
1001-101	5	上消化道出血	中度	2020年4月30日	2020年5月5日
1001-101	6	呕吐	中度	2020年4月30日	2020年5月6日
1001-102	1	腹部绞痛	轻度	2019年8月21日	2019年8月21日
1001-102	2	头痛	轻度	2019年8月22日	2019年8月23日
1001-102	3	呕吐	轻度	2019年10月1日	2019年10月3日
1001-102	4	急性呼吸衰竭	重度	2019年12月30日	

患者编号	序号	伴随用药	频率	开始时间	结束时间	是否一直延续
1001-101	1	阿司匹林	QD	2019年5月18日		是
1001-101	2	利福昔明	QD	2020年7月14日	2020年12月	
1001-101	3	抗生素	TID	2020年4月1日		是
1001-102	1	奥曲肽	TID	2019年3月	2019年12月	
1001-102	2	阿司匹林	QD	2019年3月15日	2020年3月18日	
1001-103	1	螺内酯	BID	2020年8月		是
1001-103	2	利福昔明	QD	2021年1月3日	2021年3月1日	

图 5-8　临床试验患者副作用和伴随用药信息

具体来看，图 5-8 显示了某个临床试验中，部分患者的副作用和伴随用药的信息，我们需要把数据交给专业的医生，由他们判断副作用是否有可能由伴随用药带来。如果有可能，就使用一个新的数据集来记录，把二者产生联系的记录放在新的数据集之中，如图 5-9 所示。

患者编号	副作用序号	伴随用药序号	关联编号
1001-101	1	1	AE-CM001
1001-101	3	2	AE-CM002
1001-102	3	2	AE-CM001

图 5-9　产生联系的记录数据集

例如，图 5-8 的第一条记录（副作用名称序号为 1）指明副作用是头痛，这个副作用是由伴随用药序号为 1 的阿司匹林引起的，与试验药物无关。

现在问题来了，请问你能判断出图 5-8 所示的数据中哪一条有问题吗？

按照常识，药物导致副作用，应该是药物开始服用之后副作用产生，我们才能怀疑二者之间可能有关系，但图 5-8 所示中的第二条记录，副作用开始时间是 2020 年 3 月 15 日，结束在 2020 年 3 月 17 日，而伴随用药是在 2020 年 7 月 14 日才开始服用的。这是先产生了副作用，然后才服药的情况，在逻辑上是说不通的。因此我们认定这应该属于不一致性，需要查询数据来源进行修正。

图 5-10 所示的副作用和服药时间轴就把它们的时间关系描述得更清楚。

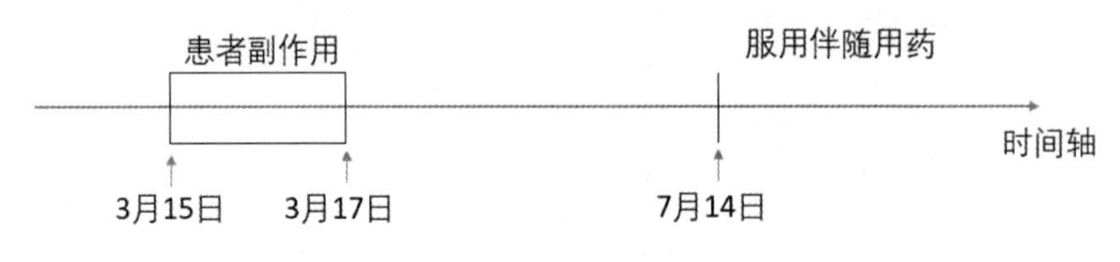

图 5-10 副作用和服药时间轴

虽然这个逻辑问题比较明显，但如果它们隐藏在纷繁的数据之中，想要查找起来其实并不容易。尤其是针对这种跨越数据集的不一致性，分析师往往需要打开多个数据表，反复比对才能找出问题所在。

在前面的内容中我们从不一致性可能存在的位置出发，由浅入深地带领各位读者了解数据中的不一致性。相信至此，各位读者心中一定会有一个疑问：怎么办？

5.3.3 解决不一致性

不一致性与缺失值、异常值的处理很多时候都不同，它很难通过数学和统计学的方法进行修正，我们需要从数据来源下手，从根源上消除不一致性。

本小节我们就从不一致性的分类出发，从另一个角度了解不一致性和它们的解决方案。注意，不一致性的分类与我们前文所说的不一致性的位置有所区别。

1. 数据重复

数据重复是较为常见的不一致性，具体体现为一条记录出现了两次，但两次的值不相同。

例如，某个人的个人信息，一条记录了身高是 175cm，另一条记录了 185cm，并且两条数据的其他信息都相同，这是一个典型的逻辑矛盾。另外一个案例是在同一时间，一个用户既访问了页面 A，也访问了页面 B。

针对这种不一致性，最好的解决方法是向数据来源处求证哪个数据是正确的，这一般用于数据人为填写和记录的情况，例如个人信息的身高，往往是由本人填写，经过转录、传递后到达数据分析师手上，其中的每个环节都可能产生问题。但这种方法对于自动生成的数据并不那么有效，例如用户访问网站的记录，是系统日志自动生成的结果，想要寻找问题所在并不容易。

当数据无法溯源的时候，我们也可以采取与缺失值相似的办法，即取平均数、中位数。但这种方法实际上只是一种亡羊补牢的措施。以个人信息中的身高而言，一般情况下，此人的身高是 175cm 和 185cm 中某一个的取值，因此使用平均数的值，一定是与原数值有差别的。所以我们说这种方法是当无法向数据来源求证时的一个补救措施。

2．数据矛盾

矛盾性也是不一致性的重要体现，它的范围很广，例如我们之前案例中的“男性—已怀孕”就是一种。

矛盾性是这一类不一致性的本质。如果从矛盾性的哲学意义来看，会发现矛盾性具有两种基本属性：同一性和斗争性。同一性是指数据所描述的内容为同一个对象；斗争性是指二者所描述的信息具有不兼容性。

针对数据矛盾的情况，我们几乎无法依靠数字和统计学的手段予以解决，绝大多数情况下只能求助于数据来源进行分辨。这是因为斗争性导致了两者相互排斥，无法使用取数据中值的方法将它们调和。例如“男性—不适用”和“女性—已怀孕”都不是“男性—已怀孕”的数据中值。

针对数据矛盾，我们需要做的事情是找出矛盾位置，观察具有斗争性的几方是否有可能调和，这种调和方法往往依靠经验。例如在进行人口信息统计时，某个人在人口统计调查表上填写的身高为 180cm，但是在年龄处填写的却是 11 岁，根据我们的常识和经验判断，这种情况出现的概率极低，因此更大概率上这是一条数据矛盾，年龄与身高在很大概率上有一项为错误，或者二者皆存在错误。但仅通过调查表中的两项数据，我们无法确定哪一项是正确的，需要通过求证数据来源或者综合分析这个人的其他相关信息来进行判定。除此之外，在实际的数据分析工作，矛盾数据的去留操作都会在一定程度上直接影响结果的准确性，因此，依靠经验的正确判断往往可以将准确性控住在合理的范围内。

3．数据丢失

在之前关于缺失值的章节中，我们已经详细介绍过缺失值，为什么在数据不一致性里又提到了数据丢失，它们有哪些区别呢？

这里的数据丢失，并不是像缺失值那样是某一个数据点的丢失，而是指整个数据记录都不存在，但是根据这个数据记录所推演出来的结果却被记录下来了。

例如，我们通过一个人的身高体重，来判断某个人是否超重。在收集的数据中，我们发现甲的身高和体重数据都不存在，但却有一条“甲属于超重”的记录，这就是明显的数据丢失问题。

数据丢失不能像缺失值一样简单地填补，例如在刚才讲到的案例中，既可能是身高、体重数据在传输过程中丢失了，也可能是超重这条记录本身不应该存在。

这种情况最好的解决方案仍然是追本溯源，寻找数据原本的值来修正不一致性。

关于不一致性，我们本节首先通过案例的方法来描述不一致性可能存在的位置，它可以比较容易被发现，也可能隐藏得较深，需要横向对比数据进行挖掘。另外，不一致性与缺失值和异常值不同，它更依赖于对数据本身意义的理解，难以从简单的值上寻找和填补。

不一致性在数据中所占的比例往往很小，但它们可能对分析的准确性造成很大影响，因此在数据前处理中，选择正确的方法来排查数据中可能的不一致性非常重要。

在本节的内容中，我们聚焦在数据前处理，或者叫数据预处理这个话题上。这个工作算是数据分析的前奏，但前奏并不代表可有可无；相反，它们是保证数据质量的重要步骤。

在第 6 章中，我们将探讨数据分析的具体方法。

第 6 章　统计分析的重要性

直观上感觉，数据分析行业与统计行业似乎关系并不大。

从专业角度来说，数据分析从业者的专业大都是计算机科学或软件工程，毕业后进入的也是互联网、金融等公司；统计专家则应当是统计学专业毕业，根据不同细分领域进入不同的行业，研究理论统计的进入高校做研究，学习应用统计的进入互联网公司建立模型，钻研生物统计的进入药厂设计临床试验。

从工作内容上来说，数据分析师每天的任务是编程，用程序把数据"捏成"自己需要的样子；统计专家所做的事情是对着创建的模型进行对比、研究，总结出一条条统计的结论。

然而事实上，数据分析和统计的边界越来越模糊，并且这个趋势将会一直持续直到二者完全融合。现在想找一个不会编程的统计学家或者一个不了解统计知识的数据分析师，可以说已经是不可能的事情。两个工作的融合其实也说明了数据行业是一个综合性的行业，从业者需要具备总体性的能力才能胜任这个工作。

在创作本章时，笔者对于讲解深度一再拿捏，作为一本通识性的数据分析图书，笔者既不希望关于统计分析的章节过分复杂，以至影响读者的探索欲，也不希望所述内容过分简单，让本书仅仅限于泛泛而谈。因此笔者在本章中决定选取一个中等偏浅的叙述思路。

同时，为了阅读的流畅体验，笔者在本章将更多地使用案例来讲解我们需要描述的分析方法和数据模型。

6.1　暗藏玄机的描述统计

描述统计，或者叫叙述统计，是一种最基本的统计方法，也往往是我们统计分析的第一步。描述统计通过描绘或总结观察量的基本情况，进而通过综合概括与分析得出反映客观现象的规律性数量特征。

在这段话中，我们发现描述统计的过程是总结和概括，也就是将大量的数据使用统计量压缩成只包含总体规律的行为。

以一个最简单的例子来说明，小组内五位同学小测验成绩是 89、92、100、74、84，如果需要你给老师汇报小组的总体情况，你将会如何做呢？

我们选择两种不同的方式。第一种，相信也是大部分人都会选择的办法，直接计算出五个成绩的平均数（87.8），只把这一个数字汇报给老师，因为平均数是一个可以很好地代表小组总体水平的统计量。第二种，直接汇报：张三 89 分、李四 92 分、王五 100

分、赵六 74 分、杨七 84 分，也就是无论使用何种统计方法，都将信息完全地保留，但这也导致信息不够简略。

上述两种汇报成绩的方式其实就是为了说明描述统计所得到的结果虽然让分析师可以更高地了解全局，但也会丧失特定数据的具体信息，在理解统计量的时候，除了明白它的数学定义，也一定要清楚它归纳出了什么信息，又丧失了什么准确性。

6.1.1 平均值——最简单的统计量

如果选择一项最重要的描述统计量，相信平均值一定可以毫无疑问地入选。

平均值在统计学上用于描述数据的集中趋势，用来确定一组数据的均衡点。从小到大，平均值与我们如影随形，比如平均成绩、平均工资、平均气温、平均速度等，它似乎已经熟悉到不需要我们对其进行更深入的解释。

然而平均值仍然有分类，例如我们平常口头所说的平均值，实际是算术平均值的简称。算术平均值是最简单的一种平均值，它的计算方法是将一组数求和，然后除以这组数据的个数。

例如以下一组数据：

1、2、4、6、7

求和之后再除以个数，平均值为

$$\frac{1+2+4+6+7}{5}=4$$

除了算术平均值，另一个常用的平均值叫作几何平均值。它的计算方法是将所有数据相乘得到乘积，然后对乘积开 n 次方，其中 n 是数据的个数。

以上面的数字作为例子，它们的几何平均数就是

$$\sqrt[5]{1\times 2\times 4\times 6\times 7}=3.2$$

之所以这种计算方式被称为几何平均数，是因为它可以对应到图形中。例如我们有 a、b、c 三个数字，可以把它们想象成一个长方体的长、宽、高，而几何平均数就是与这个长方体体积相同的立方体的边长，如图 6-1 所示。

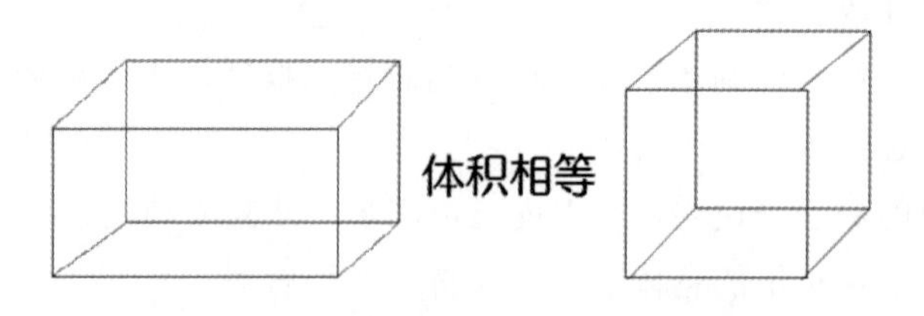

图 6-1 体积相等的长方体和立方体

同理，如果数据的个数更多，我们也可以把它们的几何平均数理解为在高维空间内

与高维长方体体积相同的立方体的边长。

最后，还有一种平均数也很重要，叫调和平均值。它的计算方法是取 n 个数据的倒数计算算术平均值然后再取倒数，或者简单来说，是数值的个数除以每个数值倒数的和，公式为

$$\frac{n}{\frac{1}{x_1}+\frac{1}{x_2}+\frac{1}{x_3}+\cdots+\frac{1}{x_n}}$$

仍然以上面的数字作为例子，它们的调和平均值是 2.42。

关于调和平均值这个名字，你一定会感到奇怪，它不像算术平均值和几何平均值那样直观。最初，古希腊的毕达哥拉斯学派发现一根拉紧的琴弦如果能弹出某个音，例如 do，那么取其 2/3 弦长，得到的是高 5 度的 so，取其 1/2 弦长，得到的音就是高 8 度的 do，这些音都是和谐的。把这些能创造和谐音的琴弦比例取倒数，会发现它们是等差数列。如 1、2/3、1/2 的倒数 1、3/2、2 构成了等差数列，因此这种取倒数的方法就有了和谐（Harmony）这个名称，而使用倒数计算平均值的方法就被称为调和平均值（Harmonic Mean）。

我们会发现，以上三种方法计算到的平均值各不相同，那么哪一个才是数字真正的平均值呢？

其实，这样的思考无法得出答案，我们只能说在不同数据意义的情况下，每种平均值的计算方法具有不同的应用场景。

算术平均值擅长描述的是绝对数字的集中趋势，例如分数、收入、体重等。

几何平均值一般用于变化量的平均值计算，例如前五年某国家 GDP 的增长率为 3%、4.5%、18%、5%、3%，使用几何平均值计算出来的结果是 4.9%，而使用算术平均值计算出来的结果是 6.7%。在这个例子中，五年的增长率可以平均为每年增长 4.9%，而因为数据中存在一个 18%的偏差值，将算数平均值的结果放大了，从而得出与实际不符的增长率。

需要注意的是，几何平均值只能应用于全部为正数的数据，如果数据中存在负数，那么可能让结果的符号改变。

最后，调和平均值可以用来计算相同距离但不同速率情况下的平均速率问题，例如汽车行驶一段距离，前 30km 的速度是 60km/h，后 15km 的速度是 120km/h，如果希望计算汽车整段路程的平均速度，就需要使用调和平均值的计算方法。

调和平均值对极端数字比较敏感，其中极小值比极大值会造成更大的影响，这是因为调和平均值的计算过程需要取倒数，一个接近 0 的数字取倒数后的结果可能会被放大。

从数值上来说，各位读者应该会发现在三种计算方法中，算术平均值的结果一定是最大的，调和平均值的结果一定是最小的，而几何平均值则处于二者之间。

除了以上三种平均值以外，实际上统计学家对于平均数还有更深入的研究，例如移动平均值、平方平均值，还有已有平均值计算方法的细分，例如加权算术平均值、加权调和平均值等，每种方法与上文所说的一样，都有自己适用的条件和特点。

6.1.2 对比平均值和中位数

相信中位数与平均值一样，都是各位读者最熟悉的描述统计量之一。与平均值不同，中位数表示正好处于数据值中点位置的数据的值。换言之，比这个值大和比这个值小的数据数量是相同的，如图 6-2 所示。

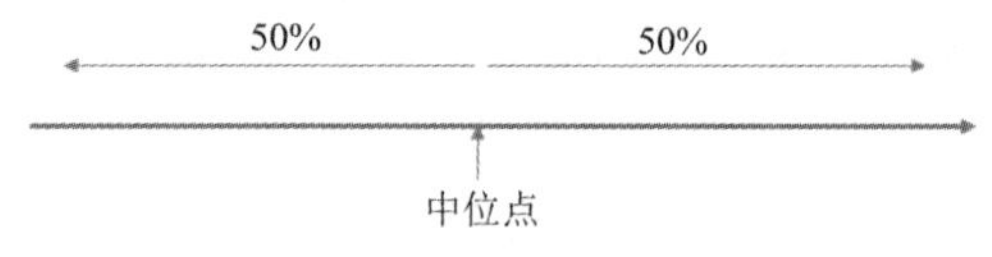

图 6-2　中位数的中位点示例

平均值与中位数是一对经常被拿来讨论的数字，很多时候我们都会听到一些说法，“平均值没有意义，大多数数据都被少数极值数据给拉上去了，还得看中位数”“中位数前后都是一半，看不出数据集中在哪里，真正有用的还是平均值”。

这样的说法，其实也刚好说明了平均值和中位数的区别。

比起中位数，平均值更容易受极值的影响，例如经常被调侃的笑话就包括：“我和世界首富平均起来都是亿万富翁”、“我们班跟姚明平均一下，每个人都是 1 米 85 的身高”。在很多领域，数据的分布并不服从自然界常见的正态分布，而是呈现金字塔型分布，就是数字越大的数据所占比例越小，但是其数值显著高于其他数据。

这样的数字就会导致我们在计算平均数的时候，因为极少量的极限值会把结果放大或缩小很多，使结果与我们的预期不符。每当发布诸如年度平均薪酬等类型报告的时候，大部分人都发现自己的薪酬比平均值低，因为薪酬水平差别巨大，极端高薪的人会拉高平均值，让更多的人处在平均值之下。

同时，样本量越小，极限值对平均值的影响就会越大。

例如，以 2021 年胡润百富榜的数据，钟睒睒以 3900 亿元问鼎，他一个人的财富如果与全体中国人平均，会让每位中国人的平均财富提高 278.5 元，这并不是一个很大的数字，这是因为我国人口体量庞大。

而同年度的瑞士首富是资产总值为 109 亿美元的阿庞特夫妇，按照汇率和瑞士人口计算，他们的财富可以为瑞士平均每人带来的财富增长是 8493 元人民币。虽然阿庞特夫妇的资产仅仅是钟睒睒的一个零头，但因为瑞士人口总量远少于我国，因此这个极限值对于平均数的影响反而更大。

正因为平均值的这个问题，很多人认为中位数描述数据更加准确。事实上，中位数往往与我们的直觉更加相符。例如中位数收入发布后，一个人向别人询问收入情况，如果采样足够随机，一定能发现的确有一半人在中位数收入以下，一半人在中位数收入以上，与我们的认识相符。

但中位数同样存在自身的缺陷，就是小部分数据的变化无法直接反映到结果上。例如我们有如下一组从小到大排列的数字：

1　2　2　3　5　5　8　9　9　9　10　10　15　16　17

它们的中位数是 9。

如果现在最大的数字 17 消失了，我们会发现平均值一定会下降，然而中位数却不变，仍然是 9。换言之，实际上中位数只用到了部分数据。

综上所述，平均值和中位数各有利弊，并没有一个统计量可以完整、客观地归纳数据中的所有信息。

6.1.3　更多常用统计量

除了平均值和中位数，在描述统计中还会出现其他的统计量，我们选取其中常用的众数、方差、标准差、四分位数和平均差来作详细讲解。这些统计量在前面内容中偶尔出现，这里我们放在一起对比讲解，更便于读者理解。

1. 众数

众数是指数据中出现次数最多的那一个值，例如一组数字：

1　5　3　8　7　3　4　5　3　8　1　3　5

因为 3 这个数字出现过 4 次，因此众数就是 3。可以看到，与中位数相同，众数实际上也是使用了部分数据，只要某个值的数据数量最多，无论这个值所在的位置在哪里，它都会被选为众数。

需要注意的是，与平均值和中位数不同，一组数据中可能存在多个众数，也可能不存在众数。如果数据中有多个值出现次数相同，且它们比其他值的出现频数高，这几个值就都是这组数据的众数；如果一组数据中所有值出现次数相同，且没有其他值时，我们就认为这组数据中不存在众数。

2. 方差

方差是用来衡量一组数据离散程度的统计量，统计中的方差是每个样本值与全体样本值的平均数之差的平方值的平均数，使用 σ^2 表示。它的计算公式为：

$$\sigma^2 = \frac{\sum (x-u)^2}{N}$$

其中，u 是数据的平均值；N 是数据对象的个数。之所以选择使用平方的形式，是为了消除数据与平均值之间的差的正负对结果的影响。需要注意的是，如果数据并不是总体，而是某个总体的样本，分母就应当变成 $N-1$，而不再是 N。

从这个公式我们可以看出，方差实际上可以理解为每个数据点与平均值距离平方的平均数。如图 6-3 所示，在数据量相同的情况下，图 6-3（a）的数据的方差一定比图 6-3（b）中的要大。

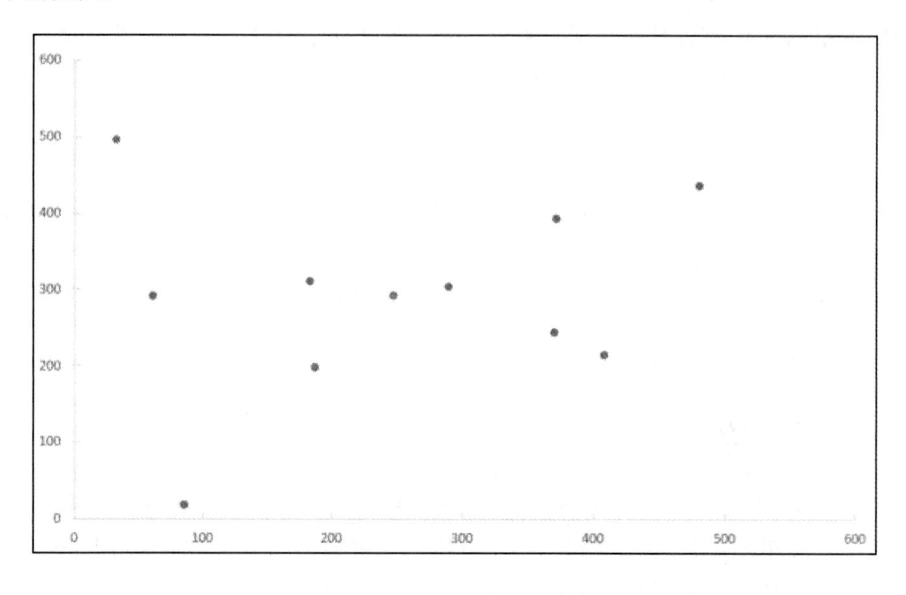

（a）

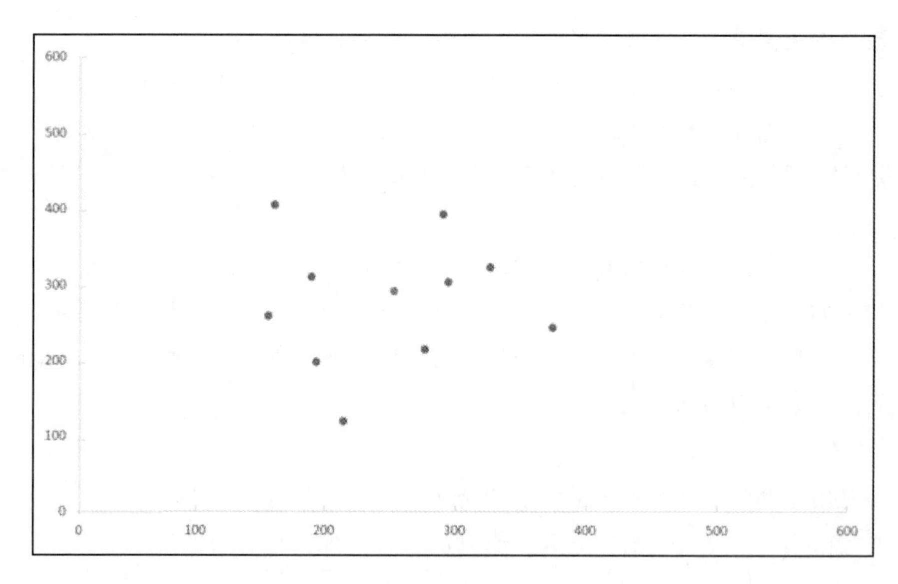

（b）

图 6-3　在数据量相同的情况下，数据方差对比

3. 标准差

标准差经常被认为与方差相同，都是用来评价数据离散程度的统计量。事实虽然如

此，但标准差很多时候更具有实际意义。

例如以下几个数字：

11　24　36　38　50

计算得到它们的总体方差为 176.16，这个数字理解起来其实很困难，究竟表示数据离散还是集中，如果再有一个新数字 22，它究竟属于什么位置呢？

标准差在这个时候就起作用了，标准差实质上就是方差开平方。在这个例子中，数据的标准差是 13.3，配合平均值 31.8，我们很容易发现，新数字 22 是一个落在一倍标准差之内的数据。

4. 四分位数

四分位数的概念我们在之前的章节中简单提到过，它与中位数类似，都是将数据排序之后处于某个位置的数据。

第一四分位数，又称较小四分位数，等于该样本中所有数值由小到大排列后处于 25%位置的数字。

第二四分位数，又称中位数，等于该样本中所有数值由小到大排列后处于 50%位置的数字。

第三四分位数，又称较大四分位数，等于该样本中所有数值由小到大排列后处于 75%位置的数字。

有了四分位数的帮助，我们可以更容易理解数据的分布情况，例如我们有以下信息：某班级考试成绩的四分位数分别为 67、93、96。仅仅从这三个数字，我们就可以判断出来，本次考试有 25%的同学成绩在 67 分以下，而中位数和较大四分位数非常接近，说明有一半同学的成绩都集中在了 93 分以上，可见这次考试的难度应该不高，而班里的差生与班级普遍水平有较大的差距，应当有针对性地进行补习。

较大四分位数与较小四分位数的差被称为四分位距，与标准差、方差一样，它也是一种表示数据离散程度的方法，但因为忽略掉了极值的影响，所以结果更加稳健。

5. 平均差

平均差是一个不经常被用到的概念，但确实是一个非常简单的用来估算样本数据之间差异程度的统计量。它的概念是每个值与平均值差的绝对值的算数平均值。

例如有以下一组数据：

38　17　48　42　24　65

首先我们计算获得它们的算术平均值为 39，然后计算每个数字与平均值的差，如果差为负数，就取相反数，得到如下结果：

1　22　9　3　15　26

然后计算新得到的这一组数的算术平均值，得到结果为 12.7，这就是这一组数字的平均差。

相比起方差、标准差，动辄需要平方、开方的运算，平均差的优势在于可以快速简单地进行手动计算，快速估计数据的离散程度。

虽然看起来，与标准差一样，平均差也可以表示数据差异程度，且计算更简单，但平均差仍然有自身的局限性，一个主要的问题就在于它对于严重偏离中心的数据没有更大的“惩罚”。因此，它的使用尚未特别广泛。

除了以上介绍到的统计量以外，描述性统计中还有极差、百分比数等众多概念，它们可以共同抽象地描述数据，让分析师对数据的情况有更好地把握。

我们使用这些统计量来描述数据，实质上是为了总结和概括数据的特征，也就是在不需要完整了解数据的情况下对数据有一个直观的认识。在下一节，我们会涉及一个重要的话题——数据分布。与本节相同，我们将采用案例而非枯燥公式的方法谈一谈各种数据分布的特点和来源。

6.2 常见的数据分布形式

数据分布是一个在统计学中经常被提及的概念，使用最直观的说法，其实就是数据长什么样子。

在了解这个概念之前，我们不妨看一个例子。在描述一个人的外貌时，我们经常使用抽象的形容词。比如这个人是个高个子、白皮肤、大眼睛，通过这一组形容词，我们可以在不看到这个人的情况下了解他的形象。同时，这几个形容词都是抽象的，高个子、白皮肤、大眼睛都无法定量，仅仅是特点。

随着我们身边具有特定特点的人出现在更多人面前，人们选择转变一种描述方法，从使用一系列形容词描述变成使用一个特定的名词来形容，像“高冷女神”“邻家小妹”“奶油小生”，提到这些词你的脑子里就会形成一个具体的形象。但注意，这些名词实际上没有任何描述性，它需要动用我们已有的社会经验来理解。

数据分布实际上也是如此，正态分布、二项分布、泊松分布，其实并没有直观具体地展现数据的样子，它们只是为了沟通方便，我们为相似的数据起了一个名字，而叫起这个名字，你就能在脑中构建出它的样子。提到正态分布，你就会想起一个像钟一样，中间高、两端低的曲线，这样数据分析在沟通时就有了更加快速、简便、精确的方法。

本节就让我们浏览一遍最常见的数据分布形式。

6.2.1 为什么数据分布这么重要

在谈这个话题之前，我们不妨首先来看一个例子：如果告诉你某组数据的平均值是70，你觉得数据是怎样分布的呢？

相信大部分读者都会很自然地画一个类似正态分布的曲线，它的中点落在70这个值上，如图6-4所示。

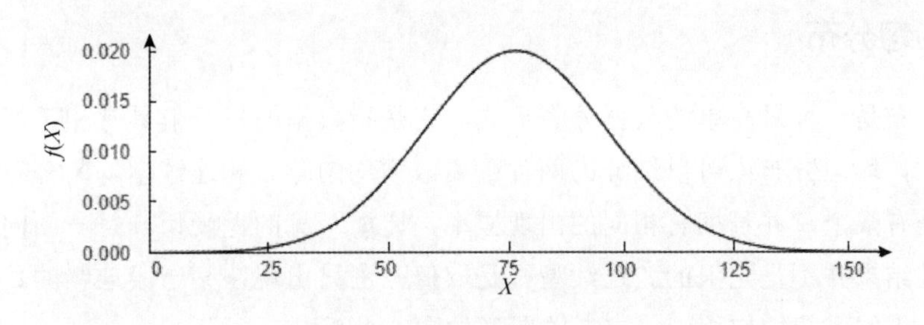

图 6-4　正态分布曲线示例

但实际上，这一组数据有两个波峰，如图 6-5 所示。

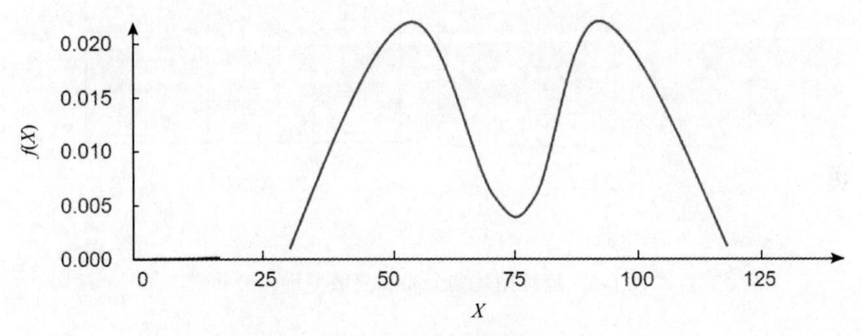

图 6-5　正态分布曲线的两个波峰

在只了解数据平均值的情况下，我们很容易对数据做出错误的判断，例如我们很容易根据平均值是 70，就认为数据应该更多地集中在 70 附近，但实际上，70 这个点反而比周围数据的集中程度还要低。

这种数据在现实中常见吗？不常见，但也不少见。作为数据分析师，我们重要的工作就是通过数据提供准确、客观的分析结果，只使用一个平均值就相当于蒙住一个人的脸，只告诉你这是个高鼻梁的人，我们只能通过经验判断它的整体长相，虽然大部分时候能猜得八九不离十，但距离数据分析要求的绝对准确还是有距离。

至于了解数据分布的意义，其实也可以与人的形象类比，我们都会不自觉地根据第一印象来判断和一个人的交往方式，如果一个人看起来很严肃，那我们就本能地避免在他面前讲笑话，如果一个人嘻嘻哈哈，我们当然也乐于跟他亲密互动。了解数据分布实际上也是让我们对数据有一个第一印象，然后更有针对性地选择统计量和进行更复杂的数据建模。

在接下来的内容中，我们使用一个平面直角坐标系来表示数据分布的情况，坐标系的横轴是该数据的所有取值，纵轴是对应取值所占的百分比，或者说出现的概率。通过这种方法对数据分布类型有一个更清晰的展示。

6.2.2 均匀分布

均匀分布是一种最简单的数据分布形式，它是指数据的每个值具有相等概率的分布样式。注意，均匀分布还可以细分为两种：离散型均匀分布和连续型均匀分布。离散型是指取值是有限个，并且拥有相同的出现概率，比如常见的抛硬币，每一面向上的概率相同，并且结果并不是无限的。连续型则是取值范围只出现在某一段连续的数字上，并且取到哪个点的可能性均相同。二者的图形如图 6-6 所示。

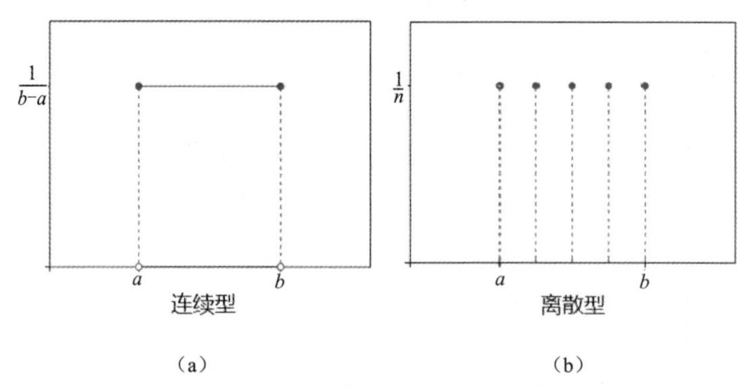

（a）　　　（b）

图 6-6　连续型均匀分布和离散型均匀分布

例如，均匀分布经常出现在试卷选择题中。如果一门考试中有 20 道选择题，为了避免完全不会的学生答题时全选一个答案但碰巧被选择的答案出现次数过多而获得名不副实的高分，老师在设计答案的时候一般都会让结果平均分配，20 道题中有 5 道答案为 A，5 道答案为 B，5 道答案为 C，5 道答案为 D。如果绘制成分布图，如图 6-7 所示。

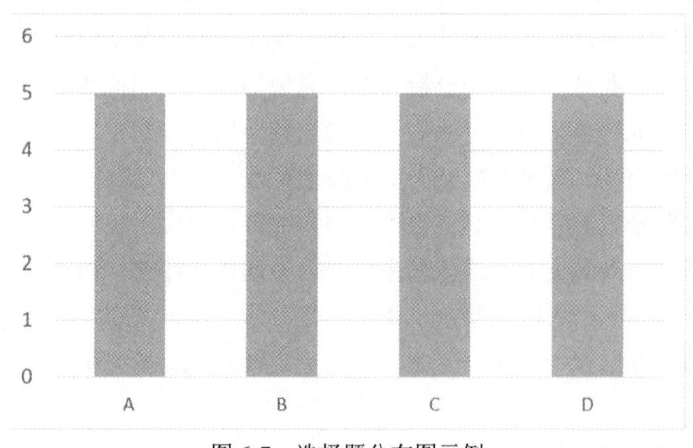

图 6-7　选择题分布图示例

其实，严格的均匀分布在现实数据中并不常见，因为客观因素的存在，不同的数据很难具有相同的出现概率，但如果所有数据的出现概率大致类似，那么我们就可以认定这是一个均匀分布的数据。

在 Excel 中，生成均匀分布的数据非常简单，使用 rand()函数即可完成。在生成一系列随机数后，我们根据随机数的值进行分组，按照从 0 到 1，每 0.2 分一组的情况，可以将随机数分为 5 组，统计它们的频数后结果如图 6-8 所示。

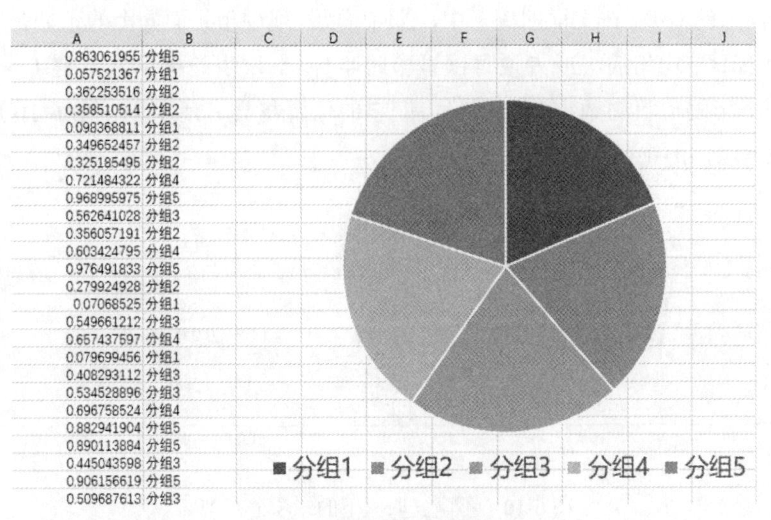

图 6-8　统计频数的结果示例

由图 6-8 所示可以看出，每个分组出现的次数基本相同，因此我们可以认为这是一组均匀分布的数据。

6.2.3　二项分布

关于二项分布，最直观的解释就是抛硬币，而且是多次抛硬币。在真正计算之前，我们不妨先做一个思想试验，假设抛掷 30 次，你认为是正面会格外多地出现，还是正面和反面的数量差不多呢？

直觉判断在这里并没有错，连续抛掷 30 次硬币，我们更大可能得到正反面出现次数相差没那么悬殊的结果，如果绘制一张图，横坐标是抛掷后出现正面向上的次数，纵坐标是出现次数的频数，就能得到图 6-9 所示的样子，这就是二项分布的图形。

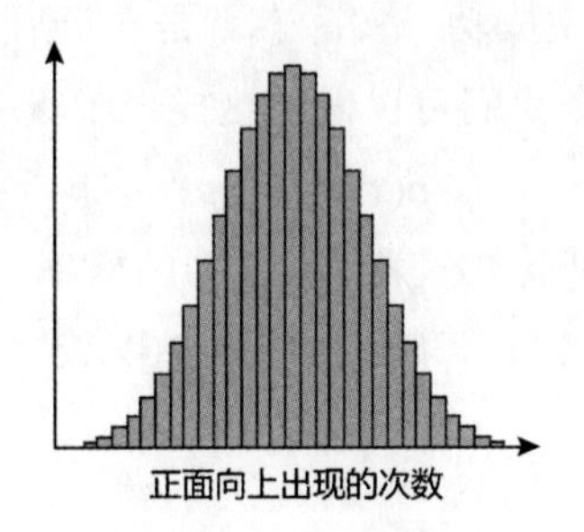

图 6-9　二项分布示例

如果说得专业一些，设 X 服从 $B(n,p)$。其中，n 是独立试验的总次数；p 是每次试验时某事件 A 发生的概率，那么 X 就符合二项分布的情况。在之前的例子里，n 就是抛硬币的次数，p 就是正面向上的概率。因为硬币是均匀的，所以可以发现预期正好等于试验次数乘以正面向上的概率。在上面的例子中，我们可以发现硬币正面向上的预期是 30×0.5=15 次。如果硬币不是均匀的，或者说每次试验时事件 A 发生的概率并不是 0.5，我们仍然可以得到一个相同形状的数据分布图形，但它的位置将会有所不同。图 6-10 所示的分别是 p=0.1，p=0.5，p=0.8 的图像。

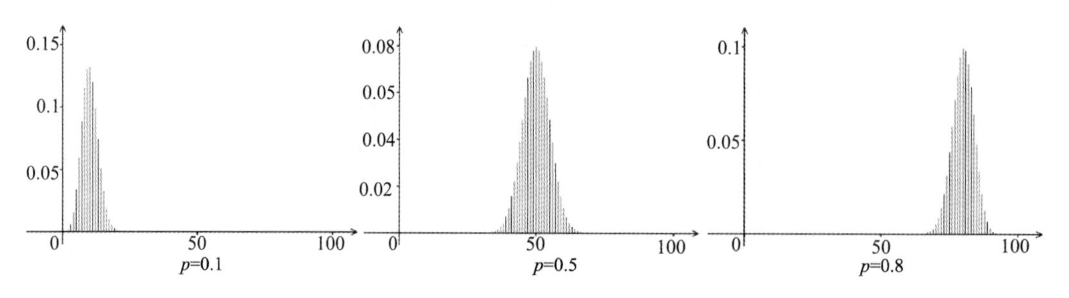

图 6-10　不同 p 取值下的二项分布图

6.2.4　几何分布与超几何分布

了解了二项分布，再了解几何分布将会更加容易。二项分布反映的是在给定试验次数和概率的情况下，成功次数的分布情况；而几何分布则是反过来的，即给定成功概率，计算需要多少次试验才能获得第一次成功。

这个场景我们在网络世界中非常常见，尤其是很多人都玩过的角色扮演游戏中，装备升级就经常伴随着概率。我们也能看到很多游戏玩家抱怨游戏厂商的黑心，概率与真实情况不符，下面我们就用一个游戏中经常遇到的情况来分析一下。

假设某件装备需要强化，强化成功的概率是 20%，如果失败，那么强化等级不变。请问你需要多少次才能把装备强化成功呢？这显然是一个几何分布的问题。说起来，几何分布的概率计算其实并不难，如果成功的可能性是 p，那么失败的可能性就是 1−p，想要满足几何分布所描述的第一次成功，实际上就是在最后一次成功之前的全部失败。如果使用 i 代表试验的次数，那么我们可以得到这样一个概率公式：

$$p(x=i)=(1-p)^{i-1}\times p$$

公式中左侧的 $p(x=i)$代表试验 i 次第一次成功的概率。

有了这个公式，我们分别计算一下在上例中 20%成功概率下的试验次数概率，得到表 6-1。

表 6-1　20%成功概率下的试验次数概率

试验次数	出现概率	累计概率
1	20%	20%
2	16%	36%
3	12.8%	48.8%
4	10%	59%
5	8.2%	67.2%
6	6.6%	73.8%
8	4.2%	83.2%
10	2.7%	89.3%
15	0.9%	96.5%

按照一般的想法，20%的成功率代表了五次一定能成功一次，但根据概率分布，我们发现五次试验的累积概率仅仅是 67.2%，也就是说大约有 1/3 的玩家无法在五次装备强化过程以内强化成功，随着强化次数的提升，累积概率的提升速度会越来越慢，即使尝试 15 次，也有 4.5%的玩家没有享受到一次“20%”成功机会。

另外，心理学中的损失厌恶和幸存者偏差也会放大这种情况，强化多次没有成功的玩家更容易抱怨，同时多次强化没成功的情况也容易在游戏玩家心中留下更深刻的印象，多方面原因造成了真实概率与实际感觉的偏差。

不知你注意到了没有，如果把几何分布当成一个抽奖箱，那么这是一个样本量无限大的抽奖箱，也就是无论我们抽了多少次，都不会改变成功的概率。但在现实中，我们经常遇到的是那种有限的抽奖箱，例如一个箱子里放了 10 个球，其中三个红球，那么抽多少次可以第一次抽出红球呢？随着每一次的抽取，箱子中剩余的球的数量都在改变，那么几何分布就没法适用，这时我们就要使用到超几何分布。

我们同样使用一个游戏环境中常见的例子——抽奖。假设某种抽奖箱中有八种奖品，其中有两种是玩家想要的，假设抽中每种奖品的概率相同，并且抽中后不会重复出现，那么请问如果抽取五次，将有多少次机会获得想要的奖品呢？

超几何分布同样有概率计算公式：

$$p(x=k)=\frac{\mathrm{C}_M^k\times\mathrm{C}_{N-M}^{n-k}}{\mathrm{C}_N^n}$$

这个公式的参数比较多，但并不难理解。k 表示抽中 k 个玩家想要的奖品，在上例中就是 0、1、2 三种取值；N 表示总共的抽取个数，在上例中就是 8；M 表示希望抽中的结果，在上例中就是 2；n 表示总共抽取的次数，在上例中就是 5。

通过以上说明和高中学到的排列组合计算知识，我们可以轻松地计算出抽中不同奖品数量的结果概率，如表 6-2 所示。

表 6-2 抽中不同奖品数量的结果概率

情况	概率	累计概率
$p(x=0)$抽中 0 个想要的奖品	10.7%	10.7%
$p(x=1)$抽中 1 个想要的奖品	53.6%	64.3%
$p(x=2)$抽中 2 个想要的奖品	35.7%	100%

换言之，在八种奖品五次抽奖的情况下，有大概 90%的概率可以至少拿到一个想要的奖品。但这其实也与很多人的认知不符。在很多游戏设计中，如果抽奖存在高价值奖品，我们会发现它们往往在最后才能被抽中。这其实是游戏设计者通过看似平均的概率分布制造的假象，以吸引玩家参加抽奖。

从几何分布和超几何分布的知识里，我们发现很多数据分布和概率的问题其实不仅仅是数据分布和概率本身，它还涉及社会学、心理学等诸多学科，这也是数据科学作为跨界学科的一个重要例子。

6.2.5 正态分布

我们在第 5 章中介绍异常值的发现方法时，简单介绍过正态分布，已经了解它是自然界中最常见的数据分布形式，并且知道它的曲线是“中间高、两头低”的一条平滑曲线（见图 6-11）。然而并不是所有类似形状的曲线都可以代表正态分布。

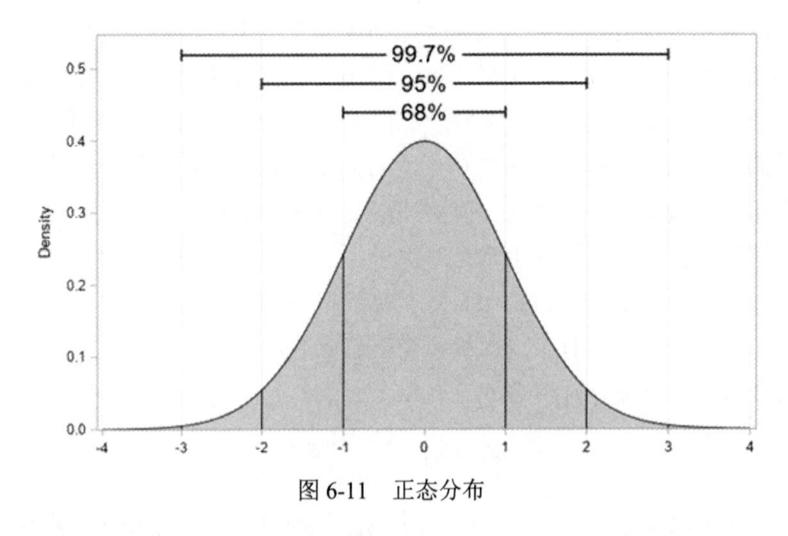

图 6-11 正态分布

如果描述这条曲线，我们可以发现首先这是一条左右对称的曲线，并且在对称点拥有最大值，越远离对称点，曲线高度越低。

既然正态分布是一种自然界中常见的分布，因此也可以说越接近自然，正态分布就越明显。这其中的原因我们可从小时候常见的一款游戏机说起。这种游戏机让硬币从最高处落下，在下落曲线上有很多挡板，硬币会随机地落在挡板左侧或者右侧，然后继续下落遇到下一个挡板，经过多次这样的运动之后落在底部，根据硬币所在位置获得奖励，如图 6-12 所示。

这种机器的原型其实叫高尔顿顶板，是英国人弗朗西斯·高尔顿的发明。如果你玩过这个游戏，就会发现硬币在大多数情况下都会落到靠中间的位置，落在左侧或者右侧的概率很小。原理也很简单，如果希望落在最左侧或者最右侧，那么硬币下落的数次选择中，都必须是下落在挡板的左侧或者右侧，而如果左侧和右侧的次数差不多，那么硬币最终就会回到中间位置，这其实与我们在前文说到的二项分布是相同的原理，因此高尔顿顶板的结果正是二项分布，如图 6-13 所示。

图 6-12　游戏机

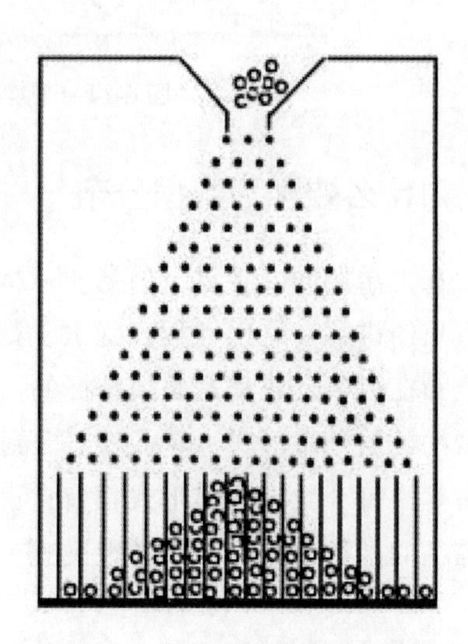

图 6-13　高尔顿顶板的结果模拟

如果我们把高尔顿顶板进行无限细分，也就是把二项分布中的参数 n 无限放大，结果就满足了正态分布，因此我们可以理解为正态分布是二项分布的极限情况。事实上，正态分布也确实是从二项分布中得来。

正态分布反映了一种理想情况，就是大部分的值集中在平均值附近，极端值出现的情况较少。正态分布的两个重要参数是平均值 u 和标准差 σ。从图像上看，平均值越大，则图像整体越向右偏；标准差越大，图像的集中程度就越低，如图 6-14 所示。

正态分布代表了一种自然性，越接近自然的情况，就越容易满足正态分布。以身高和体重来说，身高相比体重就更符合正态分布，因为体重虽然有基因的影响因素，后天的饮食、锻炼、社会审美偏好使人们更有针对性地控制自身体重，而身高与基因的关系更大，并且没有特别大变化的空间，因此更加符合正态分布。

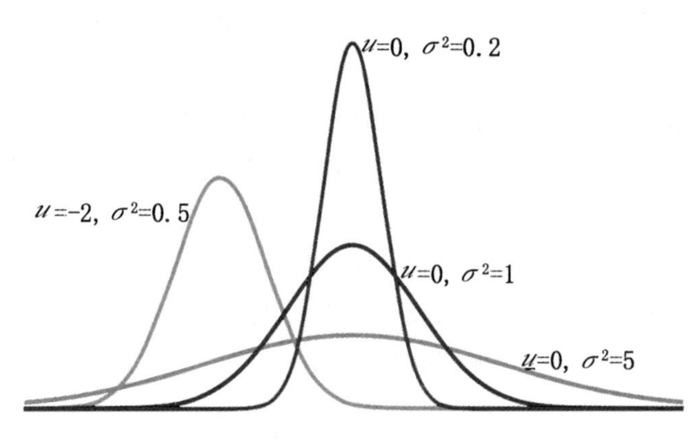

图 6-14　平均值和标准差关系曲线

6.2.6　为什么要学习数据分布

笔者在上学期间，学过一门名叫《概率论与数理统计》的课程，其中就对数据分布进行了着重的讲解，这门课程在绝大多数院校的工科和理科专业中都是必修课，这也说明数据分布在很多行业都是必须掌握的。

常见的数据分布形式，除了以上提到的几种，还有泊松分布、指数分布、伽马分布、贝塔分布等，每个数据分布形式都有自己的特点、概率密度函数和特有的图像。笔者看着眼花缭乱的函数公式，不由得很疑惑，这样将数据分成不同的分布类型，究竟有什么用呢？

笔者在工作之后逐渐明白，数据分布实际是了解数据的第一步，而且这一步需要运用经验来进行判断。例如，我们得到一组人口统计数据后，根据经验应该能判断出来，性别应该符合离散型均匀分布、身高符合正态分布、平均等待时间符合泊松分布等。如果数据分布不符合我们的期待，分析师自然有理由怀疑数据在分析统计方面出现了偏差。

从下一节开始，我们将要开始介绍常用的统计分析方法。

6.3　回归分析

数据分析的目的是从结构化的数据中找到具有代表性的信息，这是一种从客观到主观的思维方式，并且是一种随着科学发展逐步被接纳的思维方式。

在传统上，我们的大脑更擅于从主观到主观的思维方式，比如看到同村的人吃了一种草药，就治好了胃病。于是会认为草药与治疗胃病存在联系，如果自己吃了草药，那么也可以治疗好胃病。如果吃草药的人是距离更远的邻村或者其他省的人，那么这种联系就会减弱，乃至被认为无法作用于自身的疾病。

但现代人更能接受的思维方式是将不同人的特征数据和吃草药的数据做成一个数据表，统计胃病痊愈的数据，观察吃草药与胃病痊愈是否有相关性。更进一步地，我们可以根据自身特征选择与自己相似程度较大的数据进行比对，以期获得更有针对性的结果。

注意，对于以上的描述，无论是建立吃草药与胃病痊愈的联系，还是寻找患者特征的相似程度，实际上都蕴含了一种思维方式，就是将逻辑上不相关的变量建立起联系，观察它们的相关方向与强度，并建立数学模型以便观察特定变量来预测研究者感兴趣的变量，而这种思维方式就被称为回归。

6.3.1 回归的起源

提到回归，我们不妨从生活中常见的一些案例来理解。

小时候，我们学过一篇课文《伤仲永》，王安石讲述了金溪村一个平民方仲永，5 岁时就能舞文弄墨，写诗作赋，但其后因为疏于学习，逐渐“泯然众人矣”的故事。从立意上来说，王安石是为了提醒人学习的重要性，即使像方仲永这样天资出众的人，如果不学习，最终都成为普通人，那如果普通人再不学习，那结果将会更差。

抛开方仲永自身的问题，我们观察他这样一个样本，也能发现最终他的“泯然众人”也是一种大概率事件，而这就是回归在起着作用。方仲永相比起他的父母和祖辈，文化修养是突然有了巨大的进步，而研究表明，很多的自然因素在产生突变之后都有趋势向着原本的样子发展。方仲永在文化修养突变后，本身的趋势就是回归原来的文化水平，加之没有后天的学习，泯然众人是大概率。

这种事物有向着中等和平均值方向演进的特性被弗朗西斯·高尔顿发现，并使用回归来命名。例如他曾经对父辈和子辈的身高做研究，发现父母的身高虽然会遗传给子女，但子女的身高却有逐渐“回归到中等（即人的平均值）”的现象。也就是说，高个子父母的子女确实身高也比平均值要高，但这个差距在代际之间会越来越小。

需要说明的是，高尔顿的研究成果是一种统计学上的描述，而非一种生物学上的铁律，否则经过这么多代际的演化，每种生物的身高早就会变成一模一样的了。

高尔顿进行了大量生物学相关的实验，除了上述的身高变化研究外，另一个更知名的试验就是他的种豆子实验。高尔顿发现，尺寸高于平均值的豆子更倾向于产出比它们个体小的豆子；而尺寸小于平均值的豆子，则有更大的概率产生比它们本身大的豆子。注意这个描述可能有些复杂，实验观察的结果并不是小豆子的下一代会超过大豆子的下一代，而是无论大小豆子，它们下一代的尺寸都更接近于平均值，或者说大的更小，小的更大。这也是回归在其中发挥着作用。

关于高尔顿其人，笔者实在有兴趣多介绍几句。他是进化论提出者达尔文的表弟，但其一生的学术研究成果丝毫不在达尔文之下，并且涉猎多个领域，是当时著名的博物学家、人类学家、优生学家、探险家、地理学家、发明家和统计学家。他第一个提出了相关系数概念，第一个阐述了指纹的相关理论，创立了差异心理学和心理测量学的科学方法，是一位非常优秀的全能型人才。

6.3.2 线性回归

讲完回归的起源，我们似乎发现，当前我们在统计学中所说的回归与高尔顿所描述的回归并不相同。事实上，统计学中所说的回归只是借用了回归这个概念的底层逻辑基础，而实际上是寻找自变量与因变量之间的函数关系。

提到回归，我们最容易想到的就是在一个平面直角坐标系中，散乱地分布着一些点，这些点看上去都在一条直线附近，如图 6-15 所示。找出这条线的过程就被称为线性回归。

线性回归是回归分析中最简单的一种方式，它是利用线性回归方程的最小平方函数对一个或多个自变量和因变量之间关系进行建模的一种回归分析。这种函数是一个或多个称为回归系数的模型参数的线性组合。

如果感到困惑没有关系，我们观察图 6-16 所示的两条线，你认为哪条线更能代表数据点的平均分布趋势呢？

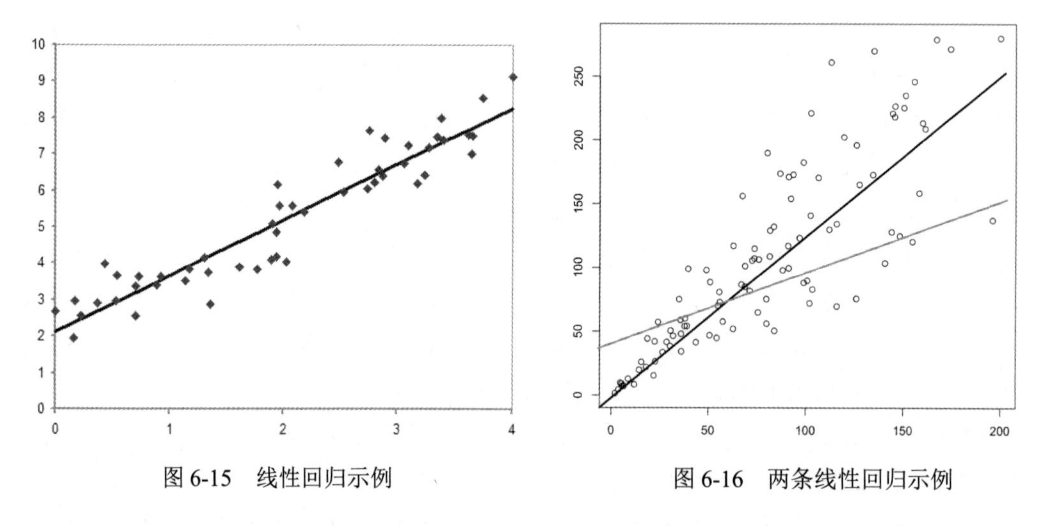

图 6-15　线性回归示例　　图 6-16　两条线性回归示例

相信凭借朴素的直觉，你应该能感觉到黑色线似乎更能代表数据点的分布趋势，因为在它两侧点的数量比较接近，而灰色线的代表性就不那么明确。的确，线性回归分析是一种遵循直觉的统计方法。

6.3.3 残差分析

线性回归遵循直觉并不代表它不需要经过数学计算。如果将线性回归使用数学公式表示，可以理解为我们需要找到一个函数 $y=ax+b+e$，通过找到合适的 a 与 b，让误差 e 服从均值为 0 的正态分布。也就是说，虽然不可能每个点都完全在 $y=ax+b$ 这条直线上，但它们有的在直线上方，有的在直线下方，并且大致数量对等，且均值为 0。

想要完成这样的直线，我们需要用到最小二乘法。最小二乘法并不是什么复杂的数

学概念，首先我们假设数据在坐标系中由 x、y 坐标组成，使用 $y=ax+b+e$ 函数拟合，可以得到

$$|e|=|ax+b-y|$$

然后我们构造一个函数 Q：

$$Q=\sum_{i=1}^{n}(ax_i+b-y_i)^2$$

其中，x_i、y_i 分别代表每一个数据点的实际 x、y 值；Q 就代表了使用拟合公式得到的 y 值与观察样本中 y 值的差的平方。换言之，就是每一个误差 e 的平方和。现在问题就变成了如何选取合适的 a 与 b，让 Q 值最小，相当于计算函数的极值。

中间的过程我们略去，a 和 b 的取值可以使用以下公式来表示：

$$a=\frac{\dfrac{\sum_{i=1}^{n}y_i\bullet\sum_{i=1}^{n}x_i}{n}-\sum_{i=1}^{n}y_ix_i}{\dfrac{\sum_{i=1}^{n}x_i\bullet\sum_{i=1}^{n}x_i}{n}-\sum_{i=1}^{n}x_i^{\ 2}}$$

$$b=\frac{\sum_{i=1}^{n}y_i-a\sum_{i=1}^{n}x_i}{n}$$

这样，我们就得到了函数 $y=ax+b$ 的斜率和截距，并且让它们满足构造函数形成的误差和均值为 0 的正态分布。

在实际工作中，我们不需要手动计算，但简单地使用手动计算来理解公式却不失为一个好方法。我们用最简单的例子来进行讲解，假设有三个数据点，在坐标轴上的坐标分别为(1,1)，(2,3)，(3,4)，现在套用公式计算得到的结果为 $a=1.5$，$b=-1/3$，根据结果绘制回归线，如图 6-17 所示。

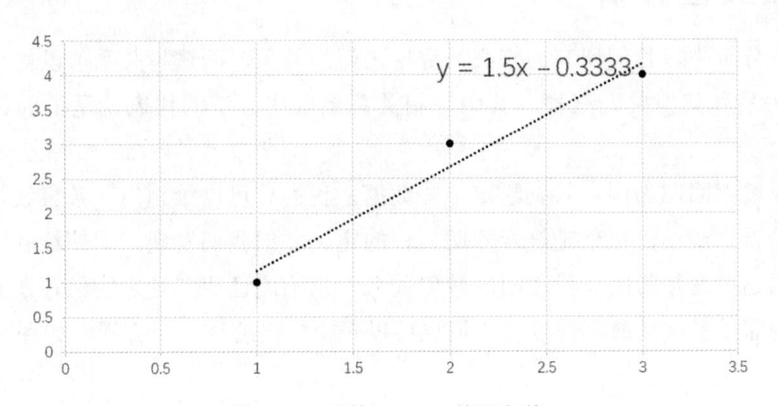

图 6-17　函数 $y=ax+b$ 的回归线

6.3.4 其他的回归分析

以上我们所说的，其实只是回归分析中的简单线性回归，但实际上，回归分析家族中有很多更复杂的分析方法。

如果按照因变量 y 是数值还是分类来看，回归可以分为线性回归和逻辑回归。其中，线性回归是找出自变量与因变量的数值关系，其可以再根据自变量的数量是一个还是多个，分为简单线性回归和多元线性回归；逻辑回归是找出自变量影响因变量分类的逻辑关系，其又根据因变量的种类数量可分为二元逻辑回归、多元逻辑回归和有序逻辑回归等。整体形成了一个复杂的体系，如图 6-18 所示。

图 6-18　回归的分类

关于回归分析，主流的数据分析语言/工具都提供了非常简单的编程方法，像 Python 中就有 linear regression 来训练和检测模型，SAS 中使用 proc reg 和 proc logistic 分别建立线性回归和逻辑回归的模型。

我们需要知道，回归分析是一种常见的建立已知量和未知量关系的统计分析方法，使用回归分析时应根据变量的特点选择合适的回归分析方法。

6.4 相关性分析

在数据分析中，我们研究的核心是数据之间的关系，而这种关系可以被分为差异关系、相关关系和其他关系三种。其中，相关关系研究方法的代表就是上面讲到的回归分析。

以简单线性回归为例，只要给定一些数据，我们总可以绘制出一条直线，让它满足到所有点的误差最小，也就是符合回归方程的定义。但我们发现，即使绘制了这样一条回归线，描述自变量与因变量之间的数值关系，也不能证明二者之间就存在确定相关的关系，因为即使是一堆散乱的点，我们也可以轻松找出这样一个方程，如图 6-19 所示。

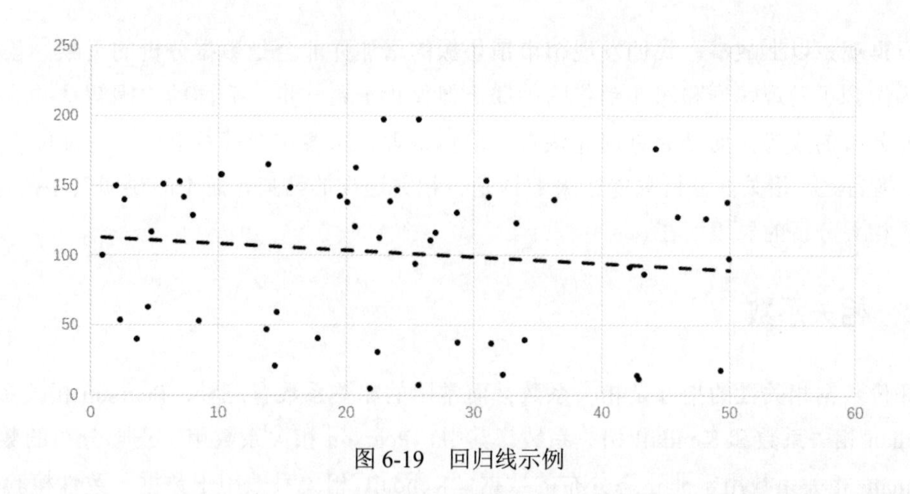

图 6-19　回归线示例

只在数值上寻找变量之间的关系其实并没有意义，在此之前，我们需要首先判断变量之间是否真的有关系，或者说它们相关的程度是怎样的。

在直觉上，我们似乎可以轻易地判断两件事情的关系，例如，我们认为，一个人的身高与他的父母的身高是相关的，与他自身的学历似乎没什么关系。一支股票的价格，与当前央行的准备金率有关，而与海洋中某种鲸类的种群数量无关。但数据分析告诉我们，关于相关性的判断其实是一场数学的游戏，而非逻辑的推导。

6.4.1　相关关系与因果关系

关于因果关系和相关关系的对比讨论，相信读者在其他文章、著作中也都有过了解，因果关系是指某个变量的变化会导致另一个变量产生变化，二者的变化关系是确定的，在时间上具有先后关系，在逻辑上是条件和结果。例如，合上开关，灯亮起，只要电路状态不变，这个状态就是确定的。在时间逻辑上是先合上开关，然后电灯亮起，我们就认为这二者具有因果关系。

提到因果研究，很多人会不自觉地想起苏格兰哲学家大卫·休谟和他厚厚的《人性论》《人类理解论》，很多人也都能提炼出休谟对于因果论思考的精髓：因果论是人类认识世界的一种假象方式，而非事物演化的本身规律。作为哲学家的休谟用探究世界本源的方式思考因果关系自然没有问题，但对于我们日常生活其实并没有太多指导意义。相反，从休谟思想中引发出对于相关关系的考虑，可以帮助数据分析师更容易对数据产生特别的洞察。

关于相关性的研究，相信很多人都可以举出沃尔玛啤酒+尿布的例子来佐证。沃尔玛超市发现男性顾客的订单中，啤酒和尿布一起出现的概率很大，经过调查发现，很多父亲给孩子买完尿布后，又去拿了一些啤酒，于是把啤酒和尿布放到了相邻的货架上，方便顾客直接购买。这是使用关联分析法得到的结果，是数据分析在商业决策中的巨大贡献。

但再观察以上故事，我们发现超市销售额的增加并非全是数据分析的贡献。数据分析的确做到了发现啤酒和尿布销售的关联，但仅止于这一步。后面的原因解释并非来源于数据分析的成果，而是通过问卷调查、逻辑推理、顾客访谈等社会学行为才能得到的信息。换言之，相关性分析只能带来数据是否相关这样的结果，而不能说明其中的原因，这也是相关分析的局限所在。

6.4.2 相关系数

评价数据相关性的指标是相关系数，而常用的相关系数有三种：Pearson 相关系数、Spearman 相关系数和 Kendall 相关系数。其中，Pearson 相关系数用于正态分布的数据，Spearman 相关系数用于非正态分布的数据，Kendall 相关系数用于数据一致性检验。由于自然界中大部分数据都是正态分布的，因此 Pearson 相关系数采用得最多。

Pearson 相关系数可以用来度量两个变量 x 和 y 之间的相关程度，它的值介于-1~1。在定义上，Pearson 相关系数非常简单，它等于两个变量的协方差除以它们标准差的乘积，公式表示为

$$\rho_{x,y}=\frac{\text{cov}(x,y)}{\sigma_x\sigma_y}$$

协方差用于衡量两个变量的联合变化程度，表示的是两个变量的总体的误差；而我们学过的方差其实是一个变量总体误差的情况。如果两个变量的变化趋势一致，也就是说如果其中一个大于自身的期望值，另外一个也大于自身的期望值，那么两个变量之间的协方差就是正值。如果两个变量的变化趋势相反，即其中一个大于自身的期望值，另外一个却小于自身的期望值，那么两个变量之间的协方差就是负值。

看起来，通过协方差的正负和大小就已经足以描述两个变量之间的相关性了，为什么 Pearson 相关系数还要把协方差除以标准差的乘积呢？原因就是协方差作为一个量纲量，与原始数据的取值有很大的关系，如果不消除量纲，我们就没办法仅通过一个数字理解数据的相关程度，必须回到数据本身去，这是非常麻烦的。

在除以标准差乘积之后，Pearson 系数的范围就被限制在了-1~1 这样一个区间，数字越接近 1，证明两个变量的相关程度越高，x 变大，y 也变大，数字越接近-1；同样证明两个变量相关程度越高，但变化趋势是相反的，x 变大，y 就变小，数字越接近 0，则证明变量的相关程度越低。

一般地，相关系数绝对值在 0.7 以上时被认为是数据高度相关，0.4~0.7 被认为部分相关，0.4 以下则是不相关。

注意；关于相关系数，它所带来的信息仅仅是两个变量之间是否具有相关关系，而不能说二者具有因果关系。我们描述强相关性，可以说 x 变大，y 也变大；同样也可以说

y 变大，x 也变大，两者在相关性分析中是相同的地位。在观察相关系数时，我们也可以发现变量顺序不会影响相关系数的计算结果。

每一款汽车在设计时都包含各种性能参数，如汽缸数、排量、油耗等。图 6-20 所示的就是在汽车性能参数之间的相关系数。

	EngineSize	Cylinders	Horsepower	Weight	Length	MPG_City
EngineSize Engine Size (L)	1.00000 428	0.90800 <.0001 426	0.78743 <.0001 428	0.80787 <.0001 428	0.63745 <.0001 428	-0.70947 <.0001 428
Cylinders	0.90800 <.0001 426	1.00000 426	0.81034 <.0001 426	0.74221 <.0001 426	0.54778 <.0001 426	-0.68440 <.0001 426
Horsepower	0.78743 <.0001 428	0.81034 <.0001 426	1.00000 428	0.63080 <.0001 428	0.38155 <.0001 428	-0.67670 <.0001 428
Weight Weight (LBS)	0.80787 <.0001 428	0.74221 <.0001 426	0.63080 <.0001 428	1.00000 428	0.69002 <.0001 428	-0.73797 <.0001 428
Length Length (IN)	0.63745 <.0001 428	0.54778 <.0001 426	0.38155 <.0001 428	0.69002 <.0001 428	1.00000 428	-0.50153 <.0001 428
MPG_City MPG (City)	-0.70947 <.0001 428	-0.68440 <.0001 426	-0.67670 <.0001 428	-0.73797 <.0001 428	-0.50153 <.0001 428	1.00000 428

图 6-20　汽车性能参数之间的相关系数

图 6-20 中显示了发动机排量、汽缸数、马力、车重、车长、环境友好度几个变量，每一个数据点表示对应变量的相关性信息，三个数字自上而下分别是相关系数、p-value 和有效记录数。从图中我们可以得到这样一些信息：

（1）变量自身的相关系数是 1，也就是完全正相关，这不难理解。在图 6-20 中可以看到在对角线上的数值因为表示两个相同变量的相关系数，所以全部为 1。

（2）变量的相关系数与变量的顺序无关，x 与 y 的相关系数和 y 与 x 的相关系数相同，在图 6-20 中可以看到，相关系数以正对角线为分隔，左右的结果是相等的。

最后我们分析结果，发现汽缸数、发动机排量和发动机马力三个参数呈高度正相关，且相关系数都超过了 0.7，燃油经济性与发动机排量呈高度负相关，相关系数达到了-0.71。另外也有一些不那么相关的数据，例如发动机马力与汽车长度的相关系数就不大。

关于相关性分析这个基本操作，主流的数据分析工具提供了非常简单的操作完成方法，像 Python 中的 scipy.stats 包，就提供了包含相关性分析在内的统计分析函数，Excel 中的 correl()函数可以返回两组数的相关系数，R 语言也提供了 corrplot 包，用于计算相关系数和绘制相关性分析图像。

6.4.3 相关性分析有什么用

本节最后，我们需要说一说相关性分析一般在什么情况下使用，或者说哪种情况你应该想到相关性分析。

首先，相关性分析针对的变量都是数值型的变量，而分组、分类的变量则无法使用相关性分析，用例子说明就是发动机排量与发动机马力可以用相关性分析，但发动机材料与马力就没办法了。因为非数值型变量无法计算协方差和标准差，自然就没法计算相关系数。在实际工作中我们可能会遇到那种“假”的数值变量，就是使用数字代表一种分类，但分类之间并没有顺序，例如用 1 代表黄色、2 代表黑色、3 代表白色，这时的数字 1、2、3 实际仍然只是分类的代表，与数字大小没有关系。此时相关性分析依然派不上用场。

本节开头提到，相关性分析是线性回归分析的前提，只有确定了数据之间具有一定的关系，线性回归的方程才有意义。一般当发现变量之间具有 0.6 以上的相关系数后，我们才选择使用线性回归分析。

另外，相关性分析中不存在自变量与因变量的关系，所以它比较适合数据初探，在尚不了解数据的时候使用相关性分析找出可能存在的内在关联，就像我们在第一小节探讨的一样，虽然相关性不能证明因果性，但因果性往往会导致相关性，因此使用相关性分析可以让我们对数据进行快速地理解。

6.5 其他分析方法

在本章最后，我们来看看统计分析中常见的方法和思路。与之前的内容相同，因为数据分析工具的差异性，我们不关注具体的代码，而是探讨这些统计分析方法的意义，以及在什么情况下应当被使用。

6.5.1 生存分析

生存分析是研究生存时间和结局与众多影响因素之间的关系及其程度大小的方法，它所应用的数据需要包含时间。在临床试验中，某些严重疾病会以患者服药后的存活时间作为有效性的指标，需要根据不同试验组患者生存的数量，绘制时间与生存率折线图，这就是生存分析的一个典型运用。

除了临床试验场景，生存分析还可以用于客户留存率、产品使用时间、视频播放时长等数据。在生存分析中需要有以下两点假设：

（1）在时间 t=0 时，生存率为 1；当 t 趋向于无穷大时候，生存率趋向于 0。例如，通常视频播放留存率随时间逐渐降低，当视频播放完成时，生存率为 0，不可能有用户在视频播放完后依然在观看视频。

（2）生存函数是一个单调非增函数，它一定随着时间的增长而逐步下降或保持不变。例如，临床试验的生存分析，生存函数会随着患者的死亡而逐步下降。

只有满足以上两点假设的数据才可以使用生存分析，类似客户转化率指标会随着时间进行上下浮动，就不适合使用生存分析，而需要采取其他分析方法。

生存分析一般使用生存折线图来表现，它也被称为 Kaplan-Meier Curve 或 KM Curve，是使用一条从坐标原点（生存率顶点）开始，随时间逐步下降的折线图来表现数据中的生存情况。如果在定义中的某个时间点生存结束，就可以看到对应的折线下降，如图 6-21 所示。

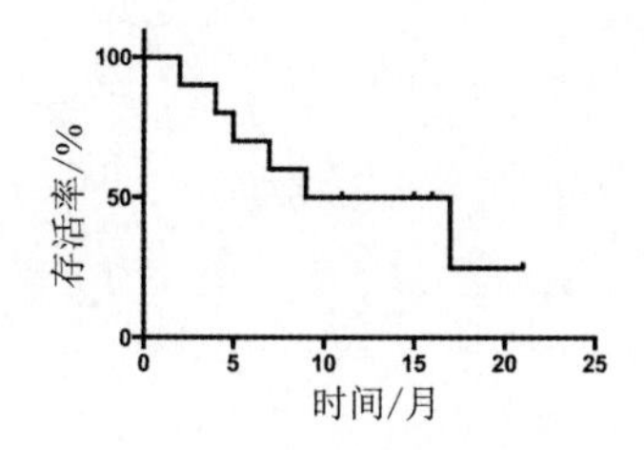

图 6-21　生存函数示例

因为与生存情况高度相关，笔者认为，生存分析在 SAS 中实现起来最容易，使用 Lifetest 步骤可以输出生存曲线和相关参数。Lifetest 步骤的核心语句是 time，它用来连接时间变量与审查变量。审查变量表示被观察者在观察时间内是否出现预先定义的事件。例如，临床试验的生存分析，若患者在时间内未死亡，则审查变量值为 0；反之，值为 1。

6.5.2　聚类分析

聚类分析是一种把抽象对象总结为彼此相似分类的分析方式，这更偏向于机器学习的一种算法，但本质上仍然是我们对世界的认识方式。

在理解世界的过程中，人类的认知能力无法做到对见到的一切事物保持相同的注意力，我们只能通过分类的方法把一个类别与它们的特点结合起来。妈妈在教育孩子的时候，也一定会说老虎是猛兽，不要轻易靠近，但绝不会说，山脚的那只红眼老虎是猛兽，山坡上那只白虎也是猛兽，山顶的大老虎也是猛兽。相对于描述个体，我们更倾向于对整体作出判断。

聚类分析中最基本也是最常用的一种算法叫 K-Means 算法，它是基于向量距离来做聚类，算法理解起来并不困难。

首先，从 n 个向量对象中任意选择 k 个向量作为聚类的初始中心，然后计算其他对象与这 k 个中心对象各自的距离，把每个对象归类于与其距离最近的那个类别。随后重新计算每个类别中心对象的向量位置，重复上两步操作，直到对象归类不再变化或者变化极少为止。例如，一次迭代后只有1%以下的对象还在不同类别之间变化，我们就可以认为分类完成。

为了让分类的结果更清晰，可以使用不同的颜色或图形代表分类的结果，如图6-22所示。

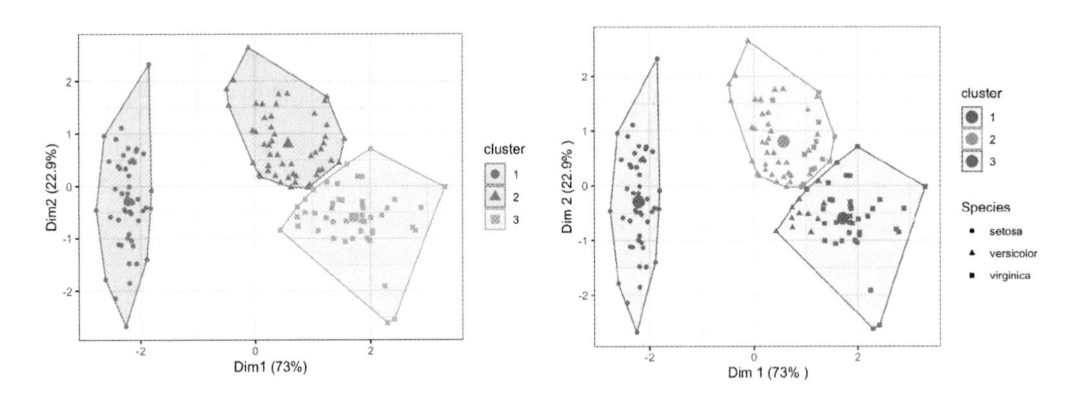

图6-22　聚类分析示例

聚类分析中还可以有更多复杂的方法，比如层次聚类，它是将若干对象分成若干大类，然后再把大类分成小类，这样就形成了不同层次的聚类分析，结果是类似一棵树的枝干结构。

最后，关于聚类我们应该可以发现，聚类的数量实际完全是人为设定的一个数值，分析师可以根据所需要的分组精细程度进行调整，但实际上分类数字的选择仍然由一些习惯决定。

一种简单确定分类数量的方法是经验法，对于 n 个数据，设置分类数为 $\sqrt{0.5n}$ 是一个合理的选择，例如数据量为100，分类数就设置为7个，数据量为10万，分类数就设置为223个，但这其实没有太多依据，只能作为参考。

另一种方法是“手肘法”，首先按照所有可能的分类数量，按照K-Means的方法得到分类结果，当 k 小于真实聚类数时，由于 k 的增大会大幅增加每个分类的聚合程度，误差平方和的下降幅度会很大；而当 k 到达真实聚类数时，再增加 k 所得到的聚合程度回报会迅速变小，所以误差平方和的下降幅度会骤减；然后随着 k 值的继续增大而趋于平缓。也就是说，误差平方和与 k 的关系图是一个手肘的形状，而这个肘部对应的 k 值就是数据的真实聚类数，或者说更符合数据实际类别的聚类数量。

6.5.3　方差分析

在数据分析的过程中，我们经常需要对比不同分组之间的数据是否相同，无论是临床试验的随机分组，还是互联网公司的A/B测试，寻找组间差异或者组间相似性都是一种常用的分析思路，而方差分析就可以帮助我们做到这些。

例如，为了研究不同减肥药物的有效性，科学家们进行了试验设计，以探索药物类型与体重变化之间的关系。样本总体是一群人。我们将样本总体划分为多组，每组具有相同的体重水平，每组在试验期内获得一种药物。在试验期结束时，测量每个参与者的体重，之后使用方差分析对比组间差异，以查明它们在统计学上是不同还是相似。

进行方差分析有三个假定条件：样本的值服从正态分布、每个样本的方差相同、样本中的个体是相互独立的。前两者通过随机分组可以实现，而后者根据个体之间的体重变化不受其他个体影响这个常识得出。

在方差分析中，我们选用的零假设为组间无差异，也就是不同组的体重变化是相同的。

方差分析的核心是中心极限定理。从均值为 u、方差为 σ^2 的总体中抽取样本容量为 n 的样本组，每个样本组的均值服从均值为 u、方差为 σ^2/n 的正态分布。如果分析结果表明不同分组之间的均值和方差不相同，则证明零假设不正确，应当拒绝零假设，如图 6-23 所示。

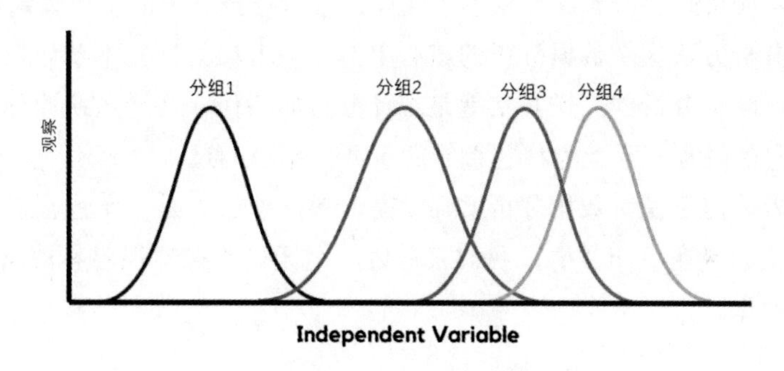

图 6-23　方差分析示例

6.5.4　更多的统计分析

其实，自从统计学诞生以来，无数专业的统计学家都通过自身的智慧为它添砖加瓦，形成了体系庞杂的统计学系统和为数众多的统计方法。然而作为数据分析师，我们往往并非统计学专业出身，对于晦涩难懂的统计学理论无法搞清其本质，只能遵循前人的方法来操作。另外，统计分析方法当前也和机器学习、深度学习等系统逐步融合，我们看到的很多分析方法实质上是机器学习领域采用的建模手段，而不能算纯粹的统计学。

笔者建议，每位数据分析师在工作过程中须建立起对于统计方法的基本认识，这种认识不需要分析师去掌握每种统计方法的来龙去脉和从公式推导到手动计算，而是只需要掌握并理解这种统计方法所对应的数据类型，然后分析结果即可。例如，对于相关性分析，我们没必要去研究 Pearson 相关系数和 Spearman 等级相关系数计算过程，只需要了解 Pearson 相关系数用于正态分布，结果是-1~1，绝对值越大，表示相关性越强就足够了。

关于统计分析，笔者也非科班出身，更是在就业之初饱受了不懂统计学的苦，与统计师探讨数据处理时需要花费额外的时间准备，对部分分析计划中的内容需要反复与团队人员沟通确认。但在工作后随着接触项目的增加，笔者也逐步地从实践中掌握了一些统计知识，加之寻找专业的图书阅读，现在的情况已经大有改观。作为一个自我学习者，笔者可以将一部分经验分享出来供读者参考。

首先，我们在网上很容易找到“如何系统自学统计学”的问题，然而以笔者的经验来说，系统自学本身就不现实。统计学作为一个应用科学，与实践结合得很紧密，常见的数据分析工作所用到的统计分析方法并不会太多，与其追求系统地学习，还不如先将工作中常用的方法掌握透彻，用它们作为线索指导学习。

其次，不要沉迷于所谓“轻松学习”一类的图书。当前的图书市场百花齐放，很多优秀的作者通过插图、漫画的形式，对统计学进行阐述，这些内容对于外行人而言已经足够，但作为专业人士，笔者建议应当选择更加专业的图书。在这些专业图书中的知识密度也非常高，如果时间不允许逐章逐字阅读，可以选择其中的重要篇章进行学习。

关于统计分析方法这个数据分析的核心工具，笔者相信读完本章你应当已经有所了解。在狭义上，数据分析的工作其实就是统计分析的工作，是通过统计分析方法将数据总结归纳成信息的过程，因此怎样强调它的重要性都不为过。

但正如笔者之前所说，数据分析实际上是一条产业链，是一条过程链，每个过程其实都是不可替代的。在下一章中，我们将探讨一个无处不在却很容易被忽视的环节——数据分析的自动化。

第 7 章　一劳永逸的数据分析自动化

在上一章我们谈完统计分析的知识后，摆在我们眼前的问题就是如何使用它们快速、正确地完成日常的数据分析工作。

真正工业级的项目往往有两个特点。其一是细致而烦琐，并非简单地编写几行代码生成几张图表得出几点结论就代表数据分析工作的完成，相反这是一个大型的系统。以笔者所知道的临床试验数据分析为例，从试验设计到最后的提交，整个过程需要耗时数年，上百个人参与才能完成。其二，则是在一个复杂系统内，往往存在很多相同或相似的操作，无论是数据的结构、统计方法的运用，在一个项目的不同分支下经常多次重复。

这两个特点叠加到一起，我们会发现大型数据分析项目总体烦琐，而内部又有千丝万缕的联系，这种情况下，自动化就应运而生了，将数据分析工作拆分成模块然后重新组合，为数据分析工作带来了更多的便利。

本章我们将说一说很多专门讲数据分析技术的图书并未涉及的一个领域——数据分析的自动化。在学校学习时，书本上的知识往往是技术本身，对于其在产业中的应用可能并未有过多的论述。本书作为数据分析行业全景图书，除了专注于技术以外，更希望对读者的工作和企业的发展产生指导意义，那么自动化就是一个不能绕开的话题。

本章我们从笔者对数据分析自动化的特点定义入手，逐步理解它在产业界如何实现，并使用一个案例来展现具体的数据分析自动化实现。

7.1　经常被忽视的自动化

在说到数据分析自动化的具体定义之前，我们不妨先看看它所处的位置。

在数据分析行业中，如果说起数据前处理、统计分析、数据可视化等步骤，很多人都非常清楚，同时也能说出每个步骤中的技术细节。但对于数据分析自动化这个打通步骤之间壁垒的工作，很少有人能说出它的全貌，笔者将其总结为三个原因：大系统、跨专业和专用性。

大系统是指自动化系统并非仅仅是某一个数据分析环节的自动实现，而是串联整个流程的系统，在这个流程中，上一步的输出就是下一步的输入。关于自动化系统，最好的一个例子就是工厂的流水线，流水线加工在某一个工位上只进行一种加工，加工完成后的产品通过流水线运送到下一个工位，类比数据分析行业就是数据前处理的结果应用到统计分析之中，而统计分析的结果就是数据可视化的素材，而在每一步之中，也有更多分支，例如数据前处理就包含缺失值、异常值、不一致性的检验、处理、填补等工作。

这样的系统就导致一个完整的自动化系统经常需要串联起多个数据分析节点上的人，导致系统庞大，而系统的复杂性因此呈指数级上升。

跨专业则是自动化系统的另一个特色，它需要具有多种能力的团队成员通力合作。假设一名统计专家擅长使用 SAS 对股票投资回报率进行预测，但无论自己怎么努力，能关注的股票数量都是有限的，如果他希望把自己的模型推广到全公司来使用，那可能就需要一位擅长 Python 的程序员为他搭建框架。框架搭建完成之后，为了让模型的功能更加清晰，可能又需要一位前端开发人员开发一套美观、易用、明确的程序样式。这其中的每一步其实都是数据分析自动化的步骤，但需要的技术能力则是完全不同。

最后，数据分析的自动化系统也具有专用性。笔者认为，专用性是指一套系统需要依附在某一家公司甚至一个部门之上，换一个公司或部门系统就需要大量修改，几乎相当于重新开发。这一点笔者更是深有体会：笔者在很多医药公司工作的经验表明，几乎所有公司都有一套自身的临床数据分析系统对接到它们自身的数据来源和管理系统之中。虽然 SAS 是临床数据分析的通用语言，但把一家公司的代码拿到另一家公司直接去运行，结果一定会失败。

这种专用性就导致很多自动化系统只能在一个小范围中运行，如果没有亲身经历，可能人们都不知道它的存在。

正因为以上三个特点，只有具有一定的工作经验和行业背景的人，才有机会接触到数据分析自动化系统的开发，但开发出的成果往往会被不具有这些经验和背景的从业者使用。笔者希望通过本节的内容让读者了解自动化的基本概念，让每个人对它具有更高的接受程度。

7.1.1 潜移默化的自动化

虽然以上说了自动化神秘莫测的一面，但一个系统，尤其是发挥重要作用的系统，肯定是从日常工作中发展出来的。自动化系统也是如此，它其实存在于每个数据分析师工作的案头。

笔者认为，最简单的数据分析自动化其实就是“复制—粘贴”。说起“复制—粘贴”，很多人对它的第一印象并不好，总会潜意识地认为这是一个偷懒行为，有可能还会上升到知识产权和道德的话题上。但笔者认为“复制—粘贴”是每个数据分析师开始进行自动化的第一步。

如果你做过数据分析的项目，就会发现很多步骤都会高度的雷同。

例如，数据前处理中的缺失值处理，针对不同的变量，我们采取的方法无非是平均值填补、中位数填补、众数填补、KNN 方法等，其操作的过程是相似的。因此分析师完全可以将一个变量的方法推广到其他变量上，不考虑编程语言的特性，最简单的办法就是“复制—粘贴”自己的代码。这其实就是花一次编程的时间成本得到多个变量的数据前处理结果，本质上就是自动化的体现。

到这里我们可以简单归纳一下数据分析自动化的概念。所谓自动化，就是用少量的成本换取数据分析过程多次重用，从而总体上降低数据分析成本的方法。

在这个定义中，我们发现数据分析的自动化与其他行业中的自动化有所差异。在百度百科上，自动化系统是指由人和自动化机械设备构成，人只是管理者和监视者，机械运转不依赖于人控制的人机系统。但数据分析行业中人的主导性非常强，因此我们不奢求一种完全无需人参与的系统，只要通过技术降低人参与的程度，我们就认为这具有自动化系统的特点。

7.1.2　自动化的三个层次

自动化或者说自动化系统其实是分层次的，如果按照系统应用的层级来分，笔者认为，自动化系统可以分为个人自动化系统、企业自动化系统和行业自动化系统，如图 7-1 所示。

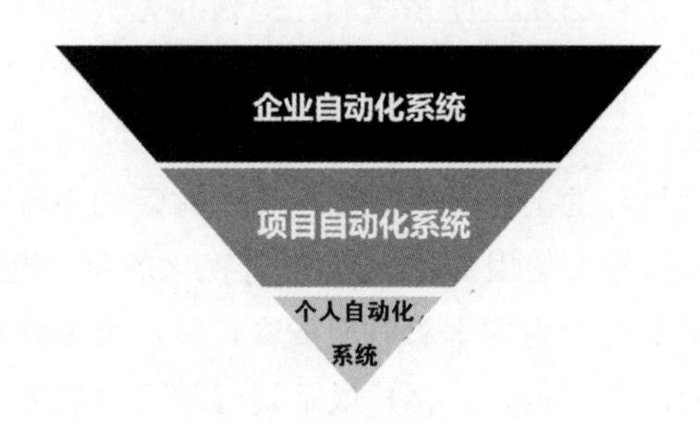

图 7-1　三层自动化系统级别

1. 个人自动化系统

层级最低或者说应用范围最窄的就是个人自动化系统。虽然自动化系统在宏观上是一个庞大、复杂的体系，但实际上每个数据分析师都可以设计并创建一套自动化系统。注意，这里的个人自动化系统仍然可以用在公司层面的项目，但这套系统一般只有个人可以理解和修改。

最简单地，相信每位数据分析师都有自己的程序模板，从简单的计算描述统计量，到稍微复杂的判断数据分布、创建统计模型等，其实每个人写过的程序都可以算作自己的程序模板，未来有类似的需求时可以直接修改使用。

2. 项目自动化系统

更高一级的自动化系统是项目自动化系统，它是指在一个团队合作项目的过程中，所开发出来的可供项目成员使用的系统，一般可以包括项目程序模板、团队流程管控等，它的特点是不仅仅在个人层面使用，而是被团队集体使用和管理，因此对可靠性和可扩展性有更高的要求。

3．企业自动化系统

最高层级的自动化系统是企业级别的自动化系统，它一般是企业专门团队开发维护的以提升数据分析效率的工具。以临床试验数据分析行业举例，很多公司尤其是大公司经常有自己的数据分析辅助系统，这些系统的功能往往是替代数据分析的某些步骤，让重复的编程过程用可视化拖曳的方式实现。

（1）很多公司都有的宏程序系统

SAS 的宏程序是 SAS 自带的用于完成重复性编程工作的编程体系，通过编写宏程序—调用宏程序的过程，完成一次编程，多次使用，并且还可以通过调整宏参数和宏逻辑，让程序运行过程微调。每位数据分析师在自己的代码中一定或多或少地使用过宏程序，而很多医药公司或 CRO 企业为了让数据分析项目进行得更快，干脆把常用的逻辑提取出来，做成宏程序，数据分析师在涉及这些编程工作的时候连自己的宏程序都不用编写，直接调用公司的宏程序。这样的程序多了就形成了宏程序系统。

在一定程度上，医药公司的宏程序系统的先进性和完善性决定了临床数据分析团队的工作效率。

（2）数据可视化工具

一般情况下，数据可视化的工作是临床数据分析靠后的步骤，依靠前一步生成的数据集，在统计分析计划的指导下使用 SAS 创建出可视化图表，这仍然是一个编程工作。

但很多医药公司为了节约人力成本和时间成本，将这个编程过程变成了拖曳和选择过程，预先设计好常用的图表模板，选择模板后通过填写对应变量的方式完成图表的创建工作。为了保证提交要求，系统只会创建 SAS 程序，数据分析师只需要运行一遍 SAS 程序即可获得想要的统计分析表。这一套自动化系统真正的厉害之处在于改变了数据分析的流程，从过去的数据—编程—结果变成了模板—变量—输出，大大节约了编程的时间，如图 7-2 所示。

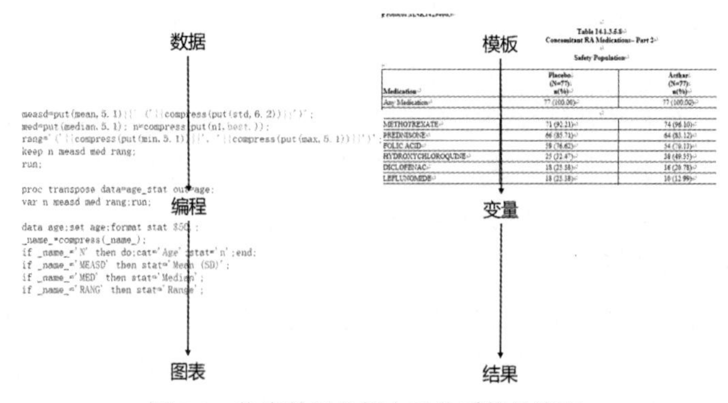

图 7-2　临床数据分析自动化系统的流程

7.1.3　自动化的成本与收益

自动化系统从来都不是从天而降的神兵利器，相反它需要个人、团队和公司专门创建和维护，如果创建和维护的成本小于使用的收益，我们才认为这套自动化系统是成功的。

笔者在这里提出自动化系统搭建成本与收益不等式：

$$\text{系统搭建成本} < (\text{非自动化成本} - \text{自动化成本}) \times \text{自动化系统使用次数}$$

这个不等式中有四个参数，如果不等式成立，我们就认为自动化的成本小于收益，这套系统是具有价值的；反之，则说明搭建系统反而造成了成本的提升，从经济上考虑是不明智的。

例如，某个自动化系统使用频率非常低，并且即使创建了自动化系统，学习成本也很高，这就导致非自动化成本与自动化成本差别并不大，那么就有可能导致不等式无法成立。另一种情况是系统的搭建虽然需要大量的人员参与，但该系统未来的使用频次很高，这就是我们所说的一次搭建，长期受益，这当然是值得自动化的数据分析部分。

在这个不等式中，系统的搭建成本主要取决于人力资源和时间的消耗，非自动化成本是指使用原本数据分析的方式所花费的成本，而自动化成本揭示了自动化数据分析系统并不能将使用成本降低为 0，自动化系统所带来的学习成本是一个一定要考量的因素，如果将系统设计得繁杂，光是了解如何使用的成本就超过了用原有方式进行数据分析的话，那很可能导致系统开发之后无人问津。

最后，自动化系统使用的次数也是一个考量是否需要自动化的重要因素，例如数据排序和复杂的统计模型。在数据分析中，前者使用的机会更大，如果数据分析所用的工具在实现排序功能时不够简洁，或者说非自动化成本很高，那么把将排序功能容纳进自动化系统的总体收益就可能比复杂但使用频次少的统计模型要更好。

因此，数据分析的自动化在本质上是一个成本和收益的综合考量，个人、团队和公司在考虑数据分析自动化的时候需要依靠经验来计算它的成本和收益，这并不是一件容易的事情。这也导致我们发现一般体量越大的公司，自动化系统的渗透性越高的原因。

本节我们从数据分析自动化总体的概念入手，了解这个无处不在却又经常被忽略的数据分析的重要工具。下一节我们将从自动化的输入端，即数据标准化说起，了解一下数据标准化究竟在数据分析中起着什么样的作用。

7.2　数据标准化——自动化过程的先导

如果查询数据标准化这个概念，可以发现它是一种将数据缩放到一个特定区间，避免突出数值较高的指标的影响，提升数值较低指标影响的方法。数据标准化是一个非常重要的数据分析过程，从流程来说，标准化应当属于数据前处理的一环，但因为它与自动化密切的关系，为了更好阐释自动化的相关知识，笔者将它放到了本节。

从更大的角度上来看，数据标准化还包括更多的工作，数据分析服务提供商 Sisense 为广义上的数据分析标准化作出了定义，即数据标准化是将数据转化为可以让分析师理解、使用和分析的过程。由于很多企业和机构使用的数据来源多种多样，不同数据的格式、结构都不相同，在处理之前无法合并使用，而处理的这个过程也被称为数据标准化。

虽然两种方法都被称为标准化，但可以看出它们所用的技术和逻辑是完全不同的，应该如何区分它们呢？事实上，在英文中，这两个概念是完全不同的，数据缩放避免极值影响的标准化叫 Data Normalization，而将数据处理成可理解分析使用的标准化叫 Data Standardization。相比起 Normalization，Standardization 是一种更大层面的标准化。

本节我们就要探讨数据标准化的具体方法和其中使用到的技术。

7.2.1 Normalization——消除量纲的影响

不只在数据分析中，哪怕在日常生活中，数字的大小对我们的认识都有着重要的影响。最简单的例子是如果买一件衣服，原价 1000 元砍价之后是 500 元，我们会觉得自己赚到了，但如果是买一辆车，原价 20 万元，购买价 199500 元，同样是节省了 500 元，但因为车子本身很贵，我们觉得这 500 元好像并没有多大作用。

但如果在数据分析中产生这种认识错误，就很可能让数据分析的结果不可靠，这是数据分析师应当竭力避免的事情。在真正的工作中，我们经常需要对数据进行处理，来消除这种数字大小所带来的认识错误。

例如，某公司年底进行总结，评选优秀业务员，决定业务员成绩的是该年的成单量和对客户的服务态度，其中成单量的单位是元，服务态度从 1~5 打分，1 表示不好，5 表示好，我们得到表 7-1 所示的结果。

表 7-1 业务员的成单量和服务态度

业务员	成单量	服务态度
刘智芳	250000	3
苏林泽	150000	5
罗磐谢	225000	2
黄宇司	140000	4
张铮宇	195000	1

如果公司认为成单量和服务态度同样重要，应当各占 50%的权重，应该如何操作呢？

简单的求和取平均肯定不行，成单量的数字远远高于服务态度，如果直接计算平均值会让服务态度这一项的影响力接近于 0，不符合公司的要求。我们同样可以为服务态度乘上一个系数，但这个系数究竟应该是多少，才能保证二者的影响正好是 50%呢？

在实际操作中，我们可以使用 min-max 标准化方法。它是将所有的数据都进行线性变换，让它们落在[0,1]区间中的数据标准化方法，具体公式如下：

$$x' = \frac{x - x_{\min}}{x_{\max} - x_{\min}}$$

式中，x'表示转化后的结果，$x_{\max}$ 与 $x_{\min}$ 表示数据里的最大值与最小值。这样的操作可以保证所有数据都落在[0,1]这个区间中，并且最小值正好为 0，最大值正好为 1。使用这样的方法进行转化后，表 7-1 所示的数据就成为表 7-2 所示中的数据。

表 7-2　表 7-1 进行线性变换后的结果

业务员	成单量	服务态度
刘智芳	1	0.5
苏林泽	0.09	1
罗磐谢	0.77	0.25
黄宇司	0	0.75
张铮宇	0.5	0

相信看了上面的数字，成单量和服务态度就不再会因为量纲的差异对观感造成影响了。我们可以直接计算转化后数字的平均值，得出业务员刘智芳的平均值最高，因此应当评选为优秀业务员的结论。相信这一套计算方法也不会导致员工的抱怨，因为这种方法具有一定的客观性。

min-max 标准化方法是一种简单到几乎可以口算的标准化方法，且非常实用，应用也十分广泛。但从定义来看，它比较适合静态的数据，因为如果有新的数据进来，并且数值超过了当前的最值，就会导致数据整体计算方式发生改变，如果数据量很大，则需要巨大的计算成本。

除了这种方法以外，另一种常见的方法就是将数值取对数，一般是以 10 为底的对数。在现实中，有些数字呈指数型分布，极大值对结果的影响很大，取对数可以有效地降低极大值的影响。需要注意的是，这种方法并不能保证所有数字在[0,1]区间内分布，如果希望得到与 min-max 相似的结果，可以将取对数后的结果除以最大值的对数。注意，取对数法要求所有数字都大于或等于 1。

另一种常见的标准化方法则是 z-score，它需要用到数据的平均值和标准差，公式如下：

$$y_i = \frac{x_i - \overline{x}}{s}$$

式中，$\overline{x}$ 为数据的平均值，s 为标准差。上式的计算方式被称为 z-score 标准化方法。注意，它与之前方法的区别在于，z-score 标准化并不能将数字转化在[0,1]区间内，并且结果可以包含负数，以这种方法转化表 7-1 所示的数据可以得到表 7-3 所示的结果。

表 7-3　经 z-score 标准化方法转化后的结果

业务员	成单量	服务态度
刘智芳	1.23	0.00
苏林泽	-0.89	1.26
罗磐谢	0.70	-0.63
黄宇司	-1.10	0.63
张铮宇	0.06	-1.26

然后，我们将两列的数值相加，就可以得出一个客观的成单量和服务态度得分，最终发现，业务员刘智芳依然是优秀业务员。

z-score 是一种常用的数据标准化方法，例如 SPSS 默认的标准化方法就是 z-score，它适用于属性 A 的最大值和最小值未知的情况，或有超出取值范围的离群数据的情况。

以上就是常用的数据标准化方法，它们的目的非常明确，都是为了消除数值大小差别对分析结果带来的影响，让不同的数字落入同一个区间。

7.2.2　Standardization——让不同的数据说相同的话

很多时候，公司数据的来源多种多样，例如金融公司的数据可以是股票历史记录、社会新闻、公司财报，每一种数据反应的侧面都不相同，数据的格式也不相同，可以以 Excel、SPSS 数据、网页等各种方式存储，但公司需要使用它们得出结论，所以需要将它们合并到一起才能进行处理。

这时，我们就需要将数据的格式统一，这就是数据标准化的过程之一。随着企业的发展，各个部门都会建立各种信息化系统以方便开展自己的业务。正因为信息化建设的不断深入，发现每个部门有独特的数据来源和业务逻辑，导致收集的数据无法共享，这种情况被称为“数据孤岛”。这给企业进行数据的分析利用、报表开发、分析挖掘等带来了巨大困难。

为了避免这种问题，很多企业都设计了数据标准化的流程和方案，建立统一的数据平台，让不同源头、不同格式的数据都能统一起来，方便数据分析师掌握更全面的数据，这就是数据标准化。

如果把标准化分类，我们可以把它总结为数据格式标准化和数据结构标准化两大类。

数据格式标准化是一切工作的起点。不同行业数据收集和存储的格式是不同的，常用的存储格式包括 Excel、SPSS、SAS、XPT、SQL 等，但企业层面的数据分析往往只使用一种数据分析工具，因此在分析之前，将数据转换成这种工具可以理解的格式势在必行。

数据转化的结果一般需要符合公司所使用的软件，如果公司使用 Excel 进行数据分析，那么数据应该转化成.csv 或.xlsx 格式，如果使用 SAS 进行数据分析，那么最好转化为 SAS 特有的数据集存储格式.sas7bdat。如果不同部门使用的分析工具不一样，并且数据需要在部门之间传递，那么使用.xpt 格式可能是一个很好的选择。

另一方面，除了数据格式的标准化外，数据结构的标准化是更重要的事情。数据结构的标准化可以大大提升数据的易读性。例如图 7-3 所示的两组数据。

股票代码	日期	开盘价
AVID	2020-03-12	18.54
AVID	2020-03-13	19.43
AVID	2020-03-16	18.94
AVID	2020-03-17	17.36
QQT	2020-03-12	102.20
QQT	2020-03-13	103.45
QQT	2020-03-16	106.28
QQT	2020-03-17	108.11

（a）

日期	AVID	QQT
2020-03-12	18.54	102.20
2020-03-13	19.43	103.45
2020-03-16	18.94	106.28
2020-03-17	17.36	108.11

（b）

图 7-3　两组标准的数据结构

左右两个数据集都记录了两支股票 AVID 和 QQT 开盘价在 2020 年 3 月 12 日到 3 月 17 日的开盘价，但两个数据的结构有所不同。实际上，两种结构都可以比较清晰、明确地记录了数据，但如果公司使用的是数据分析自动化系统，那么系统可以接收的输入数据结构会有一定的限制。如果不是可接收的数据结构，那么虽然我们很容易看懂，但自动化分析系统无法理解数据的意义。

笔者见过很多企业所创建的自动化数据分析系统，它们中的绝大多数就像一个“聪明的笨小孩”，很多自动化系统内部拥有复杂的逻辑，乃至还有人工智能的影子，可以反馈修改模型，让预测结果愈发准确，或者做出漂亮的可视化结果。但它们几乎都对数据来源非常挑剔，分析师必须将数据提前处理好，并且把数据结构转换为系统可以理解的结构才可以让这些系统发挥作用。

7.2.3　数据标准化的成功案例

通过以上内容的学习，各位读者应该可以理解到数据标准化的重要性了，无论是 normalization 还是 standardization，对后续数据分析而言都是非常重要的工作。但如果你是一个职场新人，可能会发现数据标准化在自身层面上只需要“执行”，而自己很难参与到其中。

原因也很简单，数据标准化需要对企业数据流程的理解很深刻，需要通盘考虑数据来源和数据分析工具与方法，需要分析师对数据收集和传递流程具有深入的了解。但这并不是说数据分析师在面对数据标准化的时候只需要遵循规定，不能有自己的想法。

如果说数据标准化最优秀的案例，笔者认为是自己所处医药行业的临床数据交换标准协会 Clinical Data Interchange Standards Consortium（CDISC）标准，这是一个典型的由民间组织制定，逐步成为主导、全球性的临床数据标准。

CDISC 成立于 1987 年，是自发成立的组织，2000 年注册为非营利性组织。目前已有超过 200 家公司成员，主要由制药/生物制药企业、CRO、学术机构、政府机构、软件/技术开发商、非营利机构等组成。其创建的 CDISC 系列标准被全球主要地区和国家，包括美国、中国、欧洲和日本采用。自 2004 年 7 月以来，FDA 已参照使用 SDTM 的研究数据格式作为通用的电子技术文档。为了提高向药监部门或其他管理部门提交数据的效率，以及为整个临床研究过程提供标准化的规范参考，CDISC 建立了从临床试验方案设计开始，涵盖数据的收集、分析、交换和提交等环节的一套完整标准。

CDISC 所创建的标准涵盖了药物研究的各个阶段，从临床试验计划制定、动物试验、到标准制表模型、分析模型、临床提交等流程，都可以看到 CDISC 标准在发挥作用，如图 7-3 所示。

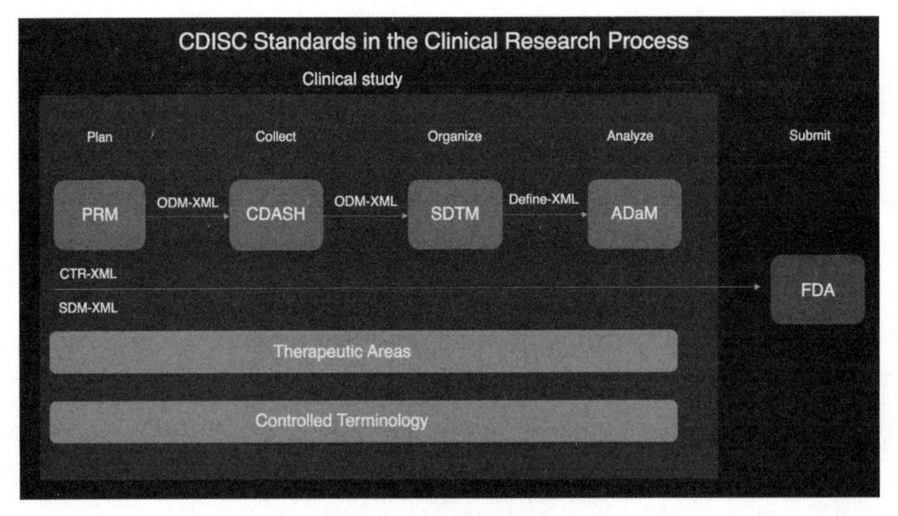

图 7-3　CDISC 标准界面

简而言之，CDISC 标准所规定的就是什么数据放在什么地方、用什么名称存储、数据的样子是什么。这样做的好处非常明显：

其一，临床试验是一个多公司参与协作完成的工作，数据需要在不同公司、不同部门之间传递，应用这一套标准就保证数据在传递到不同场合时，从业者都可以理解数据所代表的准确含义，而不需要确认数据来源，大大节省了沟通成本。一个简单的例子是在表示日期时，例如 2022 年 3 月 12 日，其表达形式可以是 03/12/2022，也可以是 12/03/2022，还可以是 2022-03-12。但在 CDISC 中，这种自由性被消除了，日期必须写成 2022-03-12，结构是四位年份+两位月份+两位日期，这样在沟通过程中每个人都能明确这个数据的意义。

其二，医学研究对数据的准确性要求很高，CDISC 标准配套的 Control Terminology、MedDRA、WHODRUG 等让每一个医学术语都能找到准确的表达，进一步降低了沟通成本。

作为一个民间组织，CDISC 发布的标准得到了包括美国 FDA 的广泛采用，我国也正在逐步推行 CDISC 标准在临床试验数据中的采用，欧盟、日本、印度等国家和地区更是直接采用 CDISC 标准作为临床提交的规定。

正是基于 CDISC 标准，医药企业对数据的结构有明确的期望，所以开发出了很多优秀的系统来辅助数据分析的自动化，相信随着很多行业的发展完善，各个行业也都会诞生出适用于全行业的数据标准，让数据分析的自动化程度更上一层楼。

7.3　一劳永逸中的“劳”和“逸”

在之前的章节中，我们介绍了数据分析自动化的概念和对其至关重要的标准化。在叙述的过程中，笔者特意跳过了出现在本章标题上的“一劳久逸”。如果对数据分析自动化的性质进行阐述，笔者认为“一劳久逸”这个词最代表自动化系统的特点。

正如我们之前讨论过的一样，自动化系统并不能凭空产生，相反会占用一定的时间和人力资源，它也并不能永久使用，而是需要随着时间变化进行修改和调整。本书很多篇章创作的视角都是基于数据分析师个人群体的，但在本节，我们不妨换一个视角，即站在企业管理者或企业本身的角度来理解数据分析自动化系统的建设和维护。

7.3.1　自动化系统的“劳”

一家对数据很看重的企业，一定会落入一个两难的抉择：一方面，数据分析可以发现很多有价值的信息，企业经营者可以据此作出正确的判断和决策；另一方面，数据分析团队的运营成本并不低。作为热门行业，熟练掌握数据分析技术的工程师月薪往往超过当地平均月薪的好几倍，这就导致了数据分析产生的价值被数据分析本身就吃掉了一大部分，笔者把这个称之为“数据分析价值悖论”，这个现象在小企业中更为常见。

为了解决这个问题，不同公司选择了不同的道路。一种选择是使用合作外包公司，将本公司的数据分析业务交由专业公司来完成。这样做的好处是可以不用随时“供养”一支庞大的数据分析队伍，让企业没有数据可分析时不用空耗成本，但坏处也显而易见，因为数据分析团队并不属于本公司，因此对本公司的业务逻辑、产品定位、行业特点都需要从头理解，需要花费额外的沟通成本。

另外一些企业则选择“拥抱”数据分析自动化系统，通过系统降低所需的数据分析专业人才数量，或者用相同的人才成倍地提升效率。这样做的好处显而易见：自动化系统往往是一次投资，长期收益的工具，通过长时间的修改和沉淀后，更可以成为公司的无形资产，让公司在行业中拥有更强的竞争力。

但对于自动化系统的缺点，我们已经强调过多次，用一个字描述就是“贵”。当然这个“贵”并不单指研发成本高昂。事实上，笔者所知的很多公司的自动化系统是从员工日常数据分析工作中总结提炼而来，并没有耗费过多的成本投入研发。这个“贵”指的是时间成本和人力成本的高昂。

每个行业甚至每个公司都有自己的业务逻辑，笔者虽然经常以自己所在的临床试验数据分析行业举例，除此之外，像金融行业、房地产行业、互联网行业和广告行业等都有自己的数据来源方式和业务模式，虽然都是数据分析领域，但经验绝不能完全照搬。因此我们更希望能获得一套具有普遍性的自动化系统设计方法。

关于数据分析自动化，笔者认为，一个普遍的思路应当是从下到上收集，自上而下传递。注意这是一个双向的过程，需要企业中每一位数据分析师的参与才能够完成。

从下到上收集，是指数据标准化的结构不应该是空中楼阁，而应该是从下到上了解公司一线数据分析师日常工作方式之后所做出的确实可以提升效率的思路。

关于这类案例，例如；某个公司的领导并非数据行业出身，但很乐于接受新技术，几位高管在不同渠道都了解到 Python 语言的优秀，认为 Python 应当是数据分析的通用语言，经过多次会议商讨，为了降低公司运行成本，决定开发一套基于 Python 的数据分析自动化系统，为了保证专业性，该公司特意从外部找来了合作公司开发，花费了很多时间成本和金钱成本并在开发完成之后交给下属员工使用，结果，数据分析部门的负责人反馈说团队一直在使用 SPSS 进行数据分析，虽然没有完整的自动化系统，但已经可以实现当前公司运营所需要的分析业务，Python 系统虽然扩展性更强，但迁移系统无疑是一个巨大的成本浪费。几位公司领导在会议室中作出的决策只能在现实面前最终作罢。

这个案例在数据分析师眼里可能有些不可思议：一个公司想建立数据分析自动化和系统，怎么可能不经过数据部门，而是由几位高管决定的呢？其实，很多大型企业都有这个问题，就是层级过多，汇报流程过长。企业领导认为自己了解了公司的数据，却不知数据是经过层层加工的结果，就这样依赖了缺失具体信息的数据作出了错误的决策。

因此笔者提醒想建立标准化系统的公司，系统的建立一定要自下而上收集方案，应当由一线数据分析师做出最基本的草案，然后由数据部门做出总体方案，再与管理层讨论和修改。

在标准化系统完成之后，系统的实行则应当按照自上而下的流程来。因为系统往往伴随着学习成本，对于公司业务一线的员工，掌握公司所用的数据分析工具本身尚且不熟练，如果一开始就要求公司员工整体采用数据分析自动化系统，让他们额外学习自动化系统其实是对工作要求的额外提升，分析师就很有可能会产生抵触情绪。

一个显而易见的例子就是，一名新手 Excel 分析师，学习掌握函数、数据透视表、单变量多变量模拟分析都处于摸索阶段，如果要求分析师同时使用公司开发的 Excel 分析模板并掌握一系列的自定义函数，分析师很容易有畏难情绪，最终导致自动化系统中的功能被弃置，分析师宁可采用麻烦一些但是熟悉的方法。

为了避免这种浪费的情况产生，企业的自动化系统应当按照自上而下的流程来推广，首先让项目的领导理解自动化系统的功能和用途，因为他们具有更多的经验和更强的分析技术，所以对自动化系统带来的好处可以轻松理解，并且制定具有针对性的使用方法，然后由他们将自动化分析系统教给更低层级的数据分析师来使用。

这样一套从下到上设计，自上而下应用的方案，可以保证自动化系统的“劳”降低到最小，更重要的是可降低系统应用人员的抵触情绪，而这恰恰是很多公司在推行改革方案时忽略的一点。

7.3.2　自动化系统的“久”有多久

我们都知道一个成语——一劳永逸，意思是辛苦一次，把事情办好，以后就可以不再费力了。这个成语出自班固的《封燕然山铭》，讲述了永元元年，车骑将军窦宪出兵北方，弘扬汉朝军威的事迹，其中提到“兹所谓一劳而久逸，暂费而永宁者也”，意思为这件事是一次劳神而长期安逸，暂时费事而永久安宁。然而在演化中，一劳而久逸逐渐变成了一劳永逸。

即使是远在汉朝的班固，也明白窦宪出兵北方的行为虽然是长久地维护了汉朝的稳定，但绝非是一次劳神而永久安宁，这其实也是很多企业和组织进行改革和转变的常态——一次高成本投入的系统化变革之后，可以在长时间内提高组织的效率，但绝不可能永久维持。

数据分析自动化系统也是如此。一般而言，自动化系统的开发设计需要耗费大量的人力和时间，一旦建成，可以有效提高公司数据分析的效率和准确性。但随着系统的应用，我们会发现系统逐步暴露出各种问题，需要进行添加和修改。

很多医药公司的临床研究团队都有自己的宏程序系统，里面下辖很多SAS宏程序，在引用后通过输入宏参数就可以完成相应的编程功能。因为前文所提到的CDISC数据标准规定了数据的结构，很多不同的临床试验都有相同的数据集和相似的变量定义方式，通过改变参数就可以不编程而实现数据处理和统计分析的功能，大大减少了工作量。

然而随着使用时间的增加，公司会很容易发现宏程序系统存在两种问题。其一是无法满足所有情况下的数据分析需求，因为不同项目的数据结构、变量类型不同，如果系统没有预设好与之对应的处理方式，就会导致运行过程报错，无法继续进行；另一种问题是宏程序系统没有完全覆盖所有变量的编程工作，有些工作仍然需要自行编程解决。

面对这两种情况，公司需要考虑的就是在第一节笔者提出的成本收益不等式：

$$\text{系统搭建成本} < (\text{非自动化成本} - \text{自动化成本}) \times \text{自动化系统使用次数}$$

如果某些情况经常出现或者修改成本很低，公司就会倾向于在宏程序系统中添加，反之则不予理会。长此以往，很多较早建立这套系统的医药公司都会发现自己的宏程序系统变得非常庞大，后续的修改程序落在原本的程序上，让程序难以被理解，但这并不是自动化系统的问题；相反，笔者认为一个足够复杂的自动化系统理应是无法被轻易理解和修改的，只有修改和优化的成本趋近于无限大，才说明系统足够优秀到无须修改。

关于一劳久逸的“久”，在不同的行业中也有所不同。例如，金融行业，本身处在复杂的系统之内，行业间的竞争非常激烈，数据分析时刻需要优化升级，那么自动化系统经常需要修改完善。反之，医药行业和制造行业，因为比较传统，工作内容基本已经定型，数据分析的方法在短期内也不会有特别巨大的变化，这种行业的数据分析自动化系统就可以在不修改的情况下运行很久。但无论任何行业，自动化都不可能做到“一次投资，永久受益”，维护和更新的成本是系统正常运营的重要考量。

7.3.3 数据分析的外包

如果我们把公司看成一个整体，而自动化就是将一系列复杂的数据分析活动打包，那么对公司而言，数据分析的外包也可以理解成一种自动化。从流程上来说，自动化系统减少了数据分析的步骤，而外包企业同样可以降低公司本身数据分析的工作量而得到分析结果，二者运行的逻辑如图 7-4 所示。

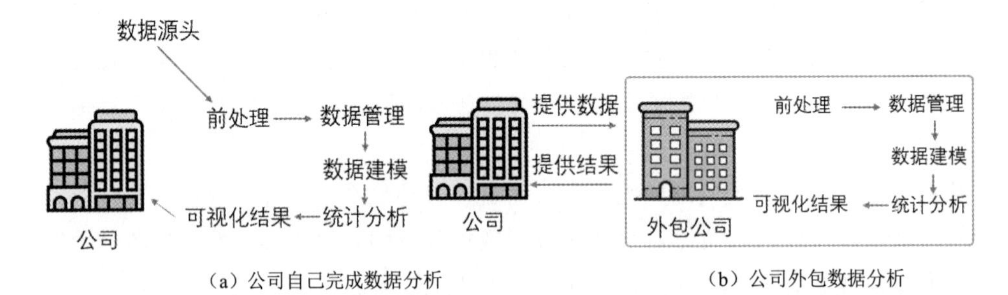

图 7-4　公司自己完成数据分析和公司外包数据分析的运行逻辑示意

随着数据分析需求的增多，市场上出现了很多从事数据外包业务的公司。数据分析外包是指利用第三方应用程序或者公司来分析数据，通过各种数据科学、数据可视化和统计研究工具来分析数据模式，进一步利用这些工具来提高业务效率和收入。外包数据分析服务为各组织提供了更大的灵活性，使它们能够利用最新工具和服务提供数据，还可以降低数据分析的成本。

数据外包服务已经在银行、金融、保险、汽车、保健、零售、制造以及信息技术和电信等行业中得到了广泛应用。

关于数据分析外包的好处，不用笔者强调也可以理解，最重要的就是提高企业数据分析的能力，特别是针对一些小公司而言，数据分析虽然很重要，但并非企业的核心业务，组建的数据分析团队并不能很好地理解公司的业务逻辑，让分析活动低效。但外包公司往往体量很大，经验丰富，特别是拥有特定行业的数据分析经验，可以快速理解小公司的数据。

另一方面，外包团队可以有效地降低成本。数据分析行业的火爆导致人才成本水涨船高。数据显示，2022 年中国一线城市数据分析师的平均月薪已达到 2 万元，较 2021 年提高了 14%，快速增长的从业者薪资水平并不是每一个公司都可以支付得起的，因此很多需要数据分析服务的企业选择了与数据分析外包公司合作。外包公司的合作模式一般是按照项目收费，又因为高效数据分析工具的不断开发，让外包公司可以降低这一部分的成本，从而让项目费用更低。

数据分析外包根据外包公司所在地可以分为在岸外包和离岸外包两种。前者是指公司与外包公司在同一地区或者同一国家；后者则是指公司将业务外包给其他国家的数据分析公司。对比两种外包类型，我们并不能草率地得出结论说哪种的成本更低，二者的成本考量不太相同。

在岸外包的沟通成本显然会更低，但经济成本却不会节约很多。因为在岸外包公司与本公司身处相同的地方，所以人才成本、办公成本等比较相似，这一方面无法得到大幅降低。反观离岸外包公司，因为可以将成本转嫁到经济相对不发达的地区，所以在经济成本上可以大幅缩减，但因为远距离沟通，尤其是如果涉及时差的话，沟通成本会大幅上升。

笔者在美国药厂工作时，曾与一家国内的临床试验数据分析外包公司合作，如果需要沟通，都需要提前赶到单位安排会议，因为两地的时差，数据反馈经常需要 1 天以上才能得到回复。

在数据外包服务的选择上，企业应当首先判断外包公司所在的领域和服务对象。金融、保险、医药、制造业公司应当寻找到相应领域的专业外包公司，另外需要了解外包公司合作的客户所在领域。第二点，就是应当选择与自身公司规模体量相似的合作公司，如果一个大公司选择了规模较小的外包公司，而该外包公司的人员又不足，就无法完成大公司的数据分析项目；同样，小公司如果选择太大的外包公司，则可能让自身失去对于数据分析的主导权，这无疑是非常不利的。

在本章，我们了解了数据分析行业中一个经常被人忽略的内容：自动化。可以说，自动化是一个公司数据分析从稚嫩走向成熟的必经之路，搭建一套自动化系统需要综合需求和成本的平衡，并且这是一件一劳久逸的工作。

下一章，让我们来探讨一下数据分析行业中的一个“显学”，或者说非常热门的就业领域——数据可视化。它可以理解为数据分析的最后一步，是沟通数据和人的媒介。

第 8 章　数据可视化并不简单

本章我们讨论的话题是一个立意很高但又非常实际的话题——数据可视化。一般而言，我们认为，数据可视化是数据分析的最后一步，它的作用是将数据中的信息清晰、准确地传递出来，让人能够理解；而后续通过可视化结果做出的商业决策、行为判断，属于管理学和其他具体学科，与数据分析的关系不大。

如果查看数据可视化的定义，你似乎能嗅到一丝哲学的气息：为了清晰、有效地传递信息，数据可视化使用统计图形、图表、信息图表和其他工具。可以使用点、线或条对数字数据进行编码，以便在视觉上传达定量信息。数据可视化既是一门艺术，也是一门科学。有些人认为它是描述统计学的一个分支；但也有些人认为它是一个扎根理论的开发工具。

可以看到这个定义让可视化行为具有艺术和科学的双重性。但在真正工作中，考虑数据可视化艺术意义的情况可以说几乎没有，它往往存在于数据艺术家天马行空的想象和设计之中。作为更接地气的数据分析师，我们在完成数据可视化的过程中则考虑的是图像准确、清晰、简洁，至于艺术设计，重要性可能要排在无限靠后的位置了。

这并不是数据分析师的偷懒行为，所谓“术业有专攻”，数据可视化艺术与其他艺术门类一样，需要经过长期大量的练习，但一般的分析师不具备这种实践机会。不过，这并不意味着数据分析师无法做出优秀的可视化结果。相比起其他数据分析步骤，可视化具有高度的统一性。换言之，可视化方案具有更强的迁移性，掌握一种可视化方法之后，很容易就可以套用在其他数据项目之上。

关于本节的论述重点，笔者也思索过良久，数据可视化既是图形学、社会学、数据科学等领域综合知识的体现，同时又需要具体的编程工作才能完成，但为了让叙述具有完整性，一般图书只能选择其中一个重点进行论述。考虑到本书希望照顾到的普遍性，笔者无法讲解每一种数据分析技术在可视化中的具体使用方法，因此我们从更大的角度着手，来理解一下数据可视化方案的设计选择，以及其中常见的误区。

8.1　数据可视化的各种形式

数据可视化是指将数据转换成可以方便人脑理解的显示形式。在人类漫长的进化史上，人脑诞生出了一种抽象能力，将复杂的客观世界抽象成图形，再用描述图形的方法描述客观世界。例如，世界上没有两棵长得一模一样的树，虽然树的具体形状和种类各异，但对于一个东西是不是树，即使是 5 岁的孩子也能判断。这种抽象能力也给人工智能的开发造成了巨大困难，5 岁小孩在看几张猫的照片后就能轻松分辨出哪张照片有猫，但人工智能却需要为此观看上亿张图片。

抽象化的能力让我们更容易理解图形所代表的意义，让使用简单的图形代表复杂的数据成为可能。

在了解数据可视化各种形式之前，我们不妨探讨一些更具有普遍性的图形所代表的含义，这些含义在不同的数据可视化形式中具有通用性，如果仔细探究，就可以发现它们并没有什么逻辑道理，而是普遍遵守的规则，如下：

- 面积越大代表数量越多；
- 上方表示增加，下方表示减少；
- 不同颜色代表不同的数据。

现在你随手翻开一份数据可视化成果，可以发现以上三个规则在绝大部分情况下都被遵守。如图 8-1 所示，在没有任何数据说明的情况下，我们都可以理解成戴眼镜学生的数量大于不戴眼镜学生的数量。

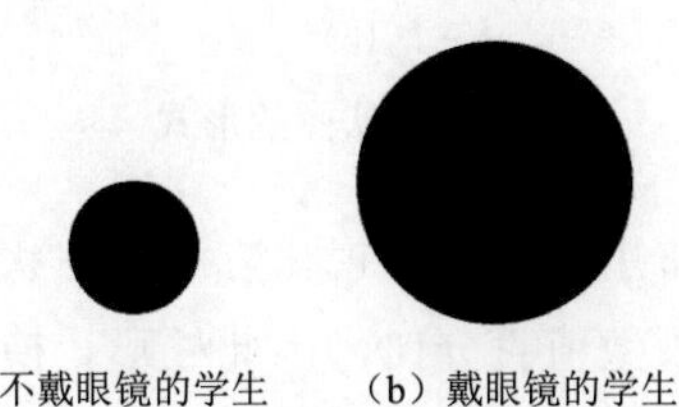

（a）不戴眼镜的学生　　（b）戴眼镜的学生

图 8-1　中学生近视情况调查

又如图 8-2 所示，即使不考虑纵轴的含义，一般人都能得出结论：苹果价格的增长率大于香蕉价格的增长率。

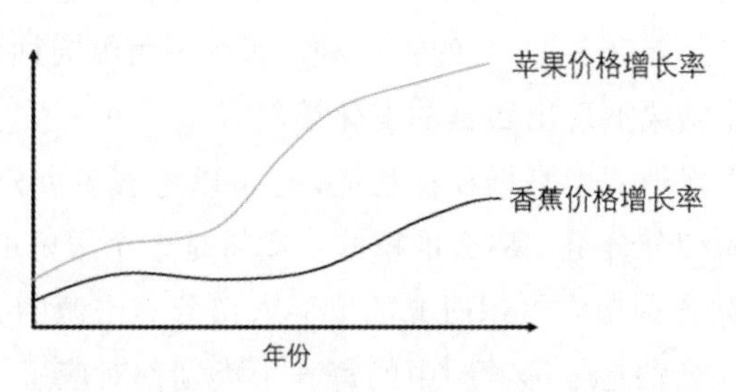

图 8-2　苹果价格和香蕉价格的增长率曲线

这些规则的重要价值使人们达成了共识，可以用更低的沟通成本理解数据可视化结果中的信息。

下面我们来总结几种数据可视化常见的形式，更重要的是理解它们合适的应用场景和优缺点，这也是可视化方案设计的基础。

8.1.1 柱状图

柱状图是一种以长方形的长度为变量的统计图表，每个长方形都可以用来表示某一类数据的值，每个长方形起点相同，通过终点的相对位置来表示数值。

其实不用笔者做过多介绍，相信各位读者也了解柱状图的形式，如图 8-3 所示。

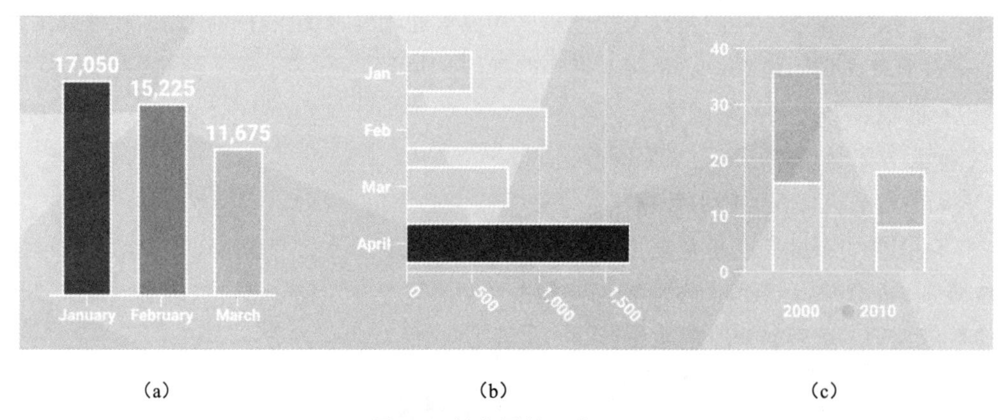

（a）　（b）　（c）

图 8-3　柱状图的形式

柱状图是一种非常直观且常用的数据可视化方法。柱状图一般一个坐标轴代表不同的数据分类；另一个坐标轴代表数值百分比，因此柱形、横坐标和纵坐标就是柱状图的三要素，在阅读时应当首先关注。

柱状图本身也有一些不同的表现形式。第一就是柱形的方向，一般采用横向和纵向两种，两种方法在选择上并没有严格的规定，大多数情况可以相互替换。但如果数据分类很多，就采用横向柱状图，因为纵向排列分类可以更节省空间。如果数字在时间上具有连续性，例如某商店上年度 1~12 月的销售额，那么采用纵向柱状图（即横向排列数据的方法）可以让可视化结果展现出数据的变化情况。

柱状图的第二种表现形式就是堆积柱状图，它可以考察多个分组的累计数值的不同，如果数据中存在分组和细分分组，那么堆积柱状图将是一个很好的选择，如图 8-4 所示。

图 8-4 所示的是联合国粮农组织研究的世界人口营养来源的分析结果，横轴代表平均每日摄入的卡路里，纵轴是年份。图中的每一个类别都对应了一种不同的营养来源，将每一种营养来源综合形成完整的柱形，柱形的长度对应的是该年份卡路里的平均每日摄入。这样的可视化设计，让人们不仅能观察到卡路里总量随年份变化的情况，还可以看到不同种类食物所占营养比例的变化。在这个案例中，年份是分组变量，食物类型则是年份的子分组。

一般而言，柱状图着重描述不同分类数据的数值关系，例如研究对象是 “对比两款产品销售量的区别”“不同车型的平均价格”“苹果公司股票在 1995 年至 2020 年的均价”

等话题时，柱形图都可以有非常好的应用。

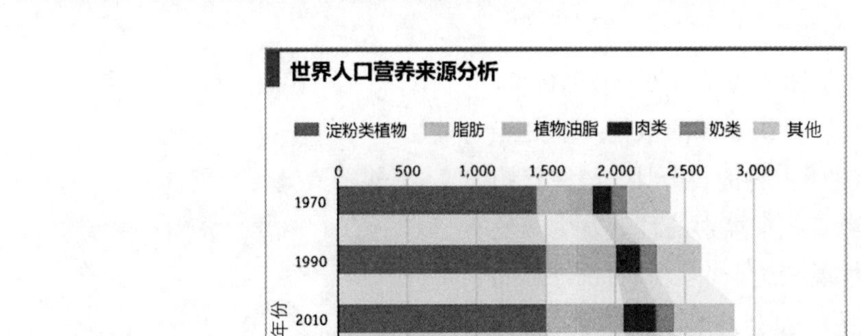

图 8-4　堆积柱状图

相反，在研究比例时，柱状图可能不是一个很好的选择，因为柱状图更多显示绝对数值的特性，让百分比的计算需要在观察者脑中进行，如果分组数量较多，就无法判断其比例。例如，图 8-5 所示的为某公司主要股东的股票数量，如果需要判断该公司是否存在单一控股股东，柱状图无法让我们在第一时间作出判断。

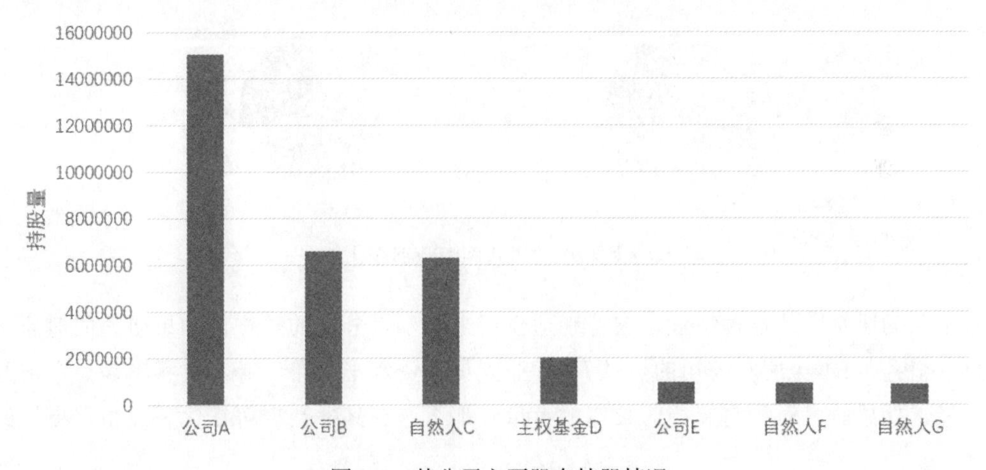

图 8-5　某公司主要股东持股情况

8.1.2　饼状图

饼状图也是一种被人熟知的数据可视化方法，它通过一个圆饼或圆环来表示被描述数据的比例关系，越大比例的数据占据更多的扇形或弧度。严格来说，覆盖整个圆心的饼状图形是饼状图，至占据圆弧长的形式为环状图，但因为二者的相似功能，我们在这里不加区分。如图 8-6 就是一些饼状图的艺术设计样式。

图 8-6　饼状图的艺术设计样式

与柱状图不同，饼状图天然地存在一个 100%，即圆饼或圆环的一周，所以饼状图的数值并非是绝对数值，而是不同数值所占有的百分比。与柱状图最显著的区别就是，当某一个类别的数值发生改变后，柱状图的变化只体现在这一个数值的长方形的长度变化，而在饼状图中你会发现，所有的数据比例都会产生变化。

如图 8-7 所示，甲的数值从 20 变化为 50，可以看到在变化前后，柱状图只有甲的柱线长度发生了改变，而饼状图中，每一个类别的数据所占比例都产生了变化。

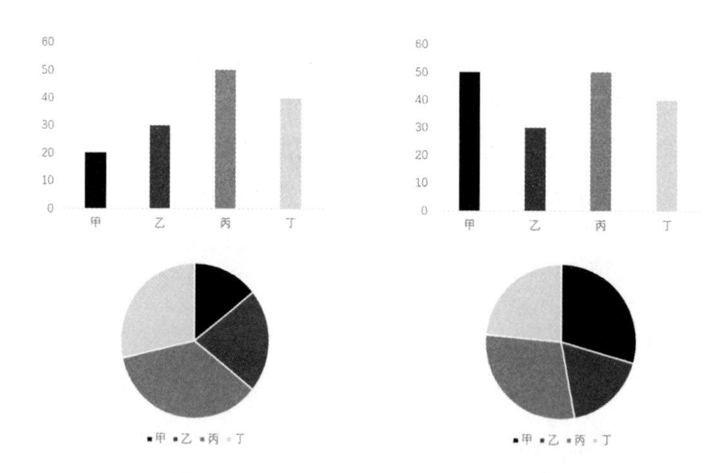

图 8-7　柱状图和饼状图随数据变化情况

正因为饼状图的这种特性，它特别适合用来表示百分比的数据，如果研究的对象是"每位销售人员本年度对公司的贡献""行业人员薪资水平分布"等，饼状图是一个很好的选择，如果研究对象需要绝对数值的考量，那么选择其他数据可视化手段将是更好的选择。

8.1.3　折线图

折线图是把许多数据点用直线连接形成的统计图表，它是许多领域都会用到的基础图表，常用来观察数据在一段时间之内的变化（时间序列），因此其 x 轴表示时间。这种折线图又称为趋势图。

想要绘制折线图，一般需要每个数据点具有至少两个维度的评价，并且两个维度都属于连续型的数值，例如一个是时间，另一个是观测量，或者二者均为连续型观测量。这是因为折线图最大的特点是将相邻的数值使用线连接起来，形成一种变化的趋势，如图 8-8 所示。

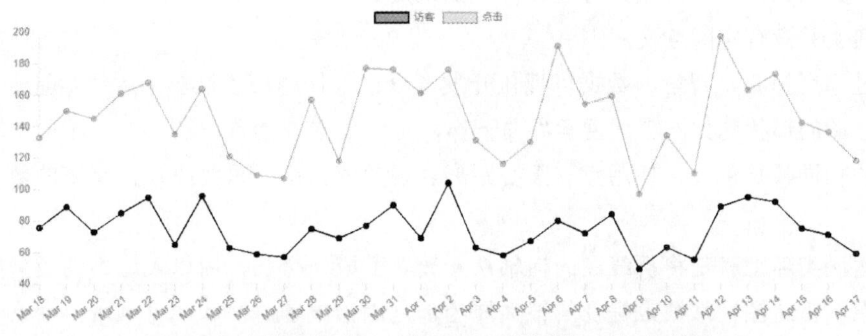

图 8-8　折线图示例——某网站月访问情况可视化结果

图 8-8 所示为某网站月访问情况的可视化结果，图中的每一个点都表示当日的访客数量或点击次数，然后使用直线将相邻的点连起来，即可反映变化的趋势。

作为一种非常重要的数据可视化方案，折线图有很多种表现形式。

首先，可以将直线替换为曲线，这样形成的结果可以更加平滑地体现出数据的变化。另外，如果将折线下方与 y 轴所形成的面积也涂上颜色，那么就形成了面积图。面积图适用于单位时间内数量的描述，这样形成的面积恰好就是总体时间内的总量。例如图 8-8 所示的例子中，可以绘制访客数和点击次数的面积图，表示在统计期间访客数和点击数的总量，如图 8-9 所示。

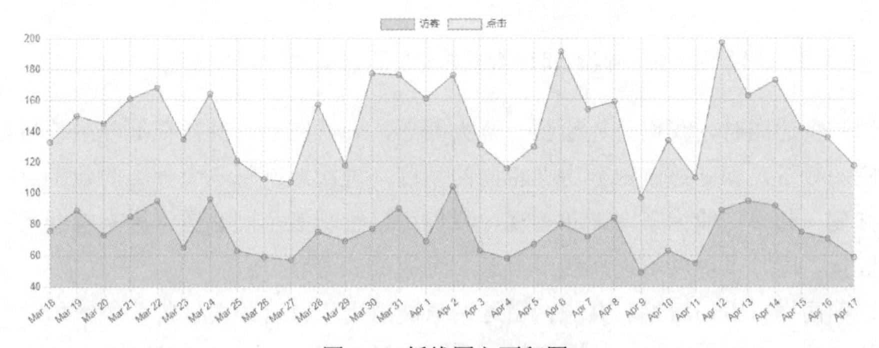

图 8-9　折线图之面积图

折线图的应用同样具有局限性，它不适用于数据量太大的情况。如果希望描述 5 年期间每天股票价格的变化情况，就会让线条非常密集，无法看到趋势变化。此时就需要适当选择数据颗粒度，如选择将每个月的数值平均后用一个点显示在图形上，或者修改可视化的时间，如只选择某个月作为横轴。

8.1.4 雷达图

在上一小节，相信你已经发现折线图在数据可视化中占有很大的优势，但它最大的局限在于数据在横轴上必须具有连续性，如果是分类变量，那么把不同类别的数字连接到一起其实并没有实际意义。

不过不用担心，智慧的数据可视化开发者早已为你解决了这个矛盾——创造了雷达图。雷达图的形状就如同雷达搜索界面一样，是将数据 0 点放在圆心处，不同类别数据占据圆的相同弧长位置，使用点与圆心距离表现数值大小，再将点连接起来的数据可视化方法。

雷达图实际上就是将折线图的横轴从直线转变成一个圆，用以表达不同类型数据的相对关系。雷达图经常被人提及的很大原因，是因为电子游戏和体育领域，经常使用这种方法来表达游戏角色或体育明星的特点。示例如图 8-10 所示。

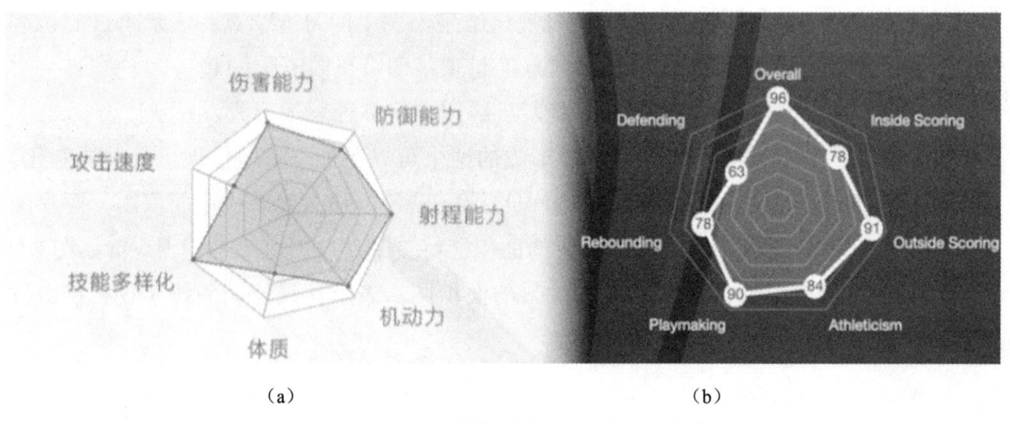

（a）　　（b）

图 8-10　某游戏职业特性雷达图和某球员能力雷达图

在绘制雷达图时，我们首先绘制一个大圆形，确认圆心；其次根据分组数量将圆弧分成对应的数量，保证每一部分占据相同的角度；再次绘制每一个分组的数字点；最后将点连接到一起。一般为了清晰和美观，我们可以绘制多个同心圆，用来辅助表示数据相应的数量。同时也可以不选择使用圆形，而是正多边形。

雷达图同样有着局限性。其一，雷达图只能适用于具有相关性的分类数据，例如某次考试的语文、数学、英语、物理成绩，但如果是一组人平均的年龄、身高、体重和收入，那么使用雷达图表现就没有太多意义。即使是相关数据，我们也应当保证数据的值在大致相同的范围内，否则会出现某一个数据点特别突出，而让其他数据的差别模糊不清。

其二，雷达图只适合分类数量不太多的情况，一般是 3~8 个类别。如果类别过多，就会导致每一类只能占据一个很小的角度，这会导致理解困难。图 8-11 就展示了两种设计不合理的雷达图。

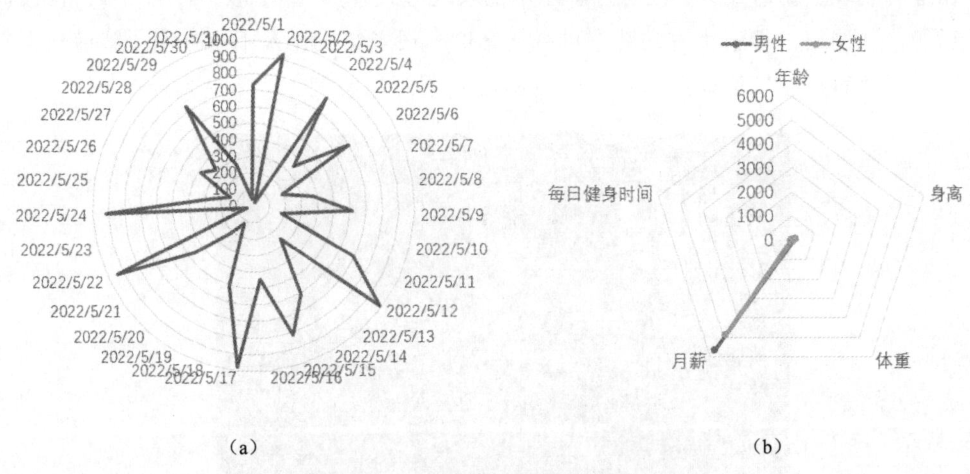

图 8-11　两种设计不合理的雷达图

图 8-11（a）因为太多的数据导致结果凌乱，而图 8-11（b）则因为月薪数值明显大于其他数字，导致结果无法被看清。

8.1.5　数据可视化的综合表现形式

如果想要总结数据可视化的所有形式，总计有上百种也不为过，每种可视化的形式都有自己的优缺点和适用范围。在真正的可视化实践中，我们更多会采用可视化“面板”的形式，将不同种类的数据使用不同的可视化方式展现在人们眼前。

这就要求数据分析师不仅理解每一种可视化形式的适用范围，还应当将它们组合到一起并保证美观和清晰。另外，我们也可以在同一份可视化结果上结合不同的表现形式，例如，使用柱状图表现绝对值，同时使用折线图表示变化率，这就不失为在保证简洁的前提下尽可能提高面板利用率的做法，如图 8-12 所示。

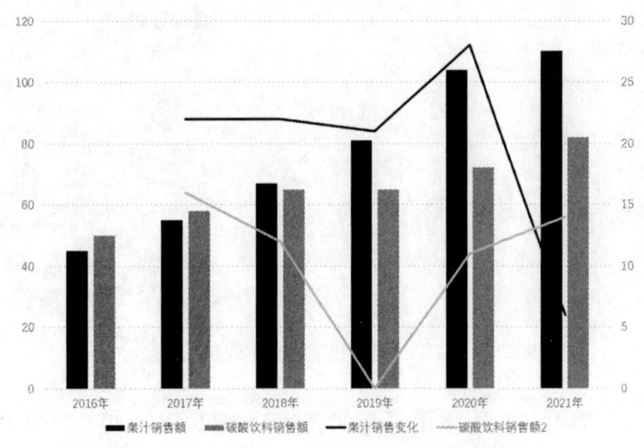

图 8-12　同时使用柱状图和折线图示例

在综合表现数据时，除了注意选择正确的表达方式外，“设计感”也是一个经常被提及的话题，在网络上搜索优秀的数据可视化案例，很多结果让人不由得用“眼前一亮”“大师风范”“科技感”等词汇形容，如图 8-13 所展示的案例。

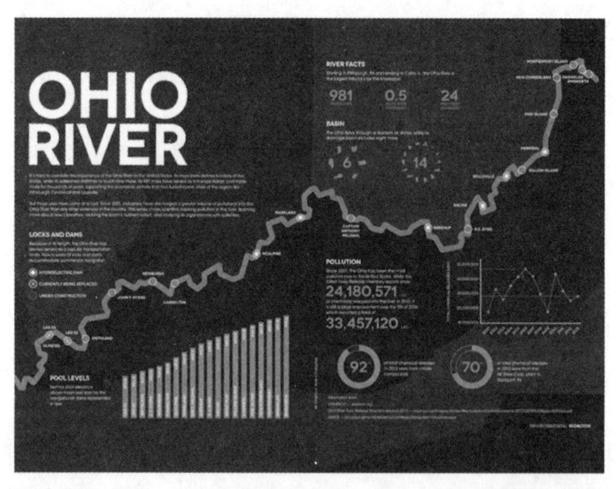

图 8-13　优秀的数据可视化案例

这些设计方案的共同特点是使用通用的配色方案以及高度统一的数据表现形式，让读者降低学习和理解成本，关注数据可视化本身。但如果仔细观察它们的内容，绝大多数都是我们熟悉的柱状图、雷达图、饼状图等，将它们做合理的排布就能创造出具有艺术性的可视化结果。

本节我们按照可视化形式的分类，着重选择了几种数据可视化的常用形式来论述它们的优缺点。下一节我们不妨换一个角度，从数据分类的角度来看看如何正确地开展数据可视化。

8.2 数据可视化的过程

关于数据可视化，相关的图书车载斗量，无论是数学家、统计学家、数据科学家、设计师，分析师似乎都可以从自身的角度对数据可视化进行论述，他们有的侧重于数据可视化的意义，有的侧重于可视化方案的设计。笔者在创作本章的时候也参考了大量相关的图书，发现很多前人的水平很高。

早在 1977 年，统计学家约翰・图基就出版了《探索性数据分析》一书，对数据可视化的重要性做出了论述。彼时的计算机还会占据一整个房间，而数据可视化使用的还是手绘的方法。在这本图书前言中，笔者发现图基写了一句非常重要的话：

It is important to understand what you CAN DO before you learn to measure how WELL you seem to have DONE it.（了解你能做什么比判断你已经做的事情更重要）

这句话其实正是数据可视化的重要思想。在工作中，很多分析师都会将可视化视作目标，将创造优美的可视化结果作为工作的终点，然后从终点去思考自己需要什么样的数据素材，然后汇总素材形成可视化结果。

这一节，我们就不妨了解一下数据可视化的过程，而这个过程的第一步一定是从理解数据开始。

8.2.1 充分理解数据的意义

笔者认为，如果说数据可视化的前提最重要的就是分析师已经充分理解了数据的意义，这包括三个方面：数据所表示的抽象世界、数据可视化所能带来的信息呈现、数据可视化的适当方法。如果更简略地说，可以理解为你有什么数据、你想了解什么信息、你有什么办法。

第一点，你有什么数据。这可并不是一个简单的问题。很多情况下，我们认为自己对掌握的数据非常了解，因为它们往往就是由我们自己或团队处理完成的。但事实上，数据是对客观世界的抽象，在抽象过程中很容易丢失部分精确性。

举一个在临床试验行业中常见的例子，患者参加临床试验，按照来访时间测量血液指标，但部分数据产生了缺失，为了避免缺失，使用 LOCF 方法进行缺失填补。那么哪些数据是原本存在，哪些数据是填补的呢？另外，相对于不同基准线定义方法，临床试验数据要求每一种基准线值都生成一条记录，这样相对于基准线的变化量也可能有很多值，那么在创建数据可视化结果时，哪种基准线变化量应该被选择，它们代表的意义是什么，这些问题需要对数据结构非常熟悉才能正确回答。

如果各位读者手头有正在进行的数据项目，不妨打开其中的数据集，问自己几个问题：这个数据集收集了什么数据，每个变量代表的意义是什么，哪些变量的值是意料之外的，这些数据是否是原本的数据，还是清洗过后的。只要将问题逐步深入，总能发现分析师也尚未完全掌握答案的问题。

作为数据分析师，我们需要明确知道数据的来源，它在描述什么，它里面的每个变量和值所代表的意义，然后把这些作为可视化的素材。

第二点，你想了解什么信息。这是数据可视化的目的，同时也经常被忽略。很多分析师在进行可视化时，拿到数据后习惯性地做几个柱状图、折线图，然后就认为数据分析已经完成，但实际上数据可视化仅仅是手段，呈现想要的信息才是目的。应当从数据分析的目的出发，反推所需要的可视化方案。

例如，对于我们熟悉的公司年销售额数据，如果希望分析的是公司本年度销售情况的变化，那么使用柱状图或者折线图显然可以更清晰地显示结果；但如果希望判断销售的淡季和旺季，那么使用饼状图展示不同月份销售额的比例可能更加直观，如图 8-14 所示。

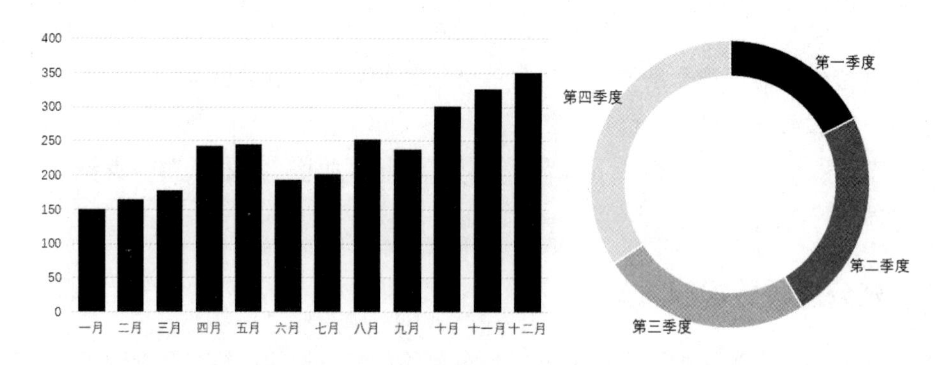

图 8-14　用柱状图和饼状图显示公司本年度销售情况

第三点，我们还应当明确自己所掌握的数据可视化方法。数据可视化本身是一套对数据的呈现方式，但在分析师眼中，它需要与数据分析技术高度绑定。在第 4 章中，我们探讨了诸如 Excel、Python、SAS、Tableau 等众多数据分析工具的特点，它们无一例外地都可以进行数据可视化分析，并且具有自己的特点。笔者的专业数据分析语言是 SAS，但在创作本书时，很多数据可视化结果都选择使用 Excel 来生成，正是因为 Excel 具有操作简单，可以直接创建并修改数据的特点。

每个数据分析师的技术一定会有局限性，不会有人精通所有数据分析工具，因此应当利用好工具中所提供的可视化方案，有些工具还配套提供了可视化模板或相关的库和包，此时就没有必要“重新发明轮子”，将自己的数据套用到已有的资源上将会大大节省数据可视化的时间。

你有什么、你想要什么和你能做什么，是笔者认为在数据可视化开始前就需要搞清楚的逻辑，这是了解数据意义非常重要的事情。在了解了数据的意义后，我们对于数据本身和可视化目标有了清晰的认识，结合已有的工具，就可以来探讨几种常见的可视化方案了。

8.2.2　时序数据的可视化

在分析师日常接触到的数据中，一类最常见的数据就是时序数据，它们是按照时间顺序出现的数据，通过分析这一类数据的过去，我们可以对未来进行预测。一个简单到不用数据可视化的例子就是如果一家公司的收入增长率在过去 10 年都维持在 10%左右，那么我们会有很大把握认为它明年的增长率将依然是 10%。

如果具体到企业经营的情况，我们可能需要分析企业每年增长的原因以及这些原因是否在未来仍然存在，所以利用时序数据分析其实抛弃了某些数据变化的影响因素，只考虑它在时间上的统一性。这就像休谟在《人性论》和《人类理解研究》中反驳因果论的道理一样，休谟认为，我们无从得知因果之间的关系，只能得知某些事物总是会联结在一起，而这些事物在过去的经验里又是从不曾分开过的。

但批判因果论可不是数据分析师的工作，相反数据分析师经常需要从杂乱无章的数据中找出相关性，然后把它们理解为因果关系。

关于时序数据，其实它还可以分为两类：循环时序数据与非循环时序数据。

循环时序数据是那种会回归到时间原点的数据，两个原点时间的时差我们称为周期。例如一天中的时间，一周中的每一天和一年中的每个月，实际都在周而复始，如果数据分析的目的是得出在一个循环中哪些时间含有更具特征的数据，那么选择合适的可视化方案就会非常重要。

对于循环时序数据，当然可以使用常见的柱状图或者折线图来展示它们，如图 8-15 所示。

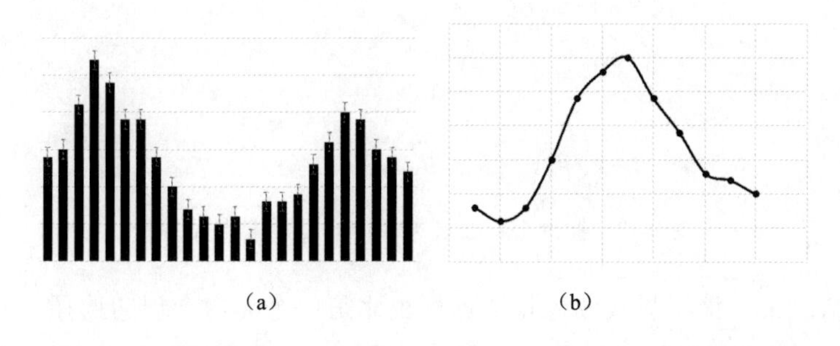

图 8-15　用柱状图表示交通事故平均每小时发生次数和用折线图表示某科研机构每个月发表论文数量

这样的可视化方案可以让结果展现出数据的高峰和低谷，图 8-15（a）就表示了深夜和晚高峰是两个交通事故发生率较高的时间；图 8-15（b）所示的结果表示该科研机构在一年的中间是成果集中产出的时间段。

针对循环时序数据，我们更希望让人可以看出循环的意义，因此可以使用径向图，它将时间循环绘制成一个同心圆，与雷达图相同，使用点距离圆心的距离表示数值大小，将图 8-15（a）所示的图绘制成径向图后的结果如图 8-16 所示。

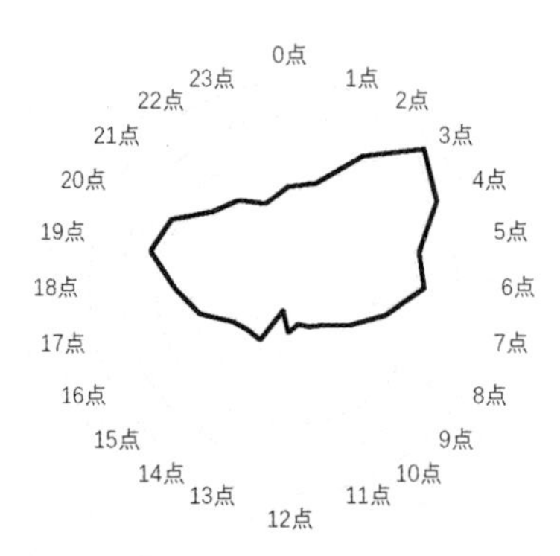

图 8-16　将图 8-15（a）绘制成径向图后的结果

另一种时序数据是非循环时序数据，它虽然也是基于时间分布的数据，但是数据本身并不具有循环性，而是在一条无限延长的时间轴上变化。

说到非循环时序数据，很多人都能想起股票的折线图，图 8-17 是微软公司在过去 5 年的股票走势。除了部分月份影响很大的行业，分析股票时我们一般不会考虑其在某个时间循环内的变化；相反，我们更习惯从股票沿着时间轴的总体变化情况来推断它未来的走势。

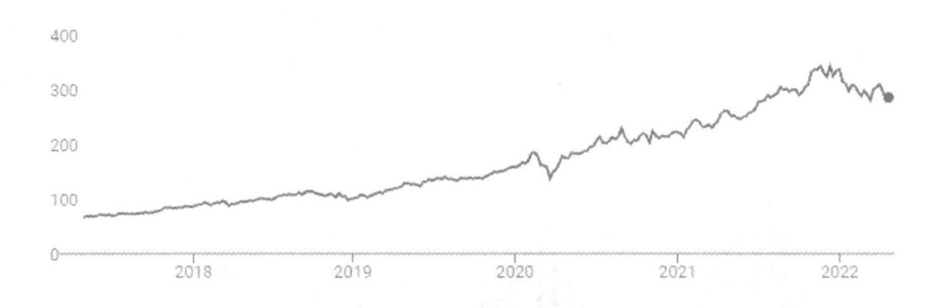

图 8-17　微软公司在过去 5 年的股票走势折线图

在这种情况下，使用折线图进行数据可视化是一个非常合理的选择。为了增加分析的可靠性，还可以使用回归分析的方法添加趋势线，或者使用 LOWESS 的方法让图形更加平滑。

LOWESS 方法是一种常用的局部加权散点图平滑方法，使用一定比例的局部数据创建拟合多项式的回归曲线，然后把每一个局部数据的拟合结果拼接到一起，就形成了整体的平滑曲线。通过调整平滑性和稳健性，还可以增加曲线的平滑程度。

8.2.3 地理数据的可视化

随着地理信息逐步加入数据之中，分析师可以越来越容易地对比不同地区的数据的关系，这也让地理数据成为单独一类非常重要的数据分析素材。

这里所提到的地理数据，并不是地理学上的测绘结果所形成的数据，而是基于地点的数据，例如不同城市人的外卖数据、不同国家人口出生率的数据等，因为国家、地区的发展差异、政策区别、居民习惯和文化习俗的不同，研究基于地理的数据可以帮我们快速对比不同地区所具有的区别。

为了让可视化结果更加具有直观性，我们一般使用地图的方式，让数据对应地显示在发生的位置上。在过去，绘制地图是一个非常麻烦的事情，它需要某个地区边界的数据点，然后使用这些数据点创建地图边缘然后增加细节，最后将数据手动填上去。但随着地理数据越来越被重视，很多数据分析工具都包含了地图功能，让分析师可以快速地创建地理数据可视化结果。

使用地图展现数据的好处在于地图信息本身是一个背景知识，通过地图本身的展现就可以让可视化观看者调动起自身已有的背景知识。因此选择地图的使用时一定要同时考虑阅读者所拥有的知识，例如世界地图对很多人而言是常识，但湖南省益阳市的地图可能除了本地人以外，见过的人就并不多了。

常见的地理数据可视化方法直接将数值写在对应地区上，用颜色深浅表示数据大小；使用气泡图，用气泡的尺寸表现数据的大小；或者针对连续变化的数据使用等高线图的方法展现数据，都是非常优秀的可视化方案，如图 8-18 所示。

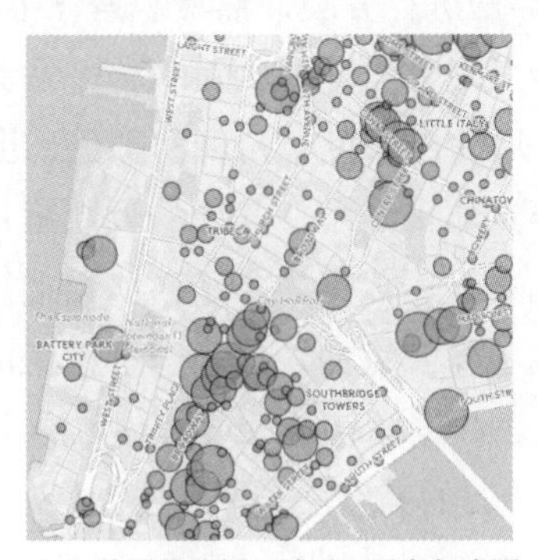

（a）美国曼哈顿下城区犯罪率气泡图

图 8-18 优秀可视化方案示例

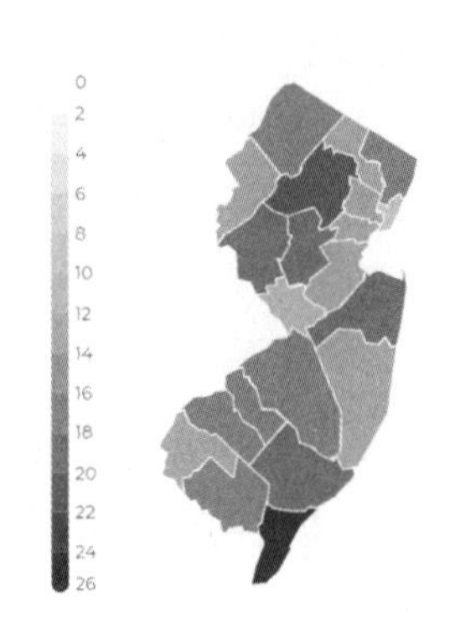

（b）美国新泽西疫苗注射比例图

图 8-18 优秀可视化方案示例（续）

地理数据的可视化实质上是两种数据的叠加，一个是地理信息，另一个是附着在地理信息上的数据。主流数据分析工具都提供了地理绘图的功能，像 Python 就有 GeoPandas、Folium 等包，下载后直接调用就可以生成，而 SAS 在其自带的 Mapsas 库中，提供了世界主要国家和地区的地图信息，这些都让地理数据的可视化大大化简。

8.2.4 分类数据的可视化

分类数据可以说是一种最常见的数据类型，也是数据可视化的重点，如果说时间数据可视化回答的是“过去是怎么样和未来将怎么样”，地理数据回答的是“不同地方有什么区别”，那么分类数据的可视化适用范围会更广，它回答的问题是“这两个或这几个分组有什么不同”。

可以说绝大部分数据都可以归类到分类数据上来，从“期末考试哪个班成绩更好”“不同学校的毕业生哪项能力更强”到“社会不同职业收入差异”“科研单位学科建设成就”，都可以是用某些标准对数据进行分类，然后观察在不同类别下的数据差异。

了解了这一点，我们就能发现分类数据的可视化方法其实也是最多的。如果总结起来，为了体现出区别，我们一般使用长度、角度和颜色三个维度来描述数据。

使用长度描述的方法你一定非常熟悉，其中的代表就是柱状图，它可以说是最简单的使用一个维度上的长度变化来描述数据的方法。如果把思路扩展，从用长度表现数据变成用面积表现数据，就形成了马赛克图，这是一种使用面积来表示不同分组情况的数据大小的方案，越大的面积代表数据的值越大或者该数据出现的次数越多，图 8-19 所示的就是经常被用来做数据分析练习的泰坦尼克号成员生存死亡信息在马赛克图下的呈现。

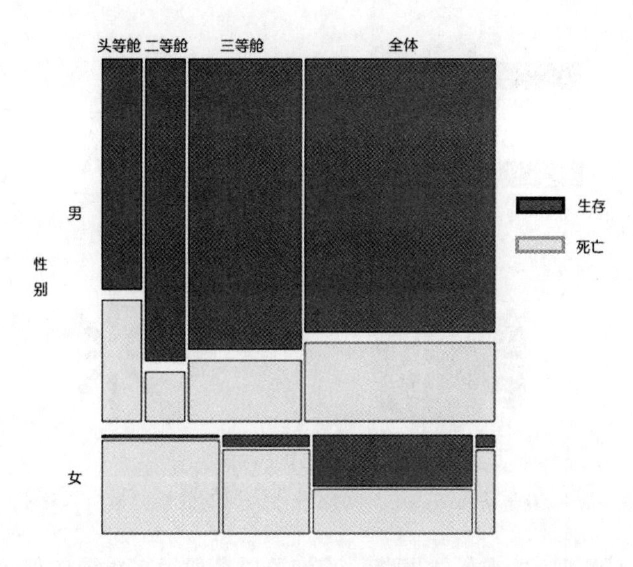

图 8-19　泰坦尼克号成员生存死亡信息在马赛克图下的呈现

在这里，笔者提一个题外话，如果你对当代艺术有一些了解，观察马赛克图会发现它的结构样子与几何形体派艺术家蒙德里安的作品颇有几分相似，都是将平面分割后使用色块对空间进行填充。一款数据可视化系统就被命名为蒙德里安（Mondrian），它可以创造包含链接的图表，方便阅读者随时点击进行更深入的数据查询。不得不说，艺术和科学总在不经意的地方产生交集。

使用角度代表数据的典型例子是饼状图，我们在之前的章节中也涉及过它的基本概念。在饼状图中，越大的圆心角占比就代表了越大的数字，并且所有数字占比和为 100%，因此对于平均数据，饼状图其实并不擅长。例如如果希望表示某个省下辖市的 GDP 的多少，饼状图就很合适，但如果可视化的对象是人均 GDP，由于每个市的人口数量的不同，饼状图并不是一个好的选择。

对于饼状图，之所以使用圆形，是因为完整的圆心角为 360° 这个特性不会改变，我们拓展一下思路，如果我们规定某个总量，其实也可以创造出不同种类的数据可视化结果。如图 8-20 所示，某网站的用户访问转化情况的数据分析可视化，可以使用多种方式完成。

从图 8-20 所示中，网站的管理者可以得出很多有用的信息，会发现 Windows 系统和 Chrome 浏览器使用的比例很高，那么应当着重对这二者进行优化，同时 IE 和火狐浏览器占比也并不低，因此在性能测试时也需要使用这两款浏览器；浏览广告和点击广告的用户数量相比完成注册的用户数量高很多，那么是否是注册流程过于烦琐导致很多用户放弃了呢？浏览时间在晚上达到高峰，那么服务器性能在晚上这段时间对于网站的稳定性至关重要；购买时间也集中在下午至晚上的时间段，那么配套的直播和打折活动也可以选择在这个时间段开启。

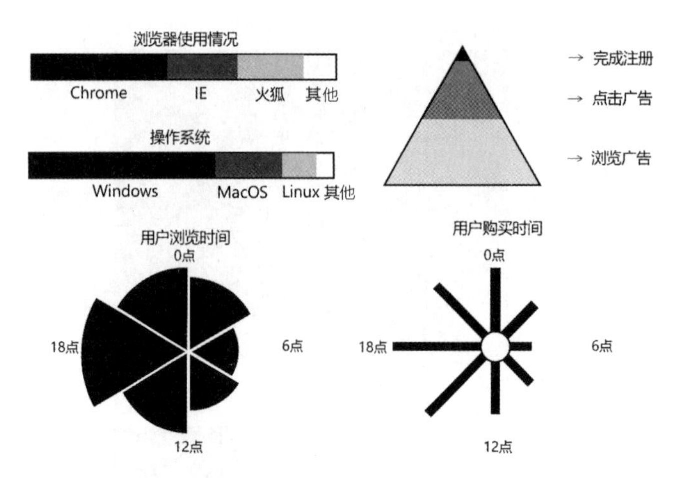

图 8-20　某网站的用户访问转化情况的数据分析可视化

通过对数据分类创建可视化的思路，我们可以获取很多重要的信息，这也就引出了一个重要的话题：从现实到虚拟的过程。

8.2.5　从现实到概念世界的过程

不知你在学习数据可视化的时候对数据分析的流程有什么样的思考？我们发现，整个数据分析的流程是一个从看得见到看不见，再到看得见的过程。现实世界是具体的，我们每个人都可以轻松地观察它，但一旦变成了数据，似乎就蒙上了一层面纱，再接下来的统计分析过程，则是专业人士施展专业能力的舞台，即使同为专业人士，想要理解一个统计模型也不是轻松的事情。但最后，当数据可视化呈现出来后，我们又觉得一切又是如此的简洁。

如果把数据变化的过程绘制成一张图，我们可以看到图 8-21 所示的流程图。

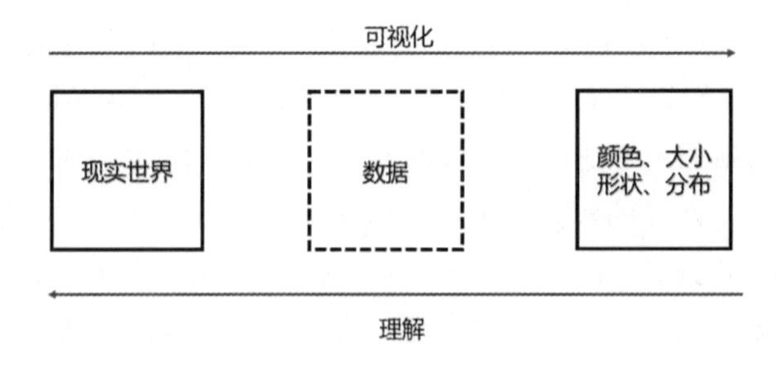

图 8-21　数据变化过程示意

现实世界被抽象成数据，然后数据再通过可视化结果，用能够理解的手段使我们看懂，在这张图的左侧和右侧，都是我们可以理解的，处在中间的数据却是难以被理解的。图片向右是可视化过程，向左是理解世界的过程。

这个认识过程颇有些哲学意味，两侧分别是真实世界和我们期待的结果，但为了建立起这种连接，我们需要一架不那么透明的桥梁——数据，还要花费很多额外的努力对它进行各种处理。

正因为我们认识的局限性，每个人都只能看到自身和附近的数据，就像一线城市的学生想象不到山区孩子的生活状态，发达国家的人无法理解欠发达地区民众的每日谷物消耗一样，很多人眼中的“现实世界”只能是自己身边环境的投影，但通过数据这个桥梁，用柱状图判断数字、饼状图判断比例，才可以搞清楚真正的现实世界。所以我们说，数据作为连接人的认识与现实世界的桥梁必不可少。

在下一节，我们将要更深入地探讨数据可视化中需要注意的平衡问题。

8.3　可视化中的平衡

本节我们来探讨数据可视化中的平衡问题，这又是一个经常被忽略的话题。

数据可视化的过程中充满了平衡与取舍，但当一份可视化结果呈现在我们眼前时，这些平衡与取舍并不会体现在可视化结果之中，一切看起来都是理所当然。正因为这种现实，我们才认为数据可视化的平衡是无关紧要的话题。然而从这个切入点出发，却可以让我们对可视化有一个更清晰的认识。

关于这个话题，笔者想到了一则历史故事，《鹖冠子•世贤》中记载道：庞暖劝谏卓襄王时引用了扁鹊的故事。扁鹊称自己的两位哥哥比自己的医术都高，大哥在患者病情刚发生时就消除了病因，二哥在病萌芽阶段就治好了疾病，患者并不知道自己疾病的严重，自然二人的名气就不大。而扁鹊只能在疾病已经发作的时候救人，所以名声很大。

这个故事自然是扁鹊的自谦，但很多事情也确实蕴含着这个道理，像数据可视化过程，我们最容易看见的是靓丽的图表、复杂的可视化形式、长长的代码，但这些其实是可视化的最后一步。优秀的方案设计、可视化内容的选择，这些才是数据可视化的内核，也就是最重要的部分，因为它们在可视化施行之前完成，所以被关注的程度就更少。

本节我们要探讨的就是被关注较少的平衡问题。

8.3.1　数据颗粒度与可视化清晰度

数据颗粒度是指数据的细致程度，颗粒度越细，就代表数据的精细程度越高，所涵盖的信息就越具体，最初这个词来源于胶片冲洗，后来被各个学科所采用，用于描述精细程度。

例如一个人的体重数据，可以是按月份来测量，也可以按星期来测量，还可以每天都测一次体重然后记录，这样形成数据的颗粒度就会有所不同。如果统计的市场周期是 1 年，把每次测量的结果当成一个颗粒，那么每天测量的这个颗粒的大小就一定比每个月测量的颗粒要小，也就是前者更加精细。

关于颗粒度，我们还可以有以下两个推论：

（1）原则上颗粒度是可以无限细分的，相比起每天都测量体重，我们还可以做到每小时、每分钟都测体重，更可以做到每秒钟测量乃至每个毫秒都测量，虽然这在当前的技术手段下不可能做到，但在理论上是可行的。

（2）数据颗粒度越细，数据收集、存储和传输的成本就越高，因此数据颗粒度总会出现在一个合理的范围内。试想一个人的体重数据，每小时测量结果存储起来会占据比每个月测量结果大 720 倍的存储空间。有些互联网公司的用户行为数据确实可以做到非常庞大，并精确到用户每一次操作行为，但这其实是由于计算机系统的高速特性决定的，人看起来过分精细的颗粒度在计算机角度看来仍然在合理范围之内。

数据的颗粒度虽然在数据生成的时候就已经确定，但因为其与可视化结果的冲突，我们在创作可视化结果的时候需要对数据进行二次筛选。

如果我们想统计销售员的销售成绩，最好的选择是展示一定时间内的成单量。但数据本身却是每次成单一条记录，如图 8-22 所示。

date	brand	amount
2016-12-01	Realme	2830
2016-12-22	One Plus	2759
2017-01-30	Realme	2474
2017-02-01	One Plus	2794
2017-02-02	One Plus	1663
2017-02-13	Samsung	1994
2017-02-15	Vivo	2835
2017-02-20	Realme	2667
2017-02-21	Meizu	2705
2017-02-22	Huawei	2401
2017-03-01	Realme	2319
2017-03-06	Samsung	1596
2017-03-07	Huawei	1671

图 8-22　一定时间内销售员的成单量

如果将它们直接绘制成可视化结果，例如我们选择柱状图，结果将会如图 8-23 所示。

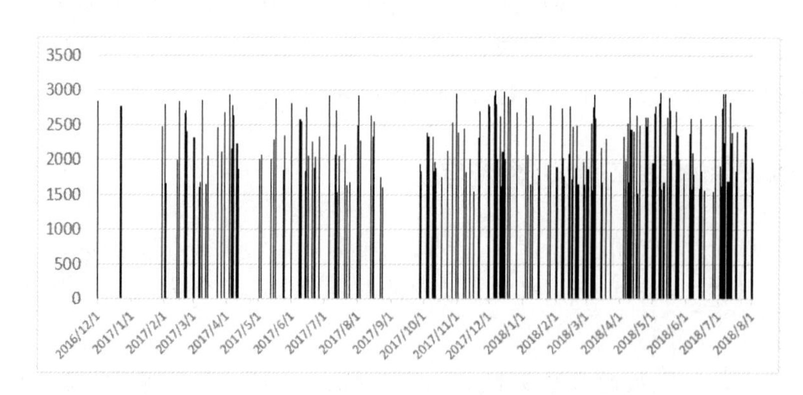

图 8-23　将图 8-22 所示的数据绘制成柱状图的结果

这样的可视化结果没有任何意义，因为它仅仅是把数据完整地体现在图形上，而数据本身的琐碎、复杂也被带到了图形上，或者我们说这份数据可视化结果与数据集本身是完全等价的，但这并不是可视化的目的。可视化的目的是带来通过直观观察数据无法洞察的结果。

在这个案例中，一种更优秀的表现方式是将一段时间内的数据加总，然后绘制有限数量的柱状图，进行以上操作后我们可以得到如图 8-24 所示的结果。

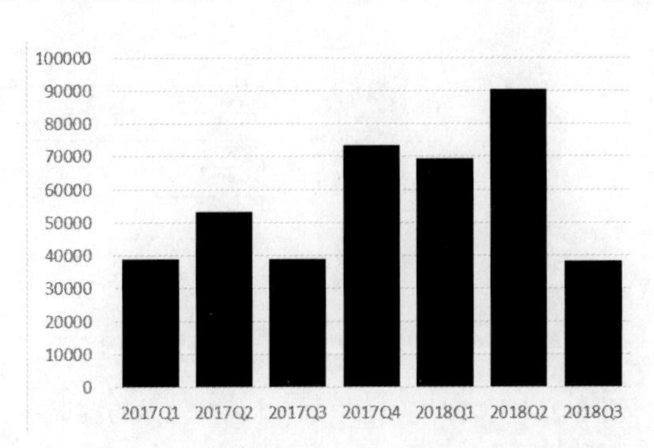

图 8-24　将图 8-22 所示的数据进行加总后以柱状图显示的结果

相比图 8-23 所示的结果，我们从图 8-24 中可以看到销售员销售业绩按季度分布的关系。通过将数据颗粒度降低，我们获取了更具有价值的数据可视化结果。需要注意的是，降低数据颗粒度实际上降低了数据的细节程度，换来了数据可视化结果的清晰性。

数据颗粒度和清晰度的矛盾主要体现在数据可视化结果的区间上。区间是指我们选择的某个数据范围，在这个范围内相同或相似的数据作为同一个类别处理，区间范围的选择经常需要根据数据的情况来变动，但区间的总数量往往是比较确定的。一般而言，数字应当选择 3~10 个，如果区间类别太多，就会导致可视化阅读者无法抓住重点，从而导致可视化结果无法产生足够的信息。

在上一个例子中，我们将数据按照季度归为区间，在每个区间内将销售额加总获得总体数据，区间总共有 7 个，符合上述所说的区间数量范围。如果我们选择按月或者按年进行可视化结果的呈现，区间数量会过多和过少，不利于结果清晰地呈现。

其实，颗粒度和清晰度的矛盾也体现了数据可视化的本质。在可视化之前的数据处理和统计分析阶段，分析师追求的往往是数据的完整性，缺失值、异常值填补和修正实际上是为了避免某些不完整数据的浪费，但在可视化阶段，很多时候分析师需要做的是减法，即通过降低颗粒度的方法提升可视化结果的清晰度。

8.3.2　信息量与简洁度

信息量与简洁度同样是一对矛盾。

信息量是指数据可视化结果所能提供的信息。关于信息量，我们在信息论一节中进行过介绍，然而数据可视化结果带来的信息量并不容易计算，因此我们在这里只进行一个感性的认识，而不做具体数字的计算。

数据可视化的信息量由可视化结果中每一个元素的信息量加总得到，例如对于一张柱状图，我们可以说每一个长方形所对应的长度就是它能带来的信息量，如图 8-25 中左边的柱状图，我们可以将其总结为右边表格中的数据。

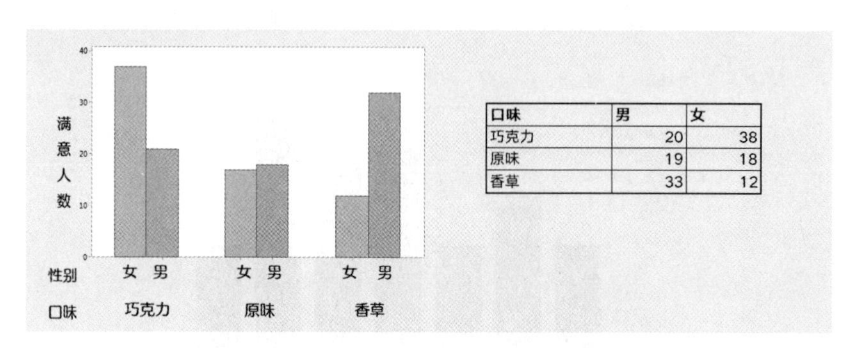

口味	男	女
巧克力	20	38
原味	19	18
香草	33	12

图 8-25　冰激凌店对男女口味偏好差异的调查

在这里我们发现，图 8-25 中左和右是完全等价的关系，二者之间并没有任何信息量的差异。但在更常见的数据分析可视化过程中，我们并不是需要呈现完整的数据，而是对信息量的选择有一个取舍。

例如，在上述案例中，调查结果仅对男女性别进行了分类，但每位参与调查人士的具体信息并没有展现，在可视化结果中也没有尝试展现其他分类的方法。

关于信息量与可视化结果的简洁度之间的平衡，其判断的核心是可视化的目的。如果这家冰激凌店打算针对男女偏好口味设计节日活动，比如在妇女节时，可对巧克力口味的冰激凌打折；在“光棍节”时，对香草冰激凌打折。以上分析结果足以作为作出决策的依据。但如果商家希望考察的是不同客户对冰激凌口味的偏好，为下一家店铺的选址做出指导，那么上述可视化结果就不够充足，还应当按照年龄、职业等更多因素对口味偏好进行展示。

提升可视化结果中的信息量同样会带来结果简洁度的下降，这一点很容易理解。为了展示数据的不同侧面，我们往往需要多个数据可视化的结果，或者在同一个结果中增加更多的元素，这无疑会导致可视化易读性的降低，更会让读者无法抓住重点。例如相比起图 8-25 所示的结果，图 8-26 所示的包含了更多的信息量，可视化内容也更多。

对于信息量和简洁度的平衡，一般我们从可视化的目的出发，保证可视化结果足够支撑结论得出的同时，应当尽可能地保证可视化结果的简洁度。与部分数据可视化理论推荐尽量将可视化结果做得复杂，涵盖尽可能多的方面不同，笔者推荐可视化一定要从目的出发，做到覆盖目的而不超越目的太多。

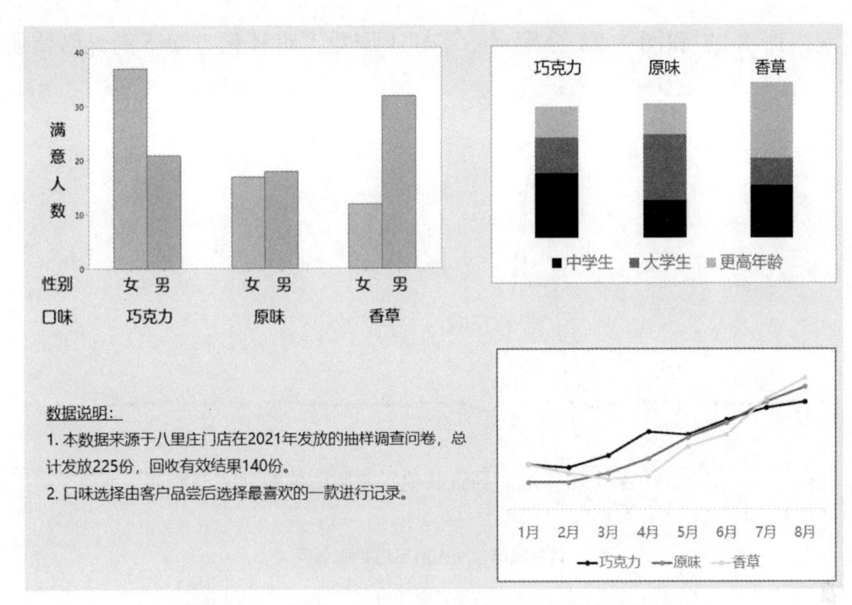

图 8-26　对图 8-25 所示的信息提升可视化的结果

8.3.3　异常值的处理

在数据前处理一章中，我们对于异常值进行过介绍，并且讲解了它们的处理方法。在理想的情况下，异常值不应该出现在数据中，而是在前处理过程中已经被修复。

然而在真正的工作中，我们总会遇到那些不够完美的数据，因为数据分析是一条产业链，当处于可视化这个环节的时候，我们很难再向前溯源，从异常值的来源处解决它，而是只能用包含异常值的数据进行可视化。

需要注意的是，如果数据存在缺失值，我们大可以将缺失的部分直接忽略掉，只展示那些非缺失的部分。在一般的编程语言中都有简单的筛选非缺失值的方法。但异常值虽然也是非正常的数据，但本质上仍然是一个数据点，如果不提前做好筛选，就会导致可视化结果与我们期待的样子大相径庭。

我们可以将异常值分为数值异常和逻辑异常两种情况，下面分别来讨论它们对可视化结果的影响。

数值异常是指异常值的数据点与其他数值相差过大，例如年龄 150 岁、身高 30 米、血清肌酐量 145mg/dL 等，这些都是严重超过正常值的数据。另外在实践中一个常见的案例是过大的异常值比较容易被发现，而过小的异常值却经常被忽略，例如，成年男性身高 30 厘米，或是血压检测结果为 25/40，这些数字因为并没有对描述统计的结果产生太大的影响，所以很容易被忽略。

如果在不考虑数值异常的情况下进行可视化，最常见的结果就是可视化的坐标范围被这些异常值扩大了很多倍，而其他正常的数据因为所占空间被压缩，无法直接观察出结果的区别，图 8-27 和图 8-28 分别展示了在不同数据可视化方案下的异常值所带来的问题。

70000
60000
50000
40000
30000
20000
10000
0
0
5
10
15
20
25

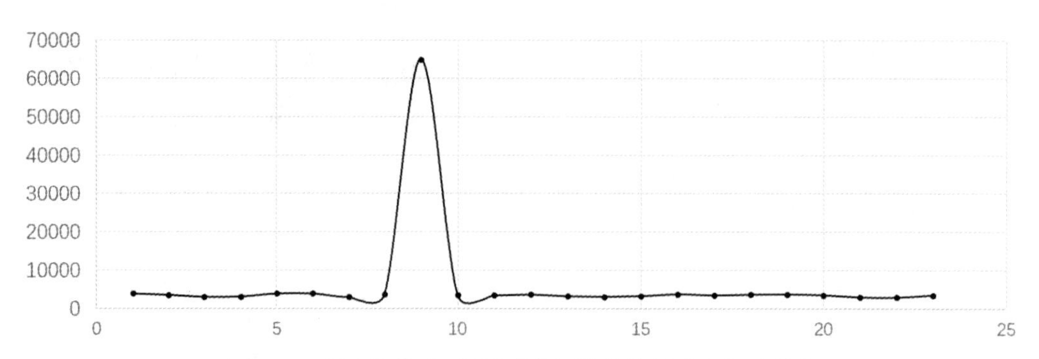

图 8-27　某个数值过高导致其他正常数值的波动率不明显

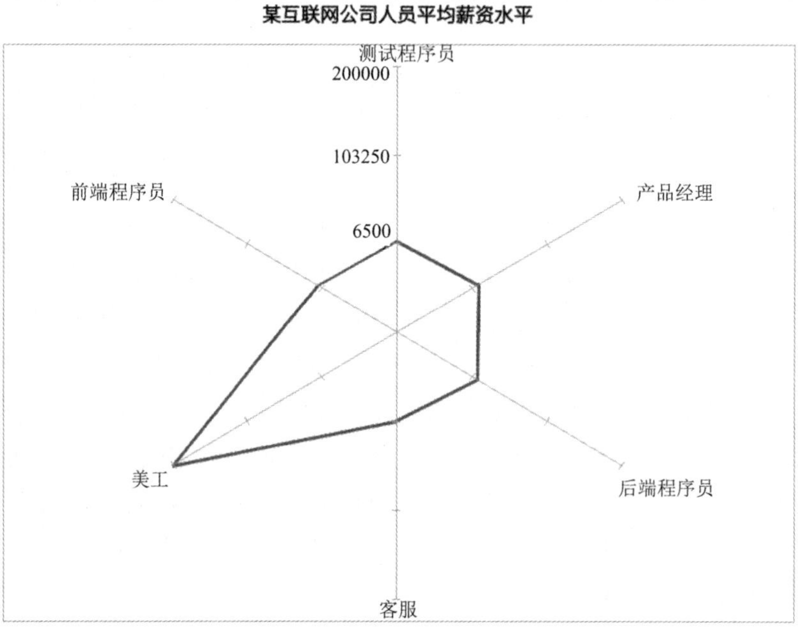

某互联网公司人员平均薪资水平
测试程序员
200000
103250
6500
前端程序员
产品经理
美工
后端程序员
客服

图 8-28　美工数据异常导致可视化结果产生问题

针对存在异常值的数据，分析师一般较难在最开始就直接发现问题，常见的解决方法都是当发现可视化结果存在问题后进行修改。对于数值异常，最常见的方法就是删除掉异常值的数据点，然后重新进行可视化。如果这样做会导致数据的连续型产生问题，就可以使用平均值填补的办法。

另一种常见的异常值则被称为逻辑异常，它并不是某些值过大或者过小，而是在逻辑上不可能成立。例如，在异常值一节中我们多次提到过的男性的生育状态，还有地理数据中的无人区域产生了人类记录、历史记录出现了未来的时间等，可以说逻辑异常的情况更为复杂，追踪起来也更困难，在一份庞大的数据集中，逻辑异常值几乎可以说是必定会出现的问题。

逻辑异常值所带来的可视化异常会导致增加多余的分组，而分组结果中只存在少量的异常结果，如图 8-29 所示的案例。

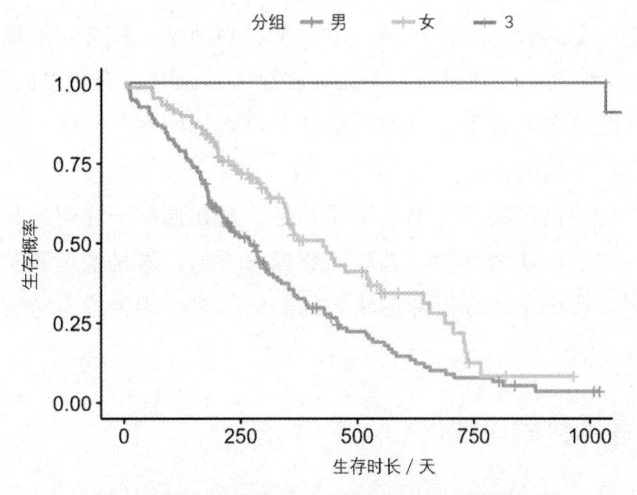

图 8-29　少数患者性别未被归类导致第三条生存折线的生成

以上例子只是逻辑异常的具体表现，即使数据中的逻辑异常被放入数据可视化中，我们也无法从这些结果里发现任何信息，因此对于逻辑异常，我们需要在可视化之前将它们去掉。与数值异常情况的不同在于，逻辑异常如果不去数据收集处寻找原因，很难确定它们应当如何修改和填补，因此在可视化这一步中笔者建议直接删除它们。

为了保证数据的真实性，分析师也应当在可视化结果中标注清楚删除异常值的标准和哪些异常值被删掉了。这些信息一般被放在脚注中。

异常值在可视化中的处理方法并没有一定之规，由于行业、数据特点和数据质量的不同，不同企业和行业也会根据现实情况选择不同的方案。笔者在这里强调的是异常值一般都需要处理，无论哪种方法，只要行之有效并且在误差允许范围内就可以使用。

本节我们探讨了几种数据可视化中的平衡。平衡一词本身带有了很多不确定性，也并非定量的分析。笔者在本节所举的几个例子虽然具有代表性，但不具有普遍性。通过本节的学习，笔者更希望将各位的思路从具体的编程技术中抽出来，分析师首先应当具有数据可视化的总体思路，然后再进行可视化的具体操作。

在下一节，我们还要探讨几个数据可视化中常见的误区。

8.4 避免数据可视化的误区

在本节中，我们需要探讨一下数据可视化过程中经常出现的误区。很多误区实际上在数据可视化现实工作中频繁出现而不被觉察，甚至有些分析师将误区当成了一种习惯，在不同的可视化结果中经常采用。

数据可视化是一个结合了数据科学、图形学、心理学、社会学等诸多学科的数据分析过程，因为可视化结果的受众是人，因此可视化的结果并没有绝对的正确和错误之分，笔者创作本节的目的更多的是为了提醒分析师在可视化的哪些步骤上需要耗费精力，设计一份别人更容易看懂的可视化结果。

很多数据可视化的误区其实并不是错误。错误是在拥有一种明知正确的方法下依旧采用一种不合理的方法，作为理性、客观的数据分析师，这种情况其实很少出现。本节所谈及的误区，更多情况下是分析师忽略掉的某些因素，因为没有考虑它们而导致可视化结果不尽如人意。

8.4.1 为读者进行数据可视化

如果说数据可视化中经常被忽略的对象，那就是我们总是忘记在为谁做数据可视化。

说起来这也并不能算是数据分析师的错误，很多数据分析项目复杂、长期，尤其是经过国际性的数据分析产业链的层层转包，负责项目的分析师可能都不知道自己做的数据可视化结果最终会呈现在什么人手中。例如，一家数据外包公司收到了某互联网公司的数据分析项目，而互联网公司要将分析结果提交给投资人，投资人则需要向自己的出资人证明公司项目的前景以期追加投资，而出资人还有可能需要跟自己的家人商量家里的钱是否可以用于投资。

这个长链条的两端，是数据分析师与出资人的家人，分析师根本没有机会考虑自己的数据可视化结果应当如何在出资人家人面前更清晰地展示数据。

但如果可视化的流程不那么长，或者可以轻松地找到可视化结果的阅读者，笔者推荐一定要站在阅读者的角度上思考可视化方案的设计。这里的数据呈现方式只是其中一部分，而更多的细节才是决定一份可视化报告是否可能获得更多人理解的因素。

除了可视化图形以外，一份可视化报告还有很多细节，如文字设计、版面设计、配色方案等，一般来说，对于这些内容数据分析师往往不会过多操心，要么按照公司惯例施行，要么有专人进行设计，但笔者在这一小节就希望提醒几个从读者出发的可视化细节。

首先就是文字设计。如果可视化结果是针对老年人，那么使用大字体、加粗虽然在年轻人看来不具备设计美感，但可以让老年人更清晰地看清楚可视化的结果。如图 8-32 所示，某社区计划举办老年人兴趣爱好培训班，统计了其他社区老年人喜欢的娱乐活动形式，在本社区进行展示。相比图 8-30（a）所示的结果，图 8-30（b）所示的结果将文字加大，并且缩小柱形之间的距离，显著降低了老年人的阅读难度。

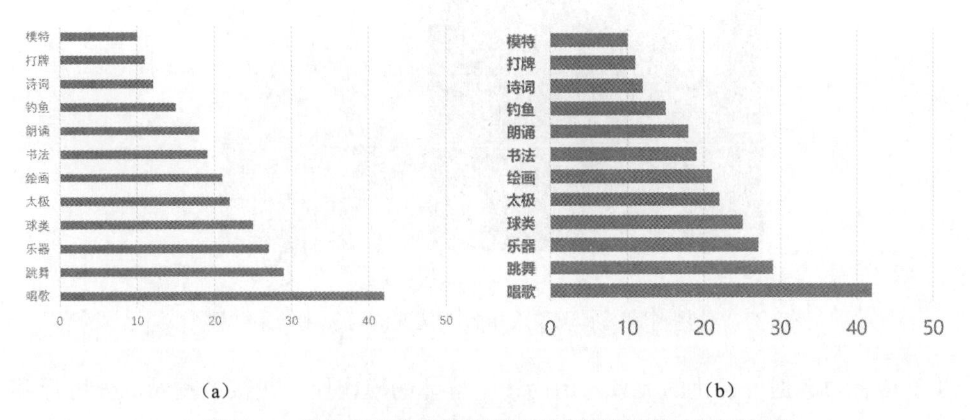

图 8-30　老年人喜欢的娱乐活动形式的两种统计展示方式

除了年龄这个因素外，职业、应用场景也经常是分析师需要考虑的因素。例如如果数据可视化的结果需要使用到正式的商业场合，那么选择的字体就一定要正式、庄重，并且允许商用，同时在可视化结果下方一般要标注数据来源和年份，以保证专业性；相反，如果是某些文艺场合，那么设计可以显得活泼一些，字体也可以选用不常见的艺术字体。

面向读者的数据可视化还包含版面设计和配色方案。如图 8-31 所示的就是同样使用树状图展现某人年收入情况的可视化结果，上方的结果更偏向于正式，而下方的结果则显得更加活泼、随性。

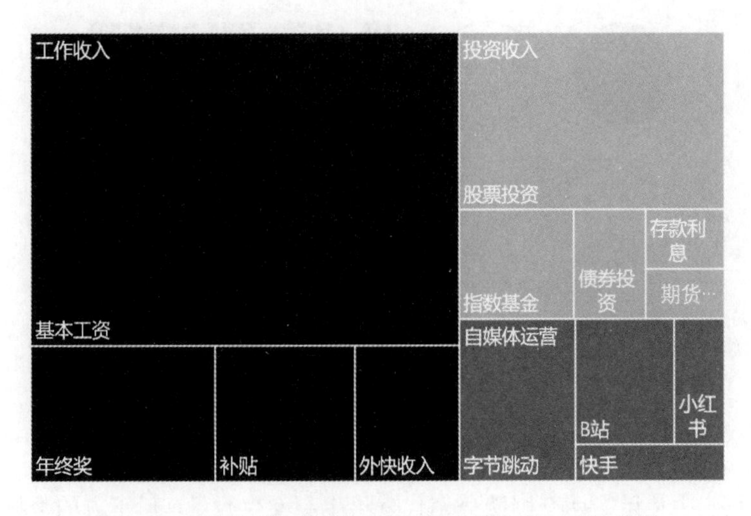

图 8-31　使用树状图展现某人年收入情况的可视化结果

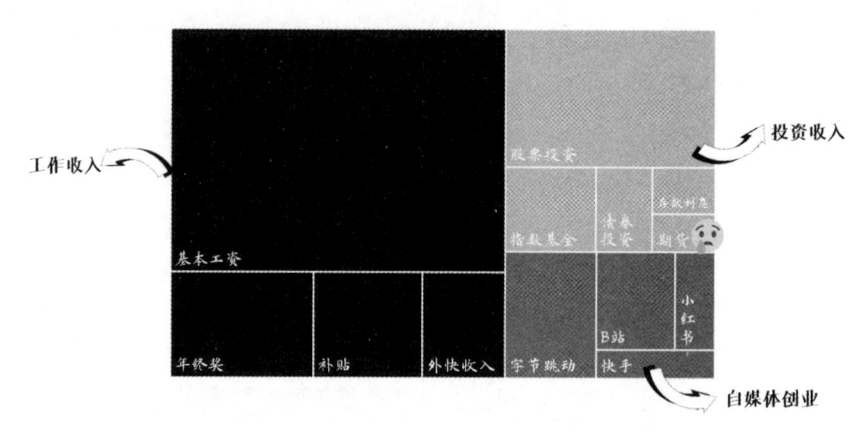

图 8-31　使用树状图展现某人年收入情况的可视化结果（续）

关于读者与数据可视化的关系，因为读者群体的模糊性，在很多时候，分析师并不能做一个准确的判断，那么根据大多数读者可能的心智模式设计可视化方案，在重要地方做到不出错，应当是每个分析师都要掌握的。

8.4.2　不要为了可视化而可视化

数据可视化的第二个误区就是为了可视化而可视化，或者说非要用图形的方式展现数据。

其实展现数据的方法并不一定非要使用图形，直接将数据表列出来，或者选择具有代表性的数据展示都是可以接受的方法。但有些分析师认为，图形表达是数据呈现的唯一方式，结果创造了很多令人啼笑皆非的可视化结果，我们用图 8-32 列举了几个例子。

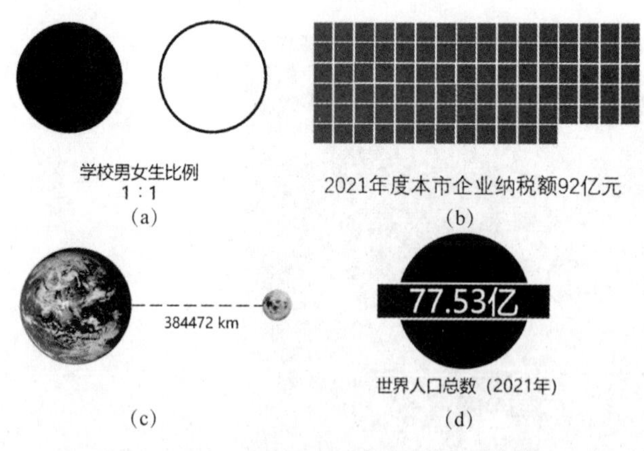

图 8-32　部分不合理的数据可视化方案示例

图 8-32（a）中使用了两个圆圈分别代表男生和女生数量，但下方的数据说明已经包含了所有信息，没有必要再使用图形的方式展示。如果希望表现学校男女生的数量平衡，

可以使用包含具体数量的其他方法，或者根本不需要进行数据可视化。

图 8-32（b）所示的企业纳税额信息并没有数据对比，只是用一个方框代表 1 亿元，但总计 92 亿元究竟是高还是低其实并没有直观对照的对象。换言之，这份数据可视化结果并没有提供文字描述以外的其他信息。

图 8-32（c）所示的地球与月亮的距离，使用直观的方式标注数据，看上去是一个不错的选择，但实际上，本图并没有体现出地球和月亮二者距离的关系，只是使用地球和月亮的图形代表地球和月亮的距离。在很多科普读物中看到的这种数据展示方法，要么是多个天体之间距离的对比，用以展现天体距离的千差万别；要么使用真实的比例模型，用以展现宇宙的浩瀚。以上的数据可视化结果在笔者眼中看起来就是画蛇添足。

图 8-32（d）所示的世界人口总数同样是缺乏对照，只是将数字与图形结合，看起来仿佛是做了数据可视化，但实际上这样的可视化没有意义。

从这几个例子就可以看出来，为了可视化而可视化其实非常常见，相信以上几个可视化形式很多读者在不同地方都看到过。另外，这种误区也很难被觉察到，面对读者的一扫而过，反而以为是读者认为可视化结果不需要，却没有考虑过可能是可视化本身出了问题。

我们之所以需要数据可视化，是因为很多时候由于数字的抽象性无法让人在第一时间建立起对真实世界的还原。但如果数据足够简单，简单到我们运用正常人的思考能力可以快速做出反应，那么可视化就不一定是必需的；相反，仅仅提供数字，让读者自行理解也不失为一种好的选择。

8.4.3　理解成本过高的可视化设计

在可视化方案的选择上，另一个常见的误区则是分析师为了“炫耀”自己的水平，使用复杂的可视化设计方案，仿佛可视化图形越复杂，越与众不同，就越能带来读者对可视化结果的深刻理解。

但很多时候事与愿违。数据可视化其实是利用了我们思维底层的认知模式，像第一节中提到的“面积越大，代表数量越大”“向上表示增加，向下表示减少”实际上就都是人的认知模式。但复杂的可视化方案经常为了展现更多的信息，从而无法完整地遵守这些模式。这也是理解成本较高的可视化设计的泛用性不会太高的原因。

不同人的认知模式也是有区别的。如果一个人本身就是数据分析师，或者经常与可视化结果打交道的人，那么它就可能建立更深刻的图形与数据的联系，并反映到之前章节的可视化和理解图（图 8-21）上，就使每一阶段的联系性更强。

如果可视化的对象是有一定数据认知力的人群，那么使用复杂的可视化结果，容纳更多的信息是一种很好的方法；反之，如果可视化读者的数据认识水平有一定的局限，那么用柱状图表示数量、用折线图表示趋势变化、用饼状图表示比例是更好的选择，而不要追求那些复杂的可视化方案，如雷达图、旭日图、箱型图等可视化方式需要一定的理解能力才能看懂。

另外，数据可视化结果的阅读者往往不是个人而是一群人，人群中难免存在差异，为了保证让更多的人理解，笔者建议尽可能选择相对简单的可视化方案。

图 8-33 所示为不同运动的球员的价值，不同的颜色表示不同的球类（本书为黑白印刷，图片仅供参考），横轴表示运动诞生年份，纵轴表示冠军杯赛数量，使用圆圈大小代表球员价值，因为使用了颜色、坐标轴、气泡大小三重信息，所以展现的数据非常丰富。

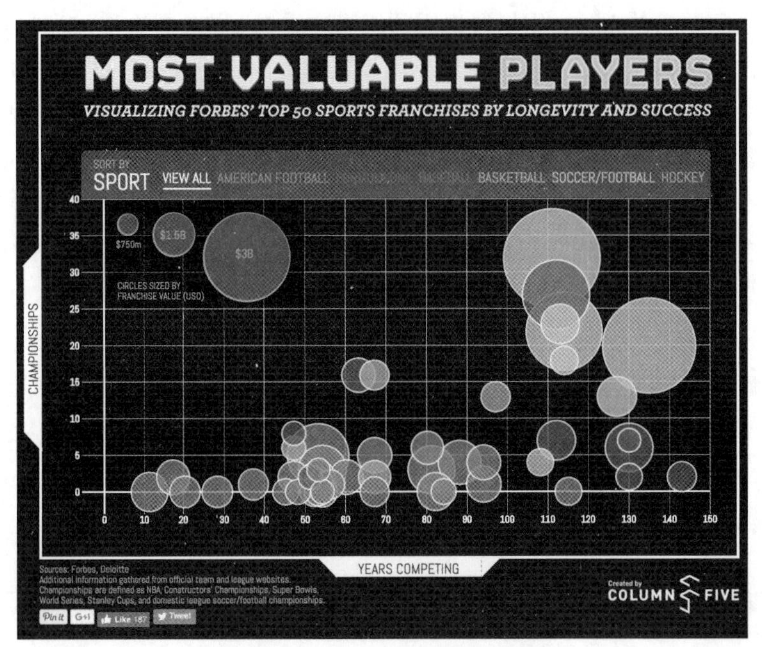

图 8-33　不同运动的球员的价值

但丰富的信息却使想要理解这份可视化结果的成本增高，一般读者也更难从这份结果中获得洞察。如果报告的对象是体育投资项目的管理者，这份可视化成果显然是优秀的，但如果面向的对象是一般读者，不妨选择使用更简单的多个可视化方案，而不是将它们放在一起。

8.4.4　可视化说明必不可少

最后，我们需要探讨一下数据可视化中非图形的部分——文字说明，这同样是可视化结果的重要组成部分。数据可视化的目的是使用图形代表数据，但数据到图形的过程并不会是完全没有阻碍的，因此添加必要的文字说明很重要。

有一种观点认为，数据可视化是数字与图形结合的艺术，优秀的可视化结果应当只包含足够清晰的图形，让读者不用借助任何说明就能理解可视化的结果。但笔者认为，数据可视化作为数据产业链中的一环，并不是纯粹的艺术追求，如果能有一种方法快速让读者理解可视化的内容，那么它必然会被行业广泛采用，可视化文字说明就是这样的一种功能。

文字说明最重要的一个案例就是标题和脚注。标题出现在可视化结果上方，用概括性的文字展现可视化分析的内容，一般占据一行，如果内容过多，可以有副标题，但总共不应该超过 3 行，否则会让读者无法抓住重点。脚注出现在可视化结果下方或侧面，展现更多数据的细节，包括数据来源、年份、数据筛选方式等，相比起标题，脚注要求包含更多细节，因此长度也可能更长。

图 8-34 所示的是某临床试验项目生存折线，标题说明了该表的分析类型、图表意义和所用人口，“说明”详细定义了其中的概念。文字说明结合图形展开，我们才可以将其理解为一份完整的数据可视化内容。如果只有生存折线而没有说明，我们就无法理解数据的来源和可视化呈现的意义。

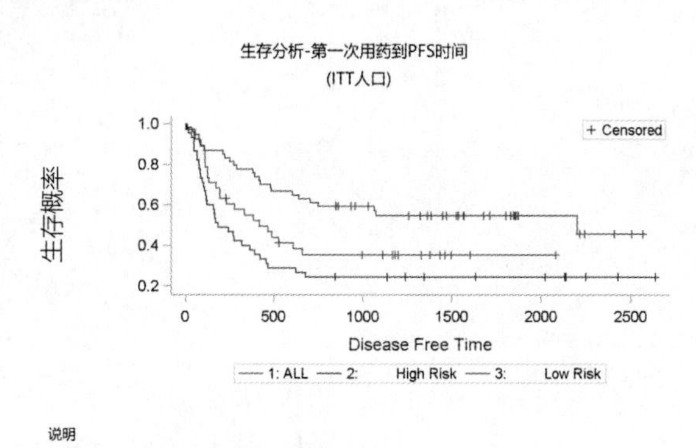

图 8-34　某临床试验项目生存折线

除了标题和脚注，另一个重要的说明文字就是图例。图例是数据可视化中用于描述分组情况的说明，一般的数据可视化需要对比不同分组下的数值或变化情况，使用某种形状或颜色代表某一组数据，使用图例可以建立起数据分组与可视化结果的关系。

除此之外，有时在可视化结果处直接加上说明文字也不失为一种好的办法，或者在可视化结果附近添加上原有的数据和描述统计结果，这些都是可视化过程中允许的使用非图形描述数字的方式。

至此，关于数据可视化，相信你能够发现，我们并没有纠结于各种具体的数据可视化编程技术，探讨如何用不同语言实现柱状图、折线图并添加趋势线等话题，这是因为作为数据分析背景知识的图书，让读者建立整体性的概念比掌握具体的技术更重要。换言之，知道做什么比知道怎么做更重要。

在本章结尾我们仍需强调，虽然本章对数据可视化总体概念进行了一定程度的诠释，但如果想在可视化上有所成就，仍然需要翻开基本编程语言的图书，认真钻研其中的语法和知识，才能成为不仅有理论，还有行动能力的数据分析师。

从数据前处理、统计分析，到自动化、数据可视化，我们按照数据分析的产业流程将这些话题进行了梳理。从下一章开始，我们的视野将要变得宏观，来看一看数据和数据分析产业对其他行业的影响。

第9章　了解数据分析的行业场景

在前面的几章中，我们把视野聚焦到了数据分析的具体技术上，包括数据前处理、数据统计、数据标准化和数据可视化，相信你已经对这些具体的能力有了一个认知。从本章开始，我们不妨再次将视野拉开，从这些具体的技术上抽离出来，从行业—个人—思维的三个角度重新审视数据分析行业。

这一章，我们将要讨论数据行业对其他行业的影响。行业之间的影响在历史上广泛存在，19世纪末的美国铁路行业深刻影响了零售行业的发展，因为铁路和货柜车的出现让地方性物产有了销往全美国的可能性；又如现代化学对医学的影响，分子生物学、细胞生物学的发明带领医药学在20世纪60年代进入了第一次革命。

数据对各行业的作用同样重要，这也是我们本章的重点。本章我们将从四个剖面，医药行业、金融行业、制造业和零售业，分别看一看它们是怎样被数据改造的。

9.1　影响各行各业的数据

在观察各个行业具体被数据怎样影响之前，我们先来看看一个新概念：数据思维。

数据思维就是使用数据来提出问题和解决问题的能力。或者说是面对一堆业务问题后，能不能通过数据的方法做分析，从而给出建议来解决业务问题。与数据思维相对的是感性思维，通过在行业中深刻的洞察，感受别人未曾感受到的变化从而指导自己的决策。

我们在这里要承认，感性思维具有不可替代的重要性，时至今日，有很多问题无法被数据思维所解决。我们尝试建立各种模型，解释人类亲密关系、企业发展机会、个人成长路径等，但这些模型无一不是对现实问题极端化简，然后得出一个相对准确的结论。可以说在这些领域，数据思维暂时无法发挥作用，未来的人工智能可能有一战之力。

然而我们面对更多的问题并没有这么复杂，数据思维可以仅作用于一个较小的方面，优化效率、减少浪费、提升质量，这样的数据思维才是真正有用的思考方式。在本节开始，我们需要先来说说数据的“坏话”。

9.1.1　数据是一切问题的解决方案吗

当前数据行业发展速度远超我们的想象，数据正在与很多传统和新型的行业深度融合。在改造其他行业的过程中，数据似乎正在成为某些行业不可或缺的存在，我们越来越多地看到“数据驱动”　“数字赋能”等词汇出现在传统行业相关的报道中，似乎数据已经成为主导，我们必须完全依赖数据分析结果才能做出正确的经营决策。我们不由得心生一个问题：数据真的是一切问题的解决方案吗？

在学术界，如果一门学科的研究者经常用自身的学科体系解释其他行业的现象，并且认为自己的学科对其他学科具有无可辩驳的解释力，必然会引起其他学科专业人士的不满。一个常被提起的案例就是经济学。从经济学理论诞生以来，它就在尝试对现实世界的人类活动做出解释，对于其他学科，如政治学、金融学、犯罪学、管理学、宗教学等都有一定的解释能力，因此就诞生了一大批经济学家跳到别的行业中提出理论，其中的代表是 1992 年的诺贝尔经济学奖获得者加里•贝克尔和罗伯特•巴罗。这种现象导致了其他学科的专业研究者自然对这种外行插足进来对内行指指点点的行为非常不满。

从以上的故事中笔者得到启发，其实很多研究普遍规律的学科从业者都容易产生这种思维误区，数据行业也不例外。它总是希望用所谓的数据思维对其他行业进行改造和指导。笔者并不支持这种想法，原因在于数据是行为作用的副产品，而并不是行为本身。

举例来说，当前餐饮行业大量应用了数据技术，而数据行业的从业者也乐于在其中指点江山。我们一般认为，客人分时流量、客单价、菜品毛利率、在线平台好评率等数据对于餐馆的发展具有重要的影响。但正如笔者所说，这些数据是结果而不是行为本身，例如客单价是客人点菜的消费的平均结果，在线平台好评率是服务质量的结果。

以服务态度举例，我们确实可以使用数据来判断哪个服务员的客人反馈最好，但请注意，这是在服务员与客人发生一定数量的交互之后。也就是说，数据的产生是晚于服务发生的场景本身的。这也是笔者一直希望说明的，数据是某些行为之后的产物，它可以反馈这个行为执行的结果，而并不能指导这个行为的过程。

例如我们发现某个服务员广受好评，进而研究发现是因为他的笑容迷人，因此我们决定让餐厅所有的服务员都对客人笑脸相迎。虽然看上去数据指导了我们的行为，但实际上判断笑容迷人导致受好评的结论其实是依靠固有经验和知识做出的。

说到这里，笔者认为，这个概念已经基本讲清楚：数据可以为各行各业做出反馈，但这个反馈性所提供的并不是对本次行为的更正，真正做出更正决策的仍然是具有逻辑思维能力的人。因此数据可解决一切问题是一种错误的思考方式，应当被摒弃。数据应当做好自己的辅助决策角色。

9.1.2 从电子商务看数据的应用

既然数据是已经发生结果的反馈，那么我们就需要找到一个场景，它是可重复的，只有这种情况数据才可能发挥作用。在日常生活和商业活动中，存在着大量相同和相似的场景，这时某个场景的数据得出的结论就可以迁移到其他场景之中。

互联网行业在数据收集上天然具有优势，而电子商务企业又是与客户和商品关系最近的平台，因此它们对数据的使用形成了一个很好的样本库。

可能超出很多人的想象，世界上第一家电子商务网站是 1982 年成立的波士顿电脑公司，业务是在网络上售卖二手计算机和配件。彼时别说互联网，计算机在美国都并不常见，但波士顿电脑公司还是开发了一套在线上传商品、在线下单的系统，这套交易流程与当前的电子商务本质上几乎一样。更让人大跌眼镜的是，他们在 1983 年开设了一个波士顿电脑指数，显示常见电脑型号交易的最高价、最低价和每日收盘价，用来指导客户对自己的产品进行定价。

可以看出，在诞生伊始，数据与电子商务就有着非常紧密的联系，每一次交易结果形成的数据被收集和显示，用来指导后续交易者的交易行为。

随着数据收集的广度越来越大、数据融合的成本越来越低，以及新的数据分析技术的诞生，现在的电子商务打造了越来越多的创新商业模式。

全球最大的 B2C 平台亚马逊，就开发出了自动补货服务，它们被称为 Amazon Dash Replenishment。这项服务可以自动计算客户常用的耗材，如打印机墨盒、洗衣液、咖啡等，它们的特点都是消耗量固定且需要弥补。系统根据客户的历史购买记录，估算客户消耗的速度，然后在即将用尽时发出提醒。

更厉害地，亚马逊还可以对某些产品自动发货，让人无须手动确认就能补充缺少的耗材。不过这一招着实让部分用户心惊胆战，仿佛家里住进了一个随时窥探自己的陌生人，每当物品用完，一开门，就发现快递在脚下。

如果说亚马逊的数据应用太超前，那么淘宝网的千人千店就是一个更能被接受的数据应用。

淘宝网在明显的位置只推荐用户可能喜欢的产品，这些产品可以大致分为三类：用户曾经购买的产品、具有相似画像用户购买过的产品和购买过相同产品的用户购买过的产品。注意，第二和第三项的主要区别在于对比对象。

具有相似画像用户购买过的产品对比的是用户，用户的每个标签会生成一个多维矢量箭头，在空间中计算这个箭头与其他用户的标签形成的矢量箭头的角度。角度越小，表示二者越接近，因此筛选出一批相似的用户，将他们购买的物品推荐给这位用户。

另一种推荐方式是推荐购买过相同产品的用户所购买的物品，这里对比的是产品。如果一名用户购买了多种产品，那么这些产品可能具有相关性，把具有相关性的产品推荐给其他用户，可以更好地提升成交率。

这样所形成的结果就是淘宝网对不同访问者展现出的页面，以及单个店铺展现出的内容也是不同的。

说到这里，你肯定会想到一个问题，为什么互联网行业最先收集与应用数据。很多我们常见的行业已经有了上百年的历史，为什么不是他们率先开发出了数据应用的新打法呢？

笔者认为，其中的一个重要原因就是数据成本与数据收益。

9.1.3 数据成本与数据收益

数据成本是指获得数据所需要的时间、金钱成本，数据收益是指通过数据分析所能带来的利益。很多时候我们都知道数据分析很好，但却忽略了数据收集的成本问题。

因为互联网行业的带动，我们很容易将互联网的思维模式带到其他行业之中。从成本角度来说，互联网具有典型的低边际成本。比如一家公司开发了一个应用，主要成本是开发人员的薪资，但产品一旦开发完成，新增加一个用户的成本几乎为 0，因此互联网行业无一例外地选择了快速扩张的打法。

边际成本是思考数据成本的一个重要维度。例如我们希望计算一家餐馆的分时人流量，如果没有当前先进的工具，我们可以雇一个员工盯着监控，数进门的客人数。如果人数太多，可能还需要更多的员工数量，也就是随着客人数量（收入）的增多，这部分成本也随之增高。

但现在有了智能化的设备，只需要在门上安装一个计数器或者智能摄像头，就可以准确地计算出人流量。更重要的是，无论是 1 个客人还是 100 个客人，这部分的成本都不会增长，这种效应被称为边际成本递减。

正因为边际成本的存在，我们就需要考查收集数据的成本和收益。例如，如果安装一个监控系统检验机床损坏的成本大于让质检工人定期去检测的成本，并且两者效果相同，或者商场开发电子系统记录客户信息带来的销售额提升比不过开发系统的成本，那么它们一定会选择不进行这样的改造。

在我们考察其他行业的时候，很容易发现没有数据化或者数据化不足的地方。除了简单地提出一个为什么不收集数据的问题外，请尝试更深入地思考，看看是否是因为数据成本在其中发挥着重要作用。

从下一节开始，我们将剖析几个常见且古老的行业，看看数据科学的应用都让它们产生了怎样的变化。

9.2 医药行业——古老的行业插上现代的翅膀

在数据行业对各行各业进行改造的过程中，我们可以看到一个明显的趋势，就是距离数据越近的行业越容易被改造，距离数据越远的行业需要花更多的时间迎接数据带来的变革。因此你可以看到，互联网行业从诞生以来就与数据紧密相伴，无数数据应用的场景和技术也是互联网行业先发明，然后用于改造其他行业。

相比之下，医药行业虽然没有互联网行业与数据距离那么近，但仍然掌握了大量的一手数据，从患者就诊的情况到药物研发的过程，从药物市场的探索到全球化医药体系的形成，数据的流向决定了这个古老的行业正在快速被数据所改变。

本节我们就来探讨医药行业在数据的影响下究竟产生了什么样的变革，以及数据分析师在这场变革中存在什么样的机会。

9.2.1　电子化医疗数据

如果说医药行业数据化的改变，各位读者在就诊的时候可能体会得最为深刻。

笔者小的时候是医院的常客，北京儿童医院、复兴医院、北大医院都有笔者的“足迹”。在小时候就诊的时候，医生会把诊断结论、药物治疗意见写在一个病历本上。因为笔者小时候生病较多，经常一本写满了还要换一本新的。另外，每个医院都有自己的病历本，相互不能通用。每到一家医院就诊就需要一本新的病历。

然而如果你现在去就诊就会发现，医生除了诊断以外，更多的时间是对着计算机输入和查找信息。实际上，这是医生通过电子化医疗数据系统，为患者记录疾病信息和开药。

如果仅仅觉得医疗数据从手写转换成了计算机输入，那就忽略了数字化的重要性。

数字化带来了横向和纵向的两个维度的改变。

纵向的改变主要体现在时间上。一名患者有着自己的既往病史、曾用药等数据，这些数据其实影响着医生对患者的诊断和治疗方案。试想，如果有一种药可以治疗患者的疾病，效果显著但是副作用明显，医生为了确认患者的安全，就需要手动翻阅既往病例，判断患者是否可能无法服用这款药，这个过程既烦琐，而且也不能保证绝对准确。现在有了数据化的病理报告，医生可以第一时间获取患者的历史就诊信息，系统在医生开药之后自动提醒可能的风险，做到了历史数据都有据可查，并且发挥作用。

横向的作用则对整个医学研究和诊断都起到了巨大的作用。我们知道，医学是一个实践学科，不管理论上多么有效的药物和治疗方法都必须经过人体的检验，确认有效性和安全性之后，才可以被更大规模的医生采用。数据可以横向对比的情况更加速了这一过程。

医学数据的特点是分散、个性化和不易采集，数据输入计算机后，临床学家就可以根据这些数据，分析某些疾病的发病率、易发病人群等信息，也可以从中归纳出行之有效的治疗方法。请注意，有些疾病在单个医生、单个医院出现的数量可能很多，但这个数量绝不足以支持医学研究，只有将大量数据联通之后进行总体横向对比，才可能诞生出这种具有统计学意义的结果。

因此我们可以总结，数据化带来的医疗诊断变革是对患者自身和整个医学研究都有益的事情。

使用信息化的方式记录患者数据的系统被称为电子病历（Electronic Medical Record，EMR），它是用来代替传统手写病历，而基于计算机对患者信息的记录。它的好处在前文已经介绍过。需要注意的是，这是一套标准化的数据管理系统，虽然很多公司都开发了符合这套标准的操作界面，但医学的严谨性要求他们在数据结构、数据描述上保持一致。图 9-1 所示为电子病历集成整合系统流程图。

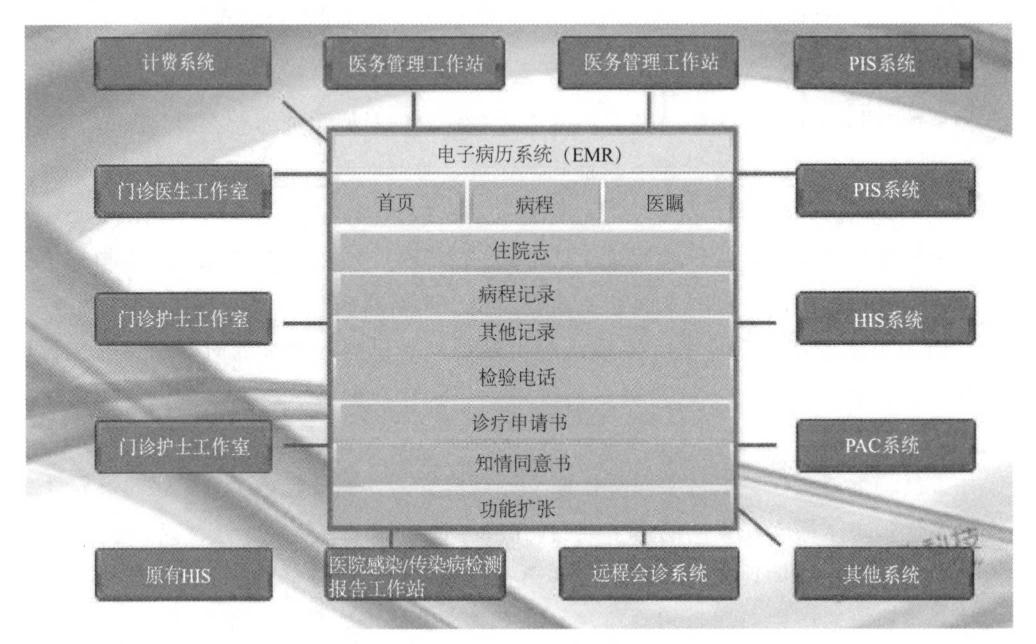

图 9-1　电子病历集成整合系统流程图

一个经常与 EMR 混淆的概念是 EHR，它是 Electronic Health Record 的缩写，被称为电子健康记录。它所包含的内容远远超过了电子病历的内容，包括生命体征、既往病史、诊断、进度记录、药物、过敏、实验室数据、免疫接种日期和影像报告。

如果说 EMR 记录的内容是疾病，那么 EHR 记录的核心就是人，是关于人健康的全套信息。另外，EHR 系统的设计使其可以与参与患者护理的所有提供者共享。也就是说，数据不光只能在医生和患者之间传递，还可以交给其他相关人士，让患者得到更好的治疗。

无论是 EMR 还是 EHR，都是对医药行业革命性的技术，它搭建了两条路径，一条是患者治疗历史的纵向路径，另一条是不同患者之间对照的横向桥梁，两条路径让诊断和治疗有了更多参考数据。

9.2.2　让药物更快上市

上述我们所讲的其实是医药行业产业链的一小部分，即流通与应用环节，并且是这个环节中的医疗服务这一分支。有一个概念叫冰山效应，是指一个成熟的行业或企业，是建立在大量信息数据的正确采集和加工基础上的，用户在前台看到的内容也许并不显得特别多，但是在他看不到的后台，庞大得多的系统正在运行着，就像冰山有 90%的体积隐藏在海平面之下一样。

与很多行业相同，医药行业是一个高度体系化、流程化的行业，从药物原材料、制药设备到研发与生产环节，再到下游的销售、市场、品牌营销，以及整个流程之外辅助行业的合作研究机构、保险机构、市场营销合作公司等，整个体系非常庞大，如图 9-2 所示。

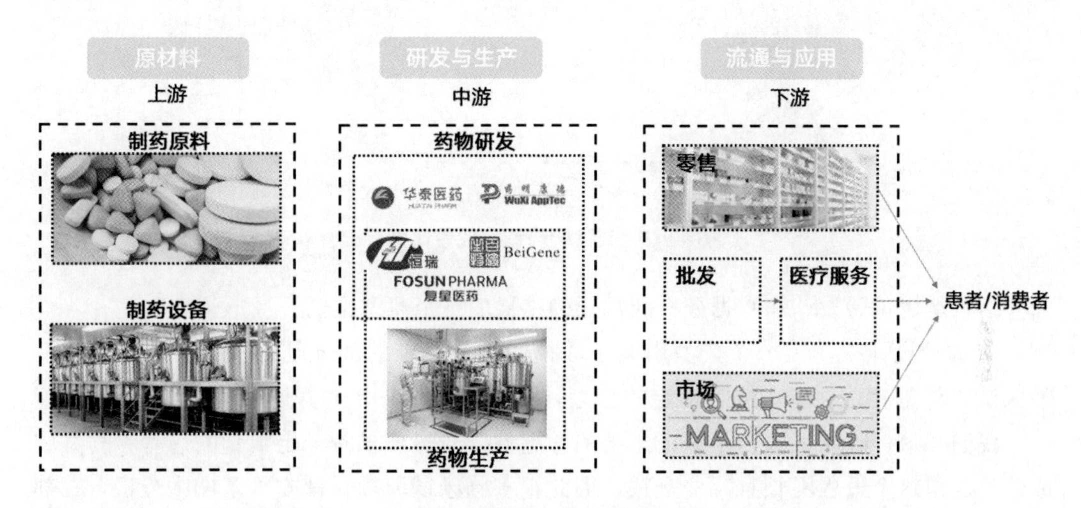

图 9-2　医药产业链全景图

在图 9-2 中，药物研发与生产起着承上启下的作用。药物研发是指通过药物发现确定先导化合物后将药物推向市场的过程。具体步骤包括对微生物和动物的临床前研究、临床试验研究以及申请监管机构批准，在所有过程完成之后，药物即可上市面向医生、采购商和患者。

这一小节让我们从一个小的切入点，也就是临床试验的角度来了解数据在其中发挥的作用。这个行业也是笔者所从事的行业，因此更有发言权。

临床试验从设计开始就是一项团队工程，需要临床医师、试验实施方、药物申请方、统计师共同参与，确保设计的临床试验可以收集足够的数据来证明药物的有效性和安全性。临床试验一般采用随机双盲对照试验的方法，消除安慰剂效应带来的影响——这是一个被证明存在并且影响药物有效性的人体现象，如图 9-3 所示。

如果不设置对照组，就可通过观察发现有 60%以上的患者服用过某款药物之后病情得到缓解，那么很容易判断药物的有效性是 60%以上，但这个数字其实经不起推敲。使用对照之后就可以发现，两组都有 40%的患者是因为安慰剂效应而使病情得到缓解的。另外，对照组的 10%患者依靠自愈能力也缓解了病情，二者对比就可以发现，这款药物的有效性存疑。

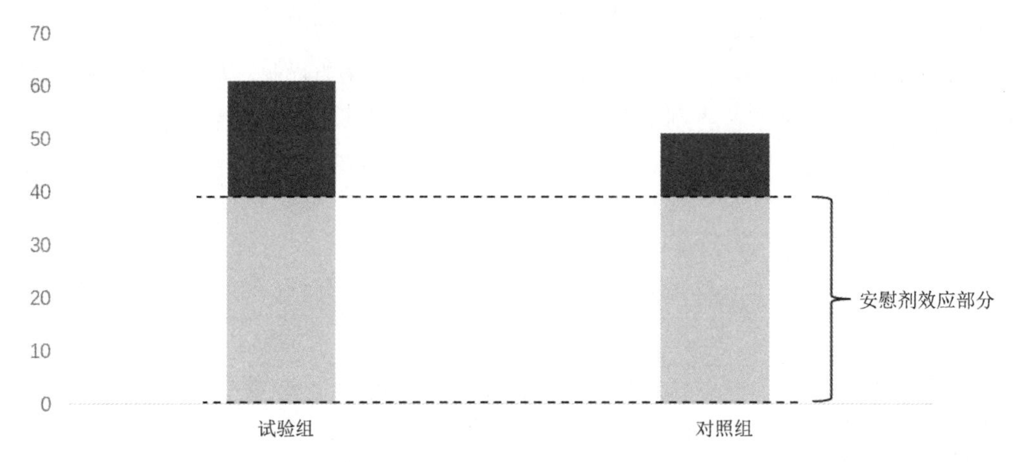

图 9-3　某试验药物有效性比例

这是运用试验设计和数据分析获得正确结果的一个典型案例。

在试验设计中，另一个典型用到了数据和统计思维的部分是期中分析，这是指按临床试验计划完成之前，按照指定的计划，提前使用一部分数据进行既定分析的过程。

我们知道，临床试验为了保证结果的普遍性，一般要求有一定数量的患者参与并完成试验，但这个过程漫长且耗费金钱，因此很多临床试验项目都安排了期中分析。在部分患者完成试验后，对数据进行处理和统计，虽然这时得到的结论一定不如完整样本时可靠，但如果设定一个合理的阈值，就可以指导研究者作出决策，是否继续推进临床试验的进行。

例如，某临床试验设计要求 300 名患者完成，设计在已有 100 名患者完成试验的情况下开始期中分析。如果测试结果发现药物的有效率并不高，并且与对照组的差别不具备显著性，那么就可以推断即使试验完成也无法得出有效的结论，药厂可以取消项目，节约剩余 200 名患者的临床试验成本。

当然，以上内容只是临床试验过程中数据指导实践的一个侧面。在本质上，整个临床试验和随后的统计分析过程忽略了药物具体的代谢作用和药代动力学（这些会在药物研发和前期论证中考虑），而将患者服药结果作为数据来判断药物是否有效。这是一种以数据为导向的思维方式。

9.2.3　医药数据标准化与人才需求

因为临床试验行业的特殊性，数据描述的准确性被提到了非常重要的位置上，因此整个医药行业从临床试验设计到提交上市，都有一套完整的数据标准，这就是我们在之前章节中涉及过的 CDISC 标准。

CDISC 组织成立于 1997 年，并于 2000 年正式注册为一家非营利性组织。目前已建立数个地区协调委员会（3C）和来自 90 多个国家的 20 多个用户网络，并拥有近 400 家企业会员,包括公司、医疗机构和科研单位等。CDISC 致力于临床医疗和医学研究信息价值的最大化、研究过程的合理化、研究成果转化为临床决策的便捷化，从而使全球患者获益。自从 2000 年发布第一个模型以来，CDISC 取得显著的成就,并得到众多国家监管部门的认可和支持。

图 9-4 所示为 CDISC 标准所包含的内容。

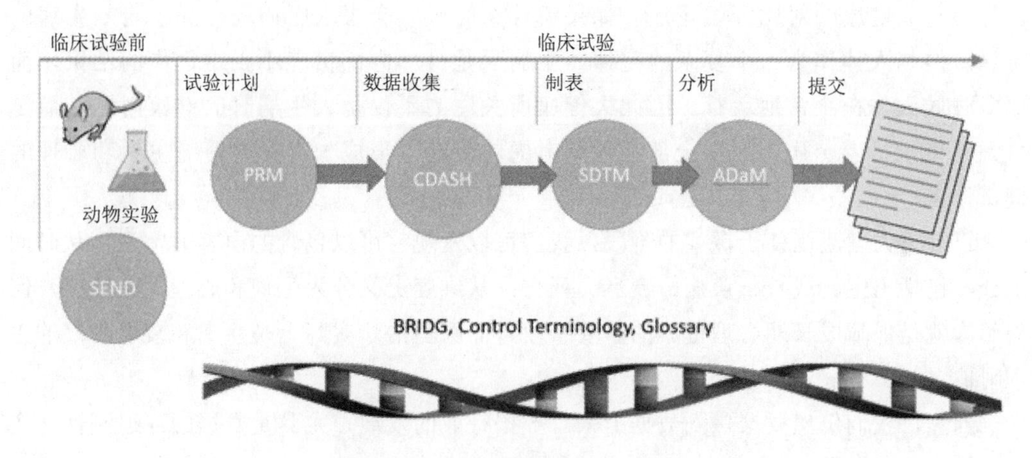

图 9-4　CDISC 标准所包含的内容

CDISC 标准的广泛采用让临床数据的交换成为了可能，如果说最直观的感觉，就是在日本临床试验的数据拿到美国可以不借助任何中间媒介而被准确理解，在瑞典研发的药物可以在中国开展临床试验项目。这些都大大加快了医药数据的交互，也诞生了大量的就业岗位。

参与临床数据分析行业的人才包括数据管理人员、SAS 分析师和统计师，他们共同在 CDISC 标准下完成管理和检查数据、数据处理和统计分析的工作，最终将结果呈交审核部门进行审阅。

临床数据分析行业是当前就业的热门，很多具有统计学、计算机、软件开发、药理学、公共卫生专业背景的优秀毕业生受到众多药厂和 CRO 公司青睐。数据显示，2016—2020 年，国内新登记临床试验数量从 841 个急剧攀升到 2602 个，同时，我国也正在成为欧、美和日本国际化药企和 CRO 的数据中心，有超过一半的跨国药企在中国设立分公司，开展临床试验和数据分析工作。

我们做一个简单的计算，一款药物从研发成功到上市，需要经历三期临床试验，平均每期试验的数据分析工作需要半年到一年的时间。一个基本的项目团队需要两名统计师配合四名 SAS 程序员，综合国内外的项目数量，每年就可为市场贡献总计 3 万~5 万个就业岗位，并且随着项目数量的增加，中短期看这个数字将会持续增长。

因此如果你承认数据行业是朝阳产业，那么医药相关的数据分析就是朝阳中最火热的那一个。

9.2.4 重新理解大健康产业

最后，我们把话题扩展出去，谈一谈目前受关注程度很高的大健康话题。

作为一个新名词，大健康的定义在很多地方都有不同的阐释。我们不妨从传统医药行业与大健康的对比开始论述。如果说什么时候人会去求医问药，那一定是生病的时候，但是人体作为一个复杂的整体，生病只是身体内部机能不正常运作的结果，而更多时候人体在正常地运行。因此大健康所关注的不仅是人生病时的健康问题，而是将人的“生、老、病、死”全部纳入其考虑的范畴，形成一套完整覆盖生理和心理的健康体系。

正因为大健康尚处于探索的阶段，我们可以发现它可以包含的内容非常多，从时间上分，包括出生、成长、疾病、衰老、死亡；从维度上又分为生理和心理两个维度。例如阅读就是保障成长期心理健康的重要手段，而医药治疗实际上是疾病和衰老阶段的生理呵护。

当然，我们仍然要聚焦到数据上来。数据行业的发展，尤其是数据的可追溯性让实现大健康成为可能。

如笔者之前所说，在每个医院都有需要单独手写病历本的时代，数据虽然存在，但没有被数字化，因此无法交流和共享，是处于一个个封闭的房子中。但当前，随着 EMR、EHR 等电子信息系统的建立，每个人的生活信息都可以跟随它，并且轻松地被专业人士查看，继而给出针对性的意见。

如果对数据的记录可以涵盖到生活中更多方面，并且保证一定的准确率，我们可以发展出更多的与大健康相关的业务。例如，如果我们需要论证某种食品有利于某项疾病的康复，最严谨的方法是开展临床试验，招募受试者按照随机分组的形式进行研究。这种手段非常耗费时间和金钱。然而如果大健康数据足够完备，我们可以从数据库中调出所有该疾病患者的饮食数据和康复数据，通过统计对比就可以得出所需要的信息，并且还可以对结果做更精密的细分，这样得出的结论显然更有普遍性和准确性。

以上只是数据在大健康上应用的一个侧面，为的是证明数据一旦可以收集和流动，就能诞生更多我们以前无法准确获得的信息和知识。

在大健康数据上，目前各国和相关组织都在努力研究和推出一套完备的数据收集和传输方案，与医药行业相同，大健康数据也具有私密性、描述准确性的要求。前文所说的 CDISC 组织就开发了一套 CDISC 360，用来记录人整个生命周期的数据。

医药行业是一个非常古老的行业，它在人类文明初期就已经诞生。考古学家发现，在智人与尼安德特人在同一片大陆竞争的时候，很多骨折患者的身体处有过治疗和用药的痕迹，这也许就是最初的医学。经历过一代代医学家和医生的努力，现代医学已经进入了一个数据驱动的时代，对数据越来越深度应用的趋势将会一直存在，哺育这个古老又高深的学科。

9.3 金融行业——数据驱动的博弈场

金融行业，这是一个行内人与行外人认识区别巨大的行业。

按照一般人的思维，金融行业并没有产生真正的价值。拿最简单的股票投资举例，钱从来不是凭空产生的，一方赚钱就代表另一方赔钱。即使是股市普遍增长，也一定是因为消耗了其他市场的财富。

但如果询问金融从业者，得到的一定是相反的答案。这倒并不是他们为自己的事业正当性进行辩护，金融对实体产业的帮助是显而易见的。对于一家优秀的初创企业来说，缺少资金往往是发展所面临的大问题，通过股权融资或者债权融资的方式可以让企业快速获得大量资金，让企业在发展之初免受资金困扰。我们承认优秀企业的成功离不开自身的技术和管理实力，但金融市场所做的帮助也是实实在在的，这个过程中获得的金钱回报是对他们扶持公司创造价值的奖励。

对于数据分析的从业者而言，金融是一个重要的择业方向，笔者相信本书的相当一部分读者都是金融从业者或者计划进入金融行业。那么我们就来看看，数据对金融行业究竟有哪些影响。

9.3.1 你所不知道的市场

在感觉上，金融行业从诞生以来就与数字相伴，和很多粗放经营然后被数据颠覆的行业不同，金融行业似乎天然具有数字的理性。然而事实真的是这样吗？

这就要回到金融市场的历史来找寻了。

提到金融市场，我们不得不说最具有代表性的股市，世界上第一家面向大众公开发行股票的公司是荷兰东印度公司（见图 9-5），该公司按 1637 年的价值计算，折合为当前的 7.4 万亿美元，是人类历史上当之无愧市值最高的公司。

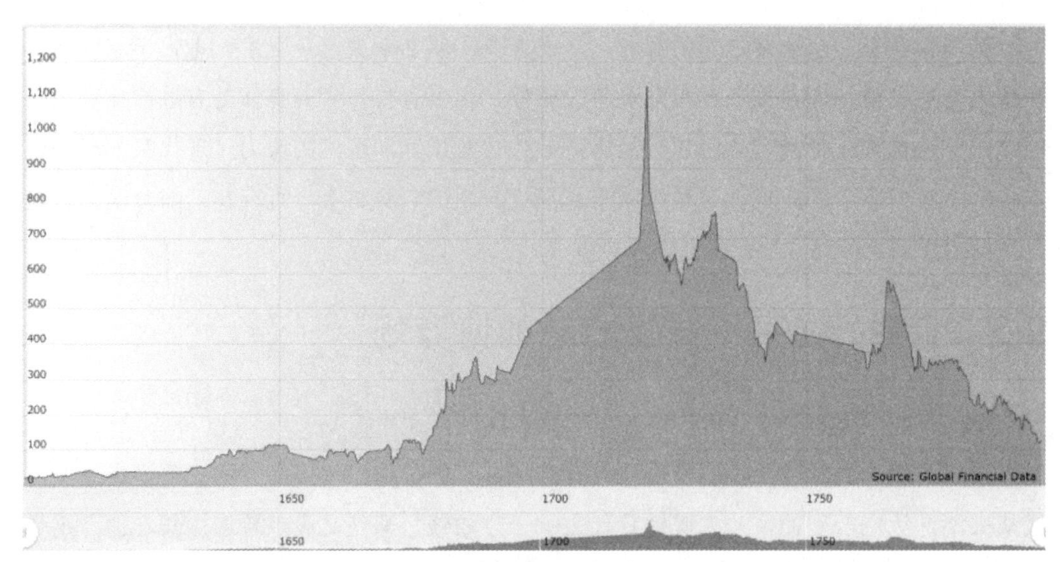

图 9-5 荷兰东印度公司股票价值变化（1602—1798 年）

当时，股票交易的思路和方法与现在有很大的区别。

（1）当时没有互联网、电话、电报这样的高效率信息传输工具，股票价格并不能快速地反映到投资者处，因此购买股票需要在委托人处进行。例如，美国著名的《梧桐树协议》，就是 24 名股票经纪人在华尔街一棵梧桐树下签订的股票交易协议，它主要规定了两条：

① 股票经纪人只能与其他股票经纪人进行交易；

② 股票交易的佣金不得低于 0.25%。

因此那时的股市还是一个封闭、排他的市场，因为数据的缺乏，购买股票很多时候需要“凭感觉”。

（2）股票投资的收益来源与现在大有不同。荷兰东印度公司的股票开启了高派息股票的先河。有一种错误的说法是荷兰东印度公司在 200 年的经营中每年都派发 18%的股息分红，但实际上，该公司只是将每年资本的 18%用于股东分红，实际上的年股息率是 5%~7%。这个数字比起当前的公司仍然很高，因此投资人更多时候追求的是股票分红而非股票增长，这样对于股票的价值，人们关心的程度就会更少。

以上两点说明，金融市场在诞生之初虽然与数字有密切关系，但是与所谓数据的联系却没有那么大。很多交易都是私下完成，市场也缺乏监管，普通民众也无法参与。我们可以了解每一次成交额的数字，但很难把它们归类为数据。

但我们总结金融市场，都知道它是一个理性、冷酷的世界，华尔街的狼性被全世界熟知。那么这个市场是怎么从感性逐渐变得理性呢？

9.3.2　从感性到理性

关于股票市场投资的策略，车载斗量的图书、分享会、大咖讲座等都有涉及，笔者不需要过多列举，它们有的创造了长期的辉煌，有的博取过超额的利润，但总体可以分为以下两种。

（1）强调“感觉”，通过长期的市场交易培养出一种难以描述的市场感觉，让经验支配自己的投资行为。

（2）强调数据，通过挖掘数据找出市场的规律，然后形成一个稳定盈利的投资策略。

如果从长期来看，第 2 种策略的稳定性和回报率都强于第 1 种策略，也就是长期来看人的感觉会出错。下面我们就用几种常见的交易方法来说一说数据在其中发挥的作用。

如果说股票市场最重要的旗帜之一，就是格雷厄姆在 20 世纪 30 年代创作的《证券分析》一书。在此之前，股票投资仍然延续着靠感觉、靠运气和内幕消息的游戏，股票市场完全是投机市场，如何比别人更早获得内幕消息是股票投资的核心，这时，股票本身的价值和价格反而被抛在一边。但《证券分析》一书却强调了股票是企业资产所有权的凭证，只拿历史数据去预测未来是无效的，并且诞生了一句我们现在更为熟知的话：买股票就是买公司，这句话被他后来的学生巴菲特发扬光大。

第一种，也是被广泛采用的投资策略是对冲，这个概念由阿尔弗雷德·琼斯发明，是通过额外的投入消除一部分不确定的投资策略，用一个显而易见的案例就是 50%的概率赚 100 块钱和 90%的概率赚 50 块钱，虽然前者的期望更高，但很多人会选择后者，因为它大概率能拿到钱。

在股票投资中，对冲经常被用来对抗大的不确定性。例如，如果我们看好 A 公司的股票，认为它会上涨，实际上这不是一个单纯的判断，而是一系列判断的综合，包括 A 公司业务增长+股票市场总体不会大跌+利率环境整体稳健。但想要让这么多因素同时达成其实并不容易，因此我们选择对冲的策略，在买进 A 公司增长的同时，做空股票指数+做空利率。

如果 A 公司业务向好，股票和利率也和预期相符，那么做空的部分就会损失，而 A 公司的股票就能产生收益；如果 A 公司业务虽然足够好，但股票或利率市场下跌，那么做空股票指数或利率的部分就会产生收益，弥补 A 公司因市场或利率影响造成的损失。

从这个例子来看，只要 A 公司与我们的预期相同，我们就有盈利的机会，这就是通过对冲的手段来减少不确定性。

可以看出，此时股票投资市场更像一个数据游戏，而非纯粹按照偏好的买卖。这时股票的价格就成为这桩交易是否可能盈利的重要指标。例如 A 公司当前价格为 100 元，预计一年后有 50%的概率到达 150 元，25%的概率到达 120 元，25%的概率变成 90 元，那么股票价格的期望就是 127.5 元，如果为了对冲风险需要花费的成本为 30 元，那么总体算下来这就是一笔赔钱的生意，而如果对冲的成本只有 10 元，那么这就存在无风险的套利空间。请注意，在这整个过程中，其实你对股票市场和利率市场没有判断，无论涨跌都存在盈利空间，这就是数据计算的结果。

另一种常见的数据应用在价值投资之中。巴菲特的价值投资理念已经熟悉到无须多言，但它的难点不是结论，而是如何判断公司价值。

巴菲特和查理·芒格在不同场合都阐释过他们的理论，其中最重要的指标就是现金流折现率，与一般人的认识不同，巴菲特更希望自己的利润从资产本身中获得，而非高价出售资产的投机行为。

1942 年，威廉姆斯（JohnBurr Williams）提出了现金流量贴现模型：今天任何股票、债券或公司的价值，取决于在资产的整个剩余使用寿命期间预期能够产生的、以适当的利率贴现的现金流入和流出。然而受贴现率的影响，当前投出的金钱在未来一定会更有价值，因此需要对结果进行修正。

例如，如果公司未来可以存续 10 年，每年都可以带来 10 万元的收益，总收益并非 100 万元，而是需要把未来的收益计算为当前的价值。按照巴菲特习惯的保守型预估，我们以 5%的贴现率计算，10 年内总计收益折算到现在约为 80 万元，也就是如果公司的价格为 80 万元以下，那么在公司存续期之内就能为投资者收回投资成本。

当然，当前的定价模型是金融学一个复杂的分支，无数数据科学家也对此进行过贡献，例如，传统的单因子模型中会存在异常报酬率，原因主要在于有效市场不存在导致的模型无效。因此 Fama 和 French 又在公式中加入了规模因子和价值因子，公式如下：

$$r = R_f + \beta 3(R_m - R_f) + b_s \cdot SMB + b_v \cdot HML + \alpha$$

式中，左侧的 r 是投资组合的期望收益率，右侧则是无风险利率 R_f、三个价值因子和超额利润 α，在理想情况下 α 在统计学上会是 0。

三个价值因子中，系数 $\beta 3$、b_s 和 b_v 分别是风险溢价、规模溢价和市净率溢价三个因素变化对期望收益率的影响。*SMB* 是代表小规模公司减去大规模公司的股票报酬率的结果，*HML* 代表高账面市值比公司减去低账面市值比公司的股票报酬率。

随后 Carhart 又在此基础上加入了第四个定价因子 *MOM*，代表赢家股报酬率减去输家股报酬率。

然而对于定价估值的公式发展远未停止，各路专家又在此基础上发展出包含更多因子的定价模型，资产的价值判断方法从感性认知到理性计算，直到现在被模型完全覆盖，其中数据分析的影子无处不在。

随着金融市场的演进，依靠感觉买卖金融资产的时代已经过去，无论是大公司还是个人，都逐渐意识到稳定盈利的重要性，也越发依赖模型在博弈中赚钱。这就诞生了一群专门以挖掘市场数据来赚钱的人，这群人被称为“宽客”。

9.3.3　数据分析行业的明珠——宽客

在之前的小节中，我们已经分析过，金融市场，尤其是成熟的金融市场，已经从感性认识变成数据推导。最简单的一个例子就是在你购买基金时，基金经理不会向你介绍他看好哪只股票，哪笔期货一定会涨；相反，你被告知的是投资组合的预期年化收益率。那么这种预期的概率是如何得到的呢？

量化分析师，英文是 quantitative analyst，简写为 quant，中文使用音译，被翻译成宽客。他们的工作是通过编程设计来实现金融的数学模型，相当于程序员和金融分析师的结合体，也被戏称为“矿工”。

宽客是一系列与量化投资有关职位的统称，包括数据处理、金融衍生品定价、投资策略、风险管理等。下面我们就来看看这些具体的工作是让什么样的数据发挥了什么样的作用。

1．Research Quant

Research Quant 的工作可能最接近于我们认识的数据分析师。其主要工作是建立对金融产品定价和风险管理的模型，并且长期追踪模型的优劣并不断优化。这个工作会用到一些比较深度的统计模型，还需要使用机器学习的技术方法，算是一个研究类型的岗位。

2．Desk Quant

有时也被称为 Strats 或者 Desk Strategist。与 Research Quant 不同，Desk Quant 的工作更偏向短期。金融市场的变化很快，Research Quant 的模型不一定能一直适用，因此 Desk Quant 就需要适用他们的策略和思路，修改出可以投入实战交易的系统。因此 Desk Quant 也是距离交易最近的一环。

Desk Quant 对编程能力有一定要求，既需要掌握 Python 等后端语言，也需要熟悉 JavaScript 等前端语言。由于对时效的要求比较高，所以在很多时候都是对原型稍进行修改，马上投入使用。

3．Quant Developer

我们所说的交易模型都是金融交易策略。在模型开发出来之后，需要有人进行实际操作，也就是把这些模型写入系统里以实现功能，这便是 Quant Developer，它是一个更偏向编程技术的岗位。优点是收入比较稳定，缺点是虽然身处金融行业之中，但接触一线金融操作的机会比较少，平时更多需要与代码打交道。

可以看出来，宽客的工作其实就是使用数据和模型，把难以捉摸的价格变化预测出来进而指导金融交易。这是一个跨界学科，综合了金融学、物理学、计算机科学等前沿学科，因此你可以看到很多从事宽客的人都是其他行业转行而来。

如果希望更深刻地理解宽客这一职业，推荐阅读一本名为《宽客人生》的书。这本书的作者是金融工程学开拓者之一的伊曼纽尔·德曼，早期从物理学家生涯中转换为高盛公司的宽客，发明了布莱克—德曼—托伊模型，并创造了“波动率微笑”理论，是一位既在一线打拼过，也具有全局视角的金融行业从业者。

金融曾经是一个神秘、昂贵、不透明的行业。然而随着高科技在金融行业中的运用，以及参与金融交易的人越来越多，金融其实向着透明和不透明两个方向狂奔。

一方面，电子报价表、互联网乃至移动设备的出现，让我们查看各种金融资产价格变得越来越容易，不断更新的金融衍生品也让我们有办法更好地控制风险。成熟的金融市场的监管部门对金融行业越来越严格的限制，也让暗箱操作、内幕交易的数量显著减少。

同时，普通人对于金融的理解也越发深刻。十几年前提到金融，很多人都会把它和买卖股票画上等号，但现在很多人已经知道，金融投资是一个复杂的体系，它既包含股票，也包含债券、期货、期权，收益来源的类型也有巨大差别。更多人也知道了风险与收益是一对双生子，不可能在不承担风险的情况下获得额外收益。

另一方面，金融行业顶层的从业者，已经部分抛却了传统的买卖方式，将更多的决策权交给了数据。这也造成了金融市场的马太效应愈发强大，体量足够的公司可以依靠高薪和晋升机会吸引到足够优秀的人才，这些人才利用数据创建的模型可以为公司更稳定地获取收益。因此普通投资者在与机构投资者的博弈中获胜的机会也变得越来越小。

其实很多行业都存在这种现象，只是金融行业固有的理性放大了这种感受。但这也给了数据从业者机会，相信未来数据对金融行业的改造会持续存在，而具有强大能力的弄潮儿将会创造自己的辉煌。

9.4 制造业——被数据赋能的新型制造

提起制造业，我们对它很容易产生两种认识。

制造业是我国的立国之本，仅看 2012—2020 年，我国制造业占全球比重就从 22.5%提升到 30%，位居全球第一，而这个数字是第二到第四名的美、日、德三国的总和。

从产业门类来说，我国是世界上工业体系最健全的国家。这意味着我们制造的产品并不再局限在某些低端产品上，在光伏、新能源汽车、家电、智能手机、消费级无人机等重点产业跻身世界前列，通信设备、工程机械、高铁等一大批高端品牌走向世界。

笔者随机进行了一个调查，在美国沃尔玛超市随机拿出 20 件商品，发现其中有 11 件都写着“Made in China”，而如果观察消费家电、日用品、纺织物等产品，更是发现约有 80%的产品都来自中国。

总而言之，关于中国制造业整体，全是好消息。

但另一方面，在职业选择上，制造业总是被认为是“夕阳产业”，如果你的亲戚朋友中有人计划去汽车工厂、纺织厂就职，很多人的第一反应可能是“这不是一个好选择”。其实笔者也曾算是制造业的从业者之一，大学本科所学专业是车辆工程，实习也曾去过很多整车厂、零部件厂。据笔者统计，同学中不再从事相关行业的人占到了 50%以上。也就是说，超过一半的同学在毕业之后并没有从事与自身所学专业完全相关的行业，这无疑是制造业人才的流失，值得人们思考。

带着以上两个方面的思考，在本节中，我们以数据分析师的身份从内卷化、数据加持、人工智能应用等角度分析数据在制造业中正在或将要发挥的作用，并将眼光放远，展望一下制造业令人期待的未来。

9.4.1　内卷化是万用理论吗

关于制造业的情况，首当其冲的解释是我们常说的“内卷化”。

在一般的语境下，提到内卷化，我们所指代的是恶性竞争、过度竞争等现象，这种现象的机理其实与内卷化本身所描述的系统到达最终形态后，无法自我稳定，也无法转变为新的形态，只能使自己在内部更加复杂化的现象不同，但确实对很多社会现象有了合理的论述。

内卷化可以解释一部分制造业的现象。

制造业虽然是一个大系统，但它旗下却有无数的大类与小类，系统并不是封闭的，行业之间的差别很大，因此有的制造行业在我们看来是夕阳产业，但像芯片制造、新能源汽车、智能设备等产品的制造，仍然被认为是朝阳产业。

各位读者可以思考，如果两家公司都向你抛来橄榄枝，一家是传统制造业，如冶金、炼钢行业，另一家是芯片设计制造公司，两家公司规模、待遇相同，你愿意选择哪家呢？答案不言而喻。

在传统制造领域，因为产业生命周期已经进入稳定状态，能做的创新和产业升级相对较少，后来者很难有革命性的突破。那么这个行业的公司就很容易陷入产品价格的竞争，将利润率维持在一个别人无法接受而自己勉强可以接受的范围，通过市场占有量换取总体的利润。

而一些观点认为，新兴制造业最终也将步入传统制造业的老路，随着“低垂之果”被逐渐摘完，行业中的革命性创新越来越少，公司发展速度将变慢，从业者所享受的行业红利也将逐渐降低。

以上分析虽然符合理性分析，却忽略了一个重要现实，也就是制造业作为第二产业，很容易被众多其他产业的技术重新赋能。换言之，就是制造业会随着其他先进科学技术的发展而被注入新的活力，成为经济发展的重要支柱。

9.4.2 数据加持下的工厂

笔者曾在某汽车发动机工厂工作过，高数十米的厂房内有四排流水线机器，这四排机器属于同一条流水线。发动机的浇铸粗模被放到生产线的一头，由传送带送到每一个加工环节，每个环节都只进行一道简单的操作，或是铣出某个面，或是对汽缸内径粗镗和精镗，在生产线的末端，每个发动机已基本成型。

让笔者记忆深刻的就是机床的维修。因为流水线不能保证设备 100%工作正常，而很多时候轻微的加工误差就会导致产品报废，所以在流水线的很多点上都有一名质检员。他每隔几个零件就要取下一件，使用工具对加工尺寸或者表面粗糙度进行测量，如果发现问题就会停止生产线，然后叫来维护人员对设备进行维修。

不知你发现了没有，这个过程中有较多浪费的环节。从设备到质检员所在位置中间的加工产品，大部分也是不合格的，而为了工厂的运行效率，我们既不可能每个设备后都设置一个质检员，也不可能在加工过程中对每件产品都进行检验。因此这样的浪费在传统制造业中几乎不可避免。

有了数据的加持，很多工厂运行的模式产生了改变。通过在设备上添加传感器，收集产品状态的方法，可以在第一时间了解加工结果并且作出反应。以精工零件来说，如果想要测量车床加工件的直径，就需要把完成加工后的零件取下，使用游标卡尺测量。如果加工零件的外径尺寸较大，就可以返回重做；但如果加工尺寸过小，那么零件只能报废。

如果有一种方式，可以实时检验加工的结果，并根据结果数值确定是否继续加工，就可以保证零件报废率为 0，大大降低了生产成本。

如果将人工智能融合进生产之中，就能诞生更加智能的场景。我们仍然以加工流水线的例子举例，由于加工刀具具有一定的使用寿命，所以在加工一定数量的零件之后，为了保证准确的加工精度，就必须更换刀具，但刀具可加工零件的数量并没有现成的公式，且加工环境和毛坯件质量都会对刀具可加工次数产生影响，因此一般需要靠经验来判断。

说到经验，这就是人工智能的强项了。在每一次更换加工刀具时，都能形成一条数据，可以用来训练人工智能，当积累了一定的训练结果后，人工智能就可以自己作出判断，并提醒流水线负责人更换设备刀具和某些其他材料。

以上两个是数据技术融入传统工厂的案例，它们在之前的十几年时间里正在悄悄发生，改变了制造业的工作流程。

9.4.3　人工智能在生产中的应用

人工智能指导生产已经广泛应用到了整个产业链的方方面面。在德勤中国发布的《制造业+人工智能创新应用发展报告》中，人工智能在制造业中发挥的作用被分成可见与不可见、解决与避免两个维度；又可被归类为流程型、离散型和通用型三类，如图 9-6 所示。

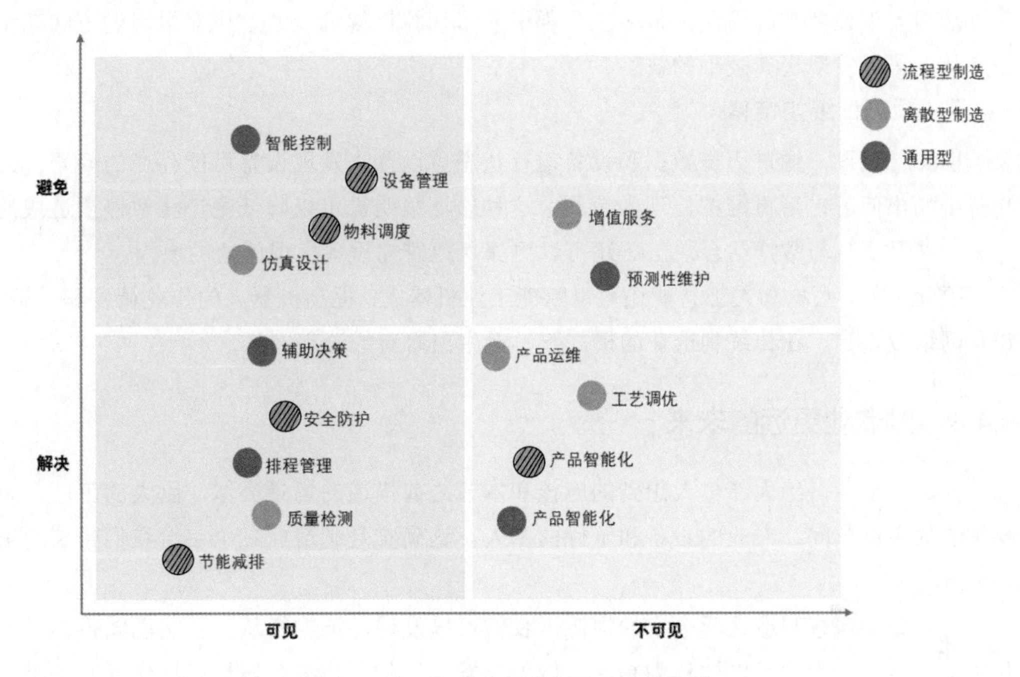

图 9-6　人工智能应用在制造业中的分类

另外，德勤也总结了人工智能可以在制造业产业链中的具体应用场景。

1．物品搬运

这是一个非常常见而经常被忽略的生产情景。生产原材料需要被运送到生产线的起始段，生产的成品则需要运送到库房。但在生产原材料的过程中会产生时间和人力成本的浪费。更重要的是，因为工厂设计的差别，同一家公司的不同工厂之间的物品搬运路径无法相互参考，每家工厂都需要进行独立的设计，这就给人工智能创造了机会。基于人工智能的设计和优化，每个物料都可以选择最优路径，或者在最短时间内送达目的地。

2．生产计划

传统的生产计划需要工厂根据市场可能的需求变化，层层下达给各个生产单元，不仅准确性不足，信息传递的时效性也是一个问题。如果使用智能计划排产，就可以在给定需求、可用资源、约束条件的情况下，自动达成最佳的生产计划。更重要的是，这一份生产计划可以动态调整，如果有新的生产计划产生，系统可以自动进行调整并给出最优计划，相比起传统的生产计划指定方法，这明显有着巨大优势。

3. 质量管控

我们在前文中已经详细介绍过发动机流水线质量检验的方法，并分析了这种方法的滞后性的缺点。除了滞后性以外，检验精度也经常困扰工厂。例如发动机缸体内壁在生命周期内需要与活塞进行上百万次的摩擦，因此对于表面粗糙度的要求很高，人工检验的方法很难保证要求。因此，很多工厂都引入了计算机视觉，通过机器学习的方法在精密产品上可以发现极其微小的缺陷。

4. 预测性维护维修

前文已说过，通过历史数据和设备运行状态可以预先发现设备可能存在的问题，比起传统的出问题之后再维护修理的流程，这种做法很明显可以降低生产线暂停所造成的损失；并且一旦与数据结合，工厂还可以更深入地研究设备出现问题的原因。

除此之外，数据和人工智能还可以赋能工业机器人，提高机器人的作业精度和效率，识别网络攻击等。在传统制造业的模式下，诞生出崭新的流程。

9.4.4 制造业更远的未来

说起制造业，绝大部分人想到的应该和本节之前描述的场景类似，巨大的工厂、轰隆作响的生产车间、专业的设备和忙碌的工人。这确实是制造业三个字给我们带来的第一观感。

其实如果探查制造这两个字的根源，我们可以发现，把物料从一种状态转换为另一种状态的劳动行为都可以被称为制造。例如，发动机工厂是将金属材料转化为发动机，服装厂是将纺织原料转化为服饰。如果这种转化形成了规模化和产业化，就可以称为制造业。

将眼光放开之后，我们就可以发现制造业的构成元素包括状态转换和劳动行为，从这两个角度出发，我们就可以发现更多制造业的新机会。

抛开工业产品，生物组织其实也可以被制造，这样的制造业被称为生物制造。

说起生物制造，最为人熟知的案例可能就是海拉细胞了。海拉细胞是一位女性的子宫颈癌细胞。这位女性的癌细胞可以无限分裂，至今都在不断培养，并且比起其他癌细胞，海拉细胞的分裂增殖非常迅速，这就为药物对人体作用机理的研究提供了可能。很多科研机构都在使用海拉细胞进行科学研究。

生物制造领域可以分为生物发酵、生物能源和生物基材料等，实质上都是使用不同的生物材料制造生物产品。生物发酵的产品包括氨基酸、酶制剂、酵母、多元醇等，当前美国、丹麦、荷兰等国企业在酶制剂等现代发酵行业中处于技术领先地位。

生物能源则是指使用植物生产能源型产品，例如我们熟知的乙醇汽油，实际上就是使用玉米提炼的产品。生物能源可以有效地降低对传统能源的依赖，促进碳中和达成，具有战略前景。

生物基材料则是使用生物可再生原料制造的新型材料和化工产品。这些制品环境友好、节约资源，正在成为一个加速发展的行业，例如当前火热的“人造肉”概念，就可以归类于生物基材料制造。

相比起传统的制造业，生物制造与数据的结合天生就更加紧密。在生产过程中，生物制造不再是人力密集型产业，而是资本和知识密集型产业。其中，数据在管控生产计划、优化生产流程等方面有着重要应用。除此之外，与传统制造业不同，生物制造作为新兴行业，有着大量可优化的空间，因此使用数据对生产流程进行迭代也是企业发展的重要方向。

新兴的制造业除了在原料和产品上有所创新之外，还可以在劳动流程上进行创新，而这更依靠数据在其中发挥作用，而其中经常被提到的就是 3D 打印技术。

3D 打印的概念其实经历过一番热议。早在 20 世纪 80 年代，3D 打印的概念就已经出现。与传统制造业的减材制造不同，3D 打印是增材制造，二者的区别在于传统制造业在制造过程中会产生大量废料，而 3D 打印的制造过程不产生废料。

提起 3D 打印，可能很多人脑中浮现的仍然是打印一个模型手办的简单产品，但实际上 3D 打印技术已经可以制造更多更大的产品，材料从塑料、树脂，到金属、陶瓷等，打印机的类型也可以分成挤压型、金属线路型、颗粒型、光聚合型等，这让生产出的产品不仅精度足够，还有一定的力学承受性，也就是说打印出来的产品不仅可以看，还可以用。

3D 打印的核心是 3D 图纸，与传统图纸不同，它是一种数字化的 3D 模型，将要打印产品的空间位置标记为数据点，然后指导打印机进行制造的数据源。在打印之前，还需要使用工具对图纸进行修正，消除流形错误等问题。可以看出，3D 打印的过程完全是一个由数据驱动的制造过程。

与生物制造行业类似，3D 行业也处于高速发展过程中。从产业链流程看，可以分为数据建模—分层处理—叠加打印—表面处理几个步骤。每个步骤是通过数据进行沟通和交流，这些流程又需要中游设备提供商和上游打印材料供应商来辅助。

3D 打印与传统制造业最大的区别就是制造过程从集中化变得分散化。在传统的工厂中，可能需要数个人、几十台设备才能完成的加工制造流程，在 3D 打印技术的加持下只需要一个人和一台 3D 打印机，因此加工过程也可以被拆解为无数分散的制造单元。

当然，分散往往意味着低效和精度差异，因此数据在其中就扮演着重要角色，保证数据传递的准确性，将是保证 3D 打印制造的重要手段。

在数据的加持下，我们可以看到，制造业正在逐步从人管理的大工厂、大机器的运作模式转换到数据管理的精细化模式。如果说农业的发展方向是精耕细作，那么制造业也可以总结为精工细造，使用数据和人工智能对已经迭代升级过 200 年的行业进行下一轮创新。

因此我们可以相信，制造业经历过数轮发展周期后，其光芒在可见的未来将持续照耀我们的生活。

9.5 零售业——新零售究竟新在哪里

我们把人类的劳动行为总结成三大产业：第一产业是制造食品和生物材料，例如农业、畜牧业、渔业、林业；第二产业是加工制造，例如制造业、建筑业、矿业等；第三产业包罗万象，从商业、餐饮到教育、卫生、环保、金融业、信息技术业，都算作第三产业。

在第三产业中，最重要的就是商业，因为它是沟通第一第二产业产品的基础。人们早在远古时期，就诞生了商业。郑也夫在《文明是副产品》一书中论述从狩猎向畜牧业的转变时提到，“在那里（市场）肉不是营养品，而是商品。狩猎被称为人类的生存资源，仅在人类紧邻野生动物的情况下，在农业社会里已不再可能。因为肉类易腐烂，猎杀动物后送达遥远的用餐之地时已无法食用。”

这是商业第一次开始登上人类文明的舞台，一直发展至今。

在商业中，与每个人接触最紧密的就是零售业，甚至可以说零售业是商业最初的形式。试想人类文明之初，通过贸易换取的是自身需要的生产生活资料，况且人们并没有更多的资产储备来换取暂时无用的资料，这时的贸易一定是点对点进行，而这就是零售业最初的形态。

但如果考察当前的零售业，刨除掉现代科技所带来的加成以外，我们会发现一个重要的区别，就是销售者与生产者的割裂。说起当前的零售业，我们更多想到的是去超市买一瓶水，或者在淘宝上买一件衣服，超市和淘宝并不是这些产品的生产者，而是一个平台或者叫中间商。这也是现代商业与远古时代贸易的一个重要区别。

之所以我们要花这么长时间论述远古贸易和现代零售业的区别，是为了对比商业变化的路径，为我们后续的论述铺平道路。

9.5.1 零售业的革命历史

作为人类最古老的行业之一，零售业至少已经经历过四次行业革命，如果总结这四次革命的特点，笔者愿意称其为集中化革命、连锁化革命、自助化革命和数字化革命。

第一次的集中化革命可以追溯到 1796 年的伦敦蓓尔美尔，这是世界上的第一家百货市场。各位可以试想，若想开设一家传统商店，物品的经营范围一定是店主或者采购人熟悉的品类，就像做纺织品的不会轻易涉足金属产品，做木材的不会轻易涉足儿童玩具一样。但这家名为 Harding, Howell & Co.的公司却不同，它提供了一个全品类的交易市场。在一本名叫《阿克曼的存储库》的书中这样描述这家市场：

整个商场有 50 米长、50 米宽，被分为四个区域。在进门处是第一个区域，销售的是毛皮制品，第二个空间则是日用品，包括丝绸、细布、手套等，右侧的第三个区域销售昂贵的珠宝，第四个区域则销售女帽和连衣裙。在过去的十二年中，商户们一直在收集更好的产品，不遗余力地确保他们的产品在欧洲独一无二。

第二次连锁化革命则是零售商从地区性的商业组织变成全国乃至全球性的公司，它们可以从一个地方采购商品，然后运送到全球的各个地方进行销售。这个时间发生在 20 世纪初到 20 世纪 50 年代，其中美国的希尔斯（Sears）百货就是其中的佼佼者。

第三次自助化革命则开创了超级市场这个概念。过去的零售商，由购物者隔着柜台挑选完货物后，售货员负责把货物交给购物者，购物者付费之后完成交易。而我们现在习以为常的超市，则是由购物者采购所需商品后在收银台进行统一结账，其中最明显的区别就是商家的成本大大降低，并且购物者可以有更大的自由度对比和选购所需要的商品，我们当前熟悉的沃尔玛、好市多、华联超市都是这一模式的领导者。

最后，从 20 世纪 90 年代开始，随着互联网的崛起，购物从线下搬到了线上，购物者可以通过互联网直接选购自己所需的商品，然后通过快递足不出户地获得。注意，这不仅仅是传统零售借用互联网技术的创新，而是打破了传统零售一直无法解决的地区性问题。无论是连锁百货商场还是超级市场，一家店只能辐射其周围一定范围内的客户，而互联网电子商务的存在打破了这种束缚，因此我们称之为零售业革命。

纵观以上四次零售业革命的历程，集中化打破了零售商的经营范围局限，连锁化打破了零售商采购源头的局限，自助化打破了消费者商品选择的局限，数字化打破了消费者地域限制的局限。

那么问题来了：请问零售行业还有什么局限未被打破？消费者还有什么需求未被满足吗？

9.5.2　从多到少的变化

新零售是在 2016 年阿里巴巴集团云栖大会上提出的一个理论，是指以消费者体验为中心，利用人工智能、物联网、大数据技术，来支援线上的信息流、资金流、商流，以及线下的服务体验及物流配送的一种全通路零售模式。

关于这个新概念，各行业专家、商界领袖、从业者都提出了自己的解读。然而理论往往先于实践诞生，而在实践当中不断修正。时至今日，新零售的概念成了一个箩筐，只要与零售相关，并且在一段时间内被证明有效的变革，都被放到新零售这个筐里。作为本书的读者，我们自然不关心新零售究竟是怎样宏大的命题，相反我们更关心它将怎样应用数据来发展。因此我们不妨从 9.5.1 小节谈到的历史中寻找答案。

我们发现，在传统零售的发展道路上，一直是在尽可能地把更多的货物放在消费者眼前，从百货商场把更多的货物放在橱窗，到超市让客人随意挑选，都是为了提供足够的选择空间。但这其实并不是唯一的解决方案。

过多的选择不仅会降低消费者的购买欲望，更多的时候还让他们直接做出不购买的决定。习娜和柴纳夫等认知学家和管理学家都曾做过相关的研究。因此如果说零售行业想要继续发展，那么新的道路就是只给消费者看到他们所需要的商品。

顺着这个思路，我们可以从数据与技术的角度重新理解新零售。

9.5.3 反过来的思维模式

我们首先介绍一个概念，就是用户画像。

如果希望重新构建零售的业态，就要抛却多即是好的思维，转变为适合才是好。随着互联网技术的发展，用户画像技术已经越来越成熟，每一个用户的行为都可以被记录和追踪，这就可以帮助形成用户的标签，而足够多的标签就可以形成用户画像。

在早期的互联网中，网站也会记录用户的信息，但这些信息往往是用户输入的信息，如姓名、性别、手机号、爱好、所在国家等。这些形成了最基础的用户标签。

但随后，很多公司发现，信息不仅仅可以由用户填写，还可以由用户生成。例如登录次数、月平均消费额、最常浏览的商品类别、平均商品页面停留时间等，这些信息用户在访问互联网的时候不会关注，但互联网公司却可以低成本地记录它们。这样信息的维度就到达了第二层。这些标签对用户的描述就更加准确。

再往后，互联网公司还发现数据不仅可以由用户生成，还可以由自己进行推断。例如一个 30 岁的女性最近半年都在购买纸尿裤，那么就可以推断这是一名新手妈妈；一位 18 岁的用户在网上搜索近视眼治疗的话题，那么可以推断这是一名备战高考的学生。注意，“新手妈妈”“高考考生”的信息，既非用户自行填写，也非用户自动生成，而是系统根据相似行为推断得到的。它们的描述更加精确化。

这样的标签足够多了之后，就形成了用户的画像（见图 9-7）。

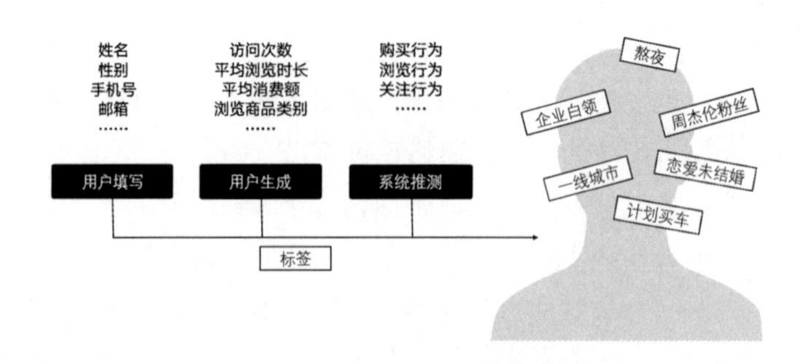

图 9-7　用户画像示意

一旦生成了用户画像，我们就发现零售行业所面对的是具体的人，而不再是一个个用户。其实这种思想在过去的商业中也存在。在过去清朝的餐馆中，一位老主顾落座，根本不用看菜单点菜，小二就能准确地根据主顾过去的消费历史报出这次他要点的菜，更精明的还能根据这次客人带的朋友人数和状态为他进行推荐。

这与当前的推荐算法何其相似！唯一不同的是，过去的生意，需要消费者在同一家商户处进行足够多的消费，服务员才能像计算机一样判断出他的偏好。而有了数据的加成，每个人的信息都可以与其他人进行横向对比，根据相似程度推断他的喜好。互联网公司最不缺的就是数据，所以这种横向对比，就让即使像人工智能这样的“笨小孩”，都有了足够的学习资源快速判断出一个人的需求。

说到这里，你可能发现一个问题：新零售的应用场景是线下，传统的互联网电商我们已经足够了解，在互联网上收集数据又有什么用呢？

用户画像的概念不仅可以应用于线上，还可以拓展到线下。一名客人进入实体店，仍然可以有三种类型的数据被收集：其一是用户填写，例如注册会员卡时填写的个人信息；其二是用户生成，如其在店铺内运动的轨迹、浏览物品的时长、购买金额等；其三是系统推测，从用户购买行为推测出的用户特征。在过去，后两种数据虽然存在但是无法被收集，因为缺少智能摄像头、联网结算体系的商户如果想收集，只能依靠员工。比如收集客户运动轨迹和浏览市场，可以让员工拿着店内地图和秒表跟在客户身后，这个场景显然有些幼稚和可笑，因此为了购物体验，商家们都选择放弃这部分数据。

然而现在的智能设备价格都足够低廉，通过机器学习的加持可以快速掌握并判断客户行为的方式。笔者在写作这部分的时候采访了一位在这个行业就职的朋友，他们公司开发的智能摄像头可以放置在商铺中，对每一个进店的客人采集形象特征形成一个独立 ID，然后把该客人的店内行为记录到数据库中。如果数据库中已有客人数据，就会提示收银员或店员，以进行更好的销售行为，过程如图 9-8 所示。

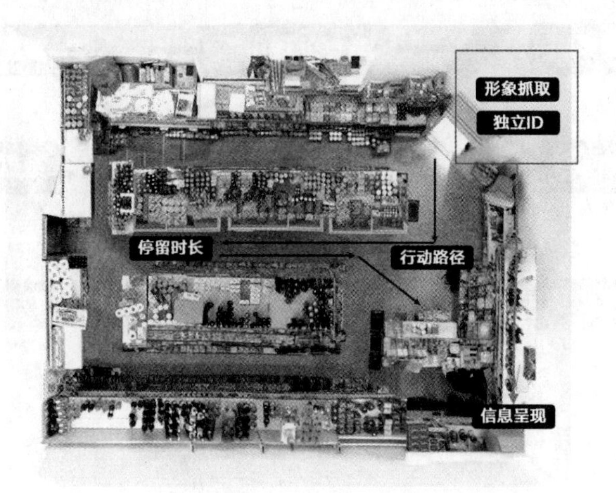

图 9-8　智能摄像头获取客户信息的过程

从运行逻辑来看，以上方式其实并没有让人觉得惊艳，但仔细思考，这其实是一种思维方式的革命。在过去，电子商务刚刚起步，一切思维逻辑需要从线下实体店借鉴经验，例如商品的列表页，实际就是模拟实体店的货架；商品的详情页就是模拟客户近距离观察一件商品的状态。这种思维方式降低了电商用户的学习成本，有效提升了效率。

随着电子商务的发展，实体店业务因为地域限制、租金成本等问题逐渐出现了下滑。而以新零售为代表的思维方式，实际上是把电子商务的逻辑推广到了实体零售行业。这才是新零售最有价值的地方。

无论是过去电子商务对实体零售的学习，还是现在实体零售对电子商务的学习，本质上都是优秀产能将自己的经验推广到落后产能上，促进落后产能的效率提升，因此我们才觉得新零售大有可为。

9.5.4 数据——新零售的血液

在 9.5.3 小节我们剖析了新零售真正的价值所在之后，相信你可以理解，这并不是一个空中楼阁或者圈钱的概念，而是确实可以创造新价值的行业。关于新零售，每个从业者和分析师都有自己的解读，也有很多企业都参与到了实践当中。

然而一切变革尚处在起步阶段，业内专家也对其实现方式有不同看法。笔者作为一个“门外汉”，知识储备有限，无法为大家带来行业全貌。但作为一本数据分析行业的图书，我们仍然需要聚焦在数据这个话题上，看看数据的流动如何影响新零售的业态。

数据的流动促进了新零售的发展，就像血液的流动让动物新陈代谢和运动一样。血液系统中的重要器官包括为流动提供动力的心脏、制造血液的造血器官、运输血液的血管和消耗血液氧气的有氧器官。这四种器官构成了人体血液循环系统。同理，在新零售行业中也包含类似的组织结构，如图 9-9 所示。

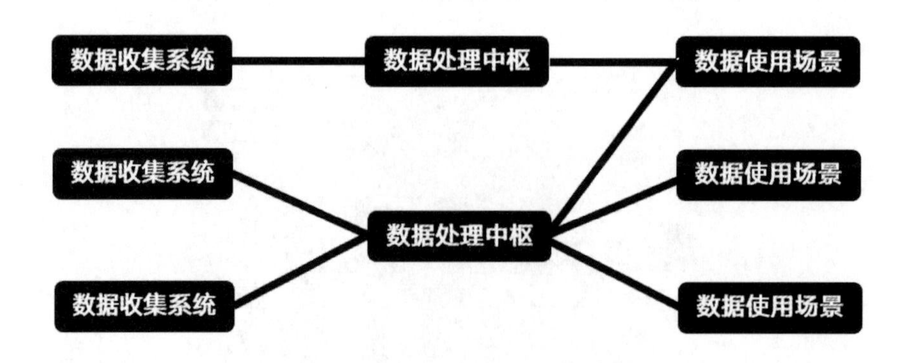

图 9-9　新零售行业的数据流动的重要环节

（1）数据收集系统包括前文所提到的客户识别与信息采集，也包括线上数据收集的部分。例如实体店铺同时开设网店、微店等，打通各种渠道终端，实现数据深度融合；可在线进行流量的宣传和带货，在线下可以进行区域布局，也可以进行形象体验，被称为渠道整合。

数据在企业中可以打破线上线下的限制。我们试想一名客户过去在线下店体验产品后，回到线上购买，商家无法知道体验和购买的对应关系。但现在只要扫描一个二维码，商家就可以完成客户从线上到线下的追踪。

（2）数据流动的重要环节就是数据处理中枢，它可以由商家自建，也可以交给第三方平台完成处理。自建的好处在于数据的完整性和所有权有所保证，第三方平台的优势在于更多数据处理所建立的更优秀的分析模型。

（3）数据收集处理完成之后，仍然要到具体场景中应用。数据的应用不仅仅可以在单一平台内完成，同时也可以实现跨平台传输。例如很多商家都曾畅想过的，如果能够了解用户的微博、抖音浏览记录，在用户进店的时候就可以做个性化推荐。这在当前的法律下当然是不被允许的，毕竟数据的最终归属权是用户，数据的流向也应该让用户知晓，但这并不能阻止我们对未来商业模式的一种畅想，即数据打通平台的流动，让新零售更好、更精准地实现。

最后不要忘记，数据的流动还要依靠“血管”，也就是传输网络。在网络上更重要的是数据安全。当然，笔者此处所说的安全不仅是数据传输过程中被人窃取，而是在传输中保证用户的隐私不被泄露。

如果需要保证数据的可靠性，那么隐私就可能被忽视。如果只关注隐私性，那么收集结果的可靠性就要打折扣。举个最简单的例子，如果商家得到了客户全套的信息，包括身份证号、手机号、姓名、收入情况、购买历史，就能精准判断该客户的籍贯、消费能力、购买偏好等，对客户做出更准确的推断，但这样无疑是每一个消费者都不愿意看到的。

另一方面，如果为了保证隐私性，比如只给商家发送所有注册客户的总体信息，比如近期平均消费额，普遍最喜爱的商品，虽然保护了单个客户的隐私，但商家从中无法做出任何有价值的判断。

数据的安全性和准确性经常是一对矛盾，不过这已经超过了新零售行业考虑的范畴，而是应该与数据安全行业结合，带来安全性和准确性都可以接收的新零售数据。

在这一章的结尾，我们可以发现金融、医药、零售、制造业这些传统行业正在被数据所改造，它们有的是通过数据重塑了行业流程，有的是运用数据拓展了全新业务，一直被反复论证的是，数据将越来越深地与这些行业进行结合，更深入地改造这些行业。

最后，笔者需要提醒各位，这些新的行业机会虽然拓展了我们数据分析师就业的方向，但也对个人能力提出了更高的要求。除了数据分析本身的技术以外，从业者还需要深入了解与行业相关的背景知识，掌握行业常用的分析方法，并了解行业价值体系，这三点才是长期观察一个数据分析师是否足够胜任的判断标准。

在下一章，我们就要谈谈从 0 开始成为数据分析师的步骤。

第 10 章　从 0 开始进入数据分析行业

在本章内容中，我们需要理解如何从 0 开始成为一名数据分析师。

行业的选择对于每个人而言都是人生重要的一个阶段，尤其是人生的第一个行业，它是学生时代与工作时代的分水岭，每个人都希望在这个选择的关口获得更多的信息和经验。

作为从大学时代走过来的数据分析从业者，笔者依然记得自己在毕业找工作期间的迷茫，只因为研究生期间学过的几门课程，让笔者成功进入了医药行业成为了临床数据分析师，每天与生物统计和图表打交道。笔者希望用自身经历和思考作为案例，引导各位在学生期间就建立起数据分析师的思维方式，并为未来从事数据分析行业增强自身的能力。

10.1　找好网络时代的资源平台

我们经常说，上帝为你关上一扇门，也会为你打开一扇窗。这句话可以被用来鼓励遭遇挫折的人们。但我们换一个角度，也可以理解为“上帝为你打开一扇门，也会关上一扇窗”。这句话在网络时代的知识获取中同样成立。

网络时代为我们打开了获取知识的大门，原来需要奔波在图书馆、博物馆渴求知识的人们，现在只需要在计算机前动一动手指，无论是维基百科还是专业的信息网站，都能把一个体系的知识以及它内涵外延完整地交到你的面前，这无疑是上帝打开的那一扇窗。

然而人与人能力的差别也因为这种方便而暴露无遗。在过去信息获取方式有局限性的时代，一个勤奋的人想获取新知识，总要花费时间和精力，四处奔走，拜访高人和思考，但现在一个人可以获取的知识总量是无限的，一个掌握合适学习方法的人所能获得的知识，将比没掌握这项能力的人多。

在这一节，笔者希望跟各位读者分享自己所了解的网络平台。在阅读本节之前，笔者更希望你能把本节作为一个工具。所谓工具就是在不需要的时候可以完全不用，在需要的时候可以记住它的位置随时拿起来。对于本节所介绍的平台，笔者认为这并不是数据分析行业的核心知识点，但希望你能在未来需要的时候快速地定位到这里。

10.1.1　网络学习平台

网络学习平台的主要功能是提供成体系的教学服务，老师可以开设课程，讲解某一项技术或能力。正因为这种情况，所以网络学习平台的水平也参差不齐，如果选择了水平不足老师的课程，很可能影响学习效率。

笔者认为，网络学习平台的选择主要应该参考两个方面：平台规模和运营能力。

平台规模是指平台的大小，一般而言，越大的平台因为拥有更强的品牌支撑，所以对课程质量的筛选也更有把控。另外，大平台提供了优秀的服务和退款机制，也可以更好地保护学员的权益。

运营能力则是一个综合性的考量，它是平台对老师和学生所能做出的服务。一般一家平台应该能够提供资料下载、学员反馈、学员评价等功能，更有品牌影响力的平台还可以推出自己的学员认证体系。

笔者在下文所介绍的网络学习平台都是运营能力良好的大中型平台，其中大部分笔者都亲身以老师或学员的身份使用过，因此相信更具有说服力。

1．腾讯课堂

腾讯课堂（见图 10-1）是腾讯推出的专业在线教育平台，聚合大量优质教育机构和名师。凭借技术优势，实现在线即时互动教学，提供流畅、高音质的课程直播效果。腾讯课堂背靠腾讯这棵大树，平台规模自然是不用怀疑的，属于国内当之无愧的第一梯队。在线教育领域中，腾讯课堂占据了 80%的市场份额。

图 10-1　腾讯课堂界面

腾讯课堂的模式是老师注册制，即某个领域的专家申请注册老师，通过腾讯课堂认证后允许发布课程，课程经过腾讯课堂审核后方可上线，要求课程具有独创性、体系性和创新型。总体而言，腾讯课堂对内容质量的把控是比较严格的。

腾讯课堂的优势在于依靠腾讯的社交体系，可以通过 QQ 群、微信等方式进行课前沟通和课后辅导。笔者在腾讯课堂上开设过多门课程，学员在报名后可以一键加 QQ 群享受课后辅导，非常方便。

2. 网易云课堂

网易在在线教育这一块儿也不遑多让，同样推出了自己的网易云课堂（见图 10-2）。在产品设计上，网易云课堂追求的是让学员更快、更自由地享受专业人士带来的专业指导。在课程设置上，网易云课堂创新性地包含了英语培训、兴趣技能、职场提升、设计创作等课程，当然其课程主要还是集中在技术培训上，其中就包含我们的数据分析。

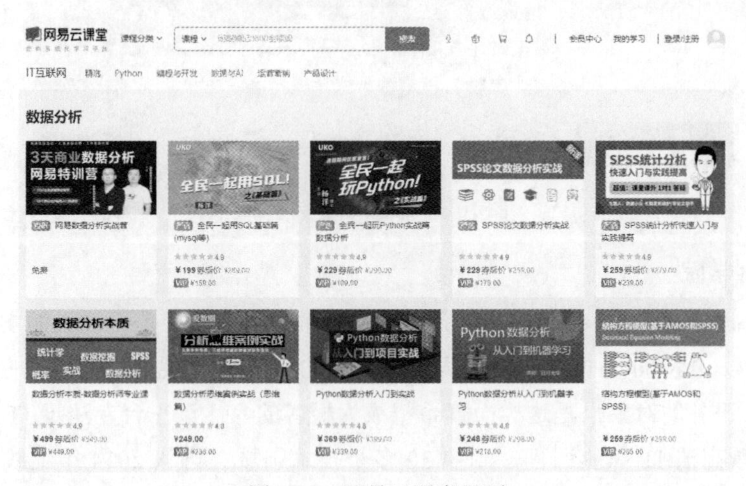

图 10-2　网易云课堂界面

虽然腾讯课堂占据了在线教育 80%的市场份额，但网易云课堂凭借其小而美的课程设计仍然“斩获”了不少忠实用户，笔者也曾在网易课堂上发布课程。网易云课堂采用的是与腾讯课堂类似的注册制，老师与课程需要经历两次审核，平台以专业视角对老师课程提出意见，共同打磨课程直至最终成型。因此从学员的角度而言，网易云课堂是课程质量的保证。

3. 51CTO 学堂

51CTO 学堂（见图 10-3）为 IT 技术人员终生学习提供丰富的课程资源库，数千名专业讲师和大厂工程师倾力分享了数万门在线视频课程，几乎覆盖了 IT 技术的各个领域。从名称就可以看出来，51CTO 学堂主打的是技术路线，从基础的编程教程到大数据、人工智能、算法和深度学习应有尽有，是国内一家比较领先的技术类在线课程服务平台。

需要注意的是，数据分析虽然属于技术，但只是技术的一个分支。例如 Python 就有面向编程方向和面向数据分析方向的课程，二者虽然都属于 Python 技术的子集，但是学习内容差别很大，学生在学习的过程中需要分辨它们的区别，选择最合适自己的课程。

另外，51CTO 还是一个综合性的交流平台，除了课程以外，还有大量的与数据分析相关的技术文章分享，学生可以享受到一站式的学习体验。

图 10-3　51CTO 学堂界面

4. 极客学院

极客一词来自英语的 Geek，指的是精通技术的专业人士。美国最大的实体电子产品零售商百思买（Bestbuy）的客户服务人员就自称 Geek，以体现他们的专业性。极客学院（见图 10-4）服务的对象也是这样一群希望成为极客的人，该平台专注于 IT 职业在线教育，拥有大量高清 IT 职业课程，涵盖 30 多个技术领域。自从 2014 年上线以来，已陆续与 Google、微软、AWS、百度、阿里、腾讯、字节跳动、京东、通用、中国银联、华为、国航、联合国教科文组织高等教育创新中心等一系列国际国内企业/组织达成技术咨询、人才培养、技术推广等合作。

图 10-4　极客学院界面

令人印象深刻的是极客学院的价值理念。他们认为，学习和培训，不应该是单向的信息传递，也不需要限定在固定的时空下进行。技术的发展，让人们有了更好的学习和训练方式，让技术本身赋能学习和训练，让这个过程更加高效。

需要注意的是，极客学院目前仍然以 IT 技术培训为主，专门讲解数据分析的课程比较少。如果你看重极客学院的专业性，在课程选择的时候一定要通读课程目录，确定课程的内容与你的需求相符。

5. 可汗学院

在线教育这个概念最早由美国提出并付诸实践，世界范围内也诞生了大量的学习平台，为了保证本书内容适用于大多数读者，笔者只选择一家世界性的在线交易平台与大家分享，这就是课程数量和口碑均属于第一梯队的可汗学院（见图 10-5）。可汗学院是 2006 年创建的一家非营利性组织，提供免费的在线学习课程，该机构曾获得 2009 年微软教育奖以及 2010 年谷歌公司“十的一百次方计划”教育项目的两百万美元资助。

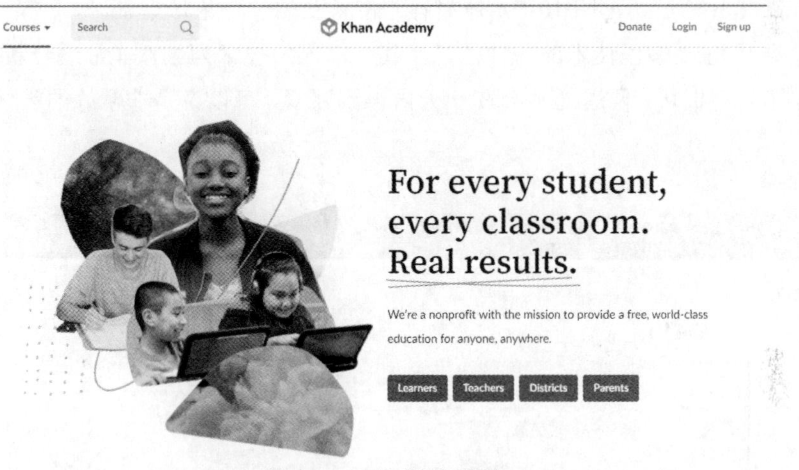

图 10-5　可汗学院界面

可汗学院的课程以 10min 的短片为主，从最基础的内容开始，以由易到难的进阶方式互相衔接。教学者本人不出现在影片中，用的是一种电子黑板系统。

可汗学院的特点是大而全，涵盖了几乎完整的知识门类，其中包含大量数据分析的课程。它的缺点也显而易见，因为是国际平台，可汗学院的视频以英文为主，对学员的外语能力是一个考验。不过如果希望接收到全球最新的数据分析知识，尝试选择可汗学院的免费课不失为一种选择。

10.1.2　社区沟通平台

学习讲究反馈，没有反馈的学习让学习者不知道自己所处的位置和已有能力，很难有进一步的提升。反馈的方式有两种：向外和向内。其中，向外就是将自己所学的知识给别人讲出来，讲解的过程就是凝练提升的过程；向内则是阅读别人的技术分享，确认自己是否理解别人所说的内容并且可以用相似的思路解决问题。

除了网络课程平台，社区沟通平台也是学习者经常光顾的网站，好的社区沟通平台可以让你快速、准确地完成向外和向内的反馈，有助于提升自身的能力。笔者总结一个优秀的沟通社区应该具备专业性、活跃性和分享性。

专业性是指该社区应当围绕一个核心话题展开讨论，而不是天马行空或者浅表性的话题列表；活跃性是指社区中应当有一部分活跃成员，经常更新内容，因为数据分析行业的快速变化，如果只是在几年前的话题中寻找知识，很可能已经过时了；分享性是指这个网络社区应该建立起分享的价值观，而非一味地索取。

笔者挑选了不同数据分析工具的专业平台，这些平台无一例外地满足以上三个性质，可以帮助读者更好地在特定领域获得足够优质的信息。

1. Python Tab 论坛

Python Tab 论坛（见图 10-6）是笔者非常喜欢的一个论坛型社区，这个论坛以丰富的版面提供 Python 编程技术的各种信息，其中以入门技术为主，非常适合新手。另外论坛也提供了问答板块，问题通常会在一天内得到回复，可以说是非常好的社区交流体验。

图 10-6 Python Tab 论坛

2. 人大经管论坛

不要被它的名字骗了，虽然名字中带有经管两个字，可实际上却是众多数据分析工具讨论的大本营，其论坛包含 SAS 板块、SPSS 板块、Python 板块和 R 语言板块等，是国内少有的数据分析全能型平台（见图 10-7）。

人大经管论坛通过优秀的激励体系建设，鼓励用户分享资源和解决问题，形成了黏性很高的用户群，进而吸引数据分析新手在其中发帖求教，学习反馈性做得非常好。笔者在其中发布的行业经验分享、技术总结等文章下有很多留言和讨论，激励了笔者继续发表高质量文章。

图 10-7　人大经管论坛

3．R 语言中文网

从名字和界面设计相信你看得出来，这是一个老牌的 R 语言技术分享网站（见图 10-8）。常年的运营让它积累了大量资料，特别是其 R 双语词典，可以快速查询 R 语言的函数、语法、包等信息，是学习 R 语言非常优秀的平台。

其他数据分析语言往往也有自己的平台，建议你寻找的时候以语言名+数据分析的关键词来搜索，不要只关注所谓通用型的数据分析论坛。

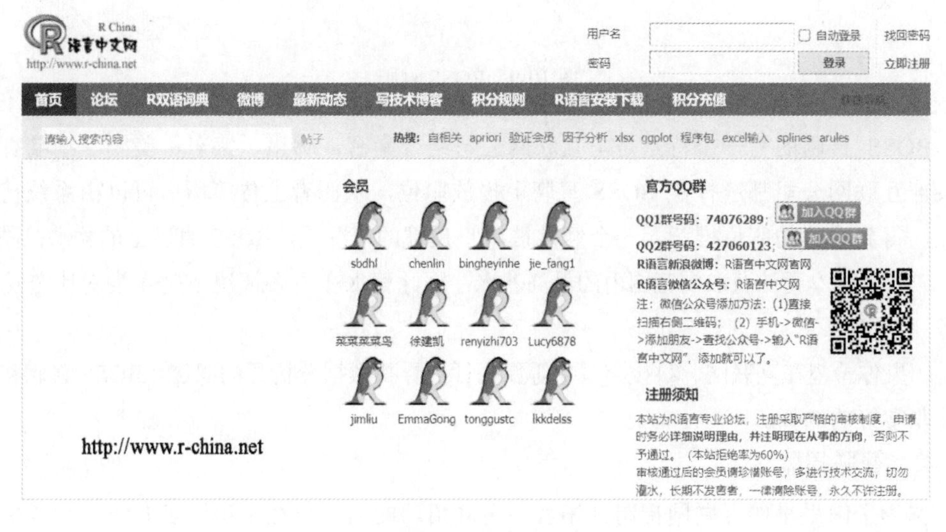

图 10-8　R 语言中文网

10.1.3 求职信息平台

相信在网络学习平台的能力辅助和网络沟通社区中，你已经拥有了足够的学习资源。数据分析师学习的过程最终是为了求职，在网络化的当今，求职网络化也成为一种趋势。选择合适的平台可以让分析师更快地匹配到合适的职位。

1. BOSS 直聘

首先我们需要明白直聘与招聘的区别，一般而言，招聘是公司按照既有的人才选拔流程，由人力资源部门对市场上求职者筛选的过程，而直聘就是公司管理者或者团队负责人直接寻找人才。正是因为发现了求职者跳过 HR 部门直接与负责人沟通的需求，因此 BOSS 直聘（见图 10-9）喊出了“找工作，我要和老板谈”的口号。

图 10-9　BOSS 直聘

BOSS 直聘的另一个特点是与互联网公司结合紧密，腾讯、京东、美团、嘀嘀打车等头部互联网公司都选择在 BOSS 直聘上投放职位，求职者上传简历后可以由系统自动匹配，得到合适的职位推荐。一个经常被用户反馈的情况是，BOSS 直聘上的薪水范围偏高，应聘者基本无法获取到范围内的最高薪水，因此薪水在更多情况下是作为对比公司的参考。

如果你希望在互联网、科技、医疗等新兴行业寻找数据分析师的职位，BOSS 直聘将是一个非常好的选择。

2. 智联招聘

作为中国最早的互联网招聘开拓者，智联招聘的名气已经不用过多介绍。它诞生于 1994 年，相信比很多本书的读者还要老。它开创了互联网招聘的先河，并通过近 30 年的口碑积累，让很多优秀的公司都愿意在上面投放职位信息（见图 10-10）。

图 10-10　智联招聘

3. 猪八戒网

如果你觉得求职暂时距离你太远，想在求学期间提升自己数据分析的实战能力，猪八戒网（见图 10-11）将是你的一个很好的帮手。

最初，猪八戒网是一个兼职信息的分享平台，随着发展，现在已经逐步成为集项目外包、企业服务、招聘等工作的平台。很多公司都会选择在猪八戒网上发布自己的任务需求，与传统的雇佣不同，这些需求是按照项目进行结算，完成项目提升能力的同时还能赚取收入，何乐而不为！

图 10-11　猪八戒网

10.1.4 社会关系很重要

除了以上的网络平台以外，还有一个非常常见却经常被人忽视的资源——社会关系。

读到这里你可能会想，我是一个普通的学生，来到大城市里读书，父母亲戚都是普通人，在陌生的城市也没机会认识什么高人，社会关系距离我有点远吧！

其实一点儿也不远！

每个学生其实都有两个天然的社会关系，老师和学长或学姐。

随着产学研的结合，很多高校的老师本身就担任着一定的社会职务，他们往往具有更高的社会成就，也拥有更广阔的人脉。如果在就业上有什么需要，完全可以向老师提出。

寻求老师的帮助其实也有窍门，一位老师要面对数十乃至数百个学生，不可能对每个人都能有深刻的印象，在求助的时候，如果能够建立起跟老师的联系，比如强调自己上过老师的什么课，或者跟着老师做过什么项目，让老师快速记起你，将是更有效的沟通方式。另外，在沟通的过程中一定要明确自己的目标，告诉老师自己的就业目标、期待企业。

另一个常见的资源就是已毕业的学长/学姐。一般而言，同一个专业的学生在毕业后所就职的行业均差不多，完全可以以优秀的学长/学姐作为自己参考的案例。如果有机会与他们沟通，一定要问清楚他们公司所要求的技术和能力，做到心中有数，提前准备。

每一个普通的学生其实都有这两层社会关系，无论是师生还是同学的关系，实际上是一种非常牢靠的纽带。

写到这里，笔者认为，学习、交流和求职的资源平台已经为大家介绍得差不多了。相信你可以找到合适的平台，借助他们的势能让自己得到提升，正所谓“好风凭借力，送我上青云”。

10.2 准备好求职简历与面试

俗话说“养兵千日，用兵一时”。如果说学习和能力提升是养兵，那么我们第一次用兵就是求职了。

笔者认为求职这个词其实并不准确，“求”字天然地产生了一种高低之分，仿佛用人单位高高在上，求职者低声下气，天生就有不平衡的感觉。其实英文中的求职是 job hunting，与中文语境不同，恰恰将二者的关系反转了过来。求职者如同猎人一样，对市场上潜在的猎物展开攻击和追逐，最终成功命中。

笔者了解有一部分毕业生恐惧求职，恐怕与这个词不无关系。

在求职过程中，准备简历与面试是每个人都逃不开的两个话题，它们与个人能力的关系就好比是面具，你本身的形象是自己的能力，简历是遮蔽在个人能力前的一副面具，既有可能让你显得更美丽，也可能无法展现出你的美，面试则是在简历前的一副面具，它是与用人单位直接沟通的渠道，更有可能放大或缩小你真实的能力。

隔着两层面具，我们要如何更清晰地展现自己的能力呢？这就是本节讨论的重点。需要注意，简历准备与面试过程千差万别，对于不同人而言都有不同的思路，本节我们不妨从一些通用性的原则开始，专注于数据分析这个行业，来探讨一些技巧。

10.2.1 好的简历长什么样

一份简历，一般要包含联系方式、教育经历、职业经历、技术能力、所获奖项、社会活动和出版物等信息。其中，联系方式、教育经历、职业经历和技术能力是必需的，每一份简历一定要有，后三项要根据求职者的能力酌情添加。

那么什么是一份好的简历呢？笔者总结了一句话：在包含信息关键词的前提下尽量展示出个人能力细节的简历就是好简历。这里面有两个核心：关键词和能力细节。我们需要展开说明。

每年毕业生的简历车载斗量，用人单位在招聘时，同一个岗位面临数十上百人的竞争，人力资源部门是怎样审核简历的呢？

其实第一步就是将简历放入系统中由系统完成筛选。其实说起来这也是数据分析行业的一项工作，通过计算机系统将简历的信息摘取出来放入数据库，然后用关键词查询的方法选择部分候选人进行人工核查。这一套系统被称为 ATS（Applicant Tracking System）。

正因为这套系统的存在，你会发现现在的公司更偏向于电子版而非纸质版的简历，因为扫描纸质版简历再用图片识别的办法抓取关键信息容易产生错误，而电子版则不会有这种问题。另外，有些公司在网上求职时提供了标准化的简历模板，也是为了让 ATS 系统更容易抓取数据。

作为简历筛选的第一步，ATS 是一个“无情”的机器，它并不会考虑你的简历设计得多么美观，排版多么清晰，虽然这些依然很重要，但更具决定性的因素则是关键词。

通过关键词筛选简历是 ATS 的核心功能。以一个临床 SAS 程序员的岗位来说，一般均要求拥有本科或研究生学习，专业相关，掌握 SAS 编程技术，最好拥有 SAS 认证证书，掌握生物统计方法，了解 CDISC 数据标准等。HR 部门可以把这些要求抽象成一些关键词，为每个关键词设置一个合理的权重，例如，本科或研究生就是硬性要求，简历中必须出现；SAS 是核心技术，权重很高；如果关键词中有 SAS Certified Base 和 SAS Certified Advanced，就有额外的加分。其他信息也都可以形成关键词和配套的权重。

所以，如果你的简历中包含了“本科”“SAS”“SAS Certified”“生物统计”“CDISC”这几个词，那么在系统里你就有可能被判定为一份优秀的候选人，更有机会获得面试机会。

了解了这种判定方法，并不是说关键词越多越好，系统同样为关键词设定了阈值。例如，如果关键词多次重复出现，那么很有可能也被淘汰。何况简历最终仍要交到人的手上，试想HR看到一份写着“掌握SAS编程、SAS data步、SAS proc步、SAS函数、SAS统计分析、SAS数据处理等能力”的简历会做何感想呢。

了解了这一套系统，我们在写简历前需要了解公司对人才的要求，如果在招聘要求上写明了需要精通Python，那么Python一定是关键词，其他语言只能是加分项，不可能占据主导位置。

另外，笔者在前一小节所说的考取官方认证证书的好处就出来了，专业证书全名一般包含关键词，将证书添加到所获奖项一栏中，可以增加关键词的密度，这是一种通过系统筛选的好办法。

通过ATS系统的筛选只是第一步，真正负责任的公司，当然不能只用ATS筛选，你的简历一定要经历过人力资源部门的眼睛，这也就诞生了接下来的一个问题：如何让HR第一眼就感觉到你是一个优秀的人才？

在市场上有一种说法，HR查阅一份简历的时间只有20秒，当然这个数字经常变化，有30秒、20秒、10秒的多种说法，甚至更极端地说HR只会给一份简历5秒的时间。以上这种说法的目的是营造出求职的紧张感，以笔者的招聘经历而言，一份简历大概会阅读30～60秒，这个时间已经足以对一位求职者人产生了解。那么简历的作用就是在60秒之内让人了解到求职者的能力，这就是笔者所说的能力细节。

很多公司因为体系庞大，人力资源经常是独立的部门，也有公司选择外包来完成招聘。人力资源人员虽然精通招聘，但本身不一定是行业专家，他们解读简历无法从专业的视角以及在行业框架内定位一名求职者的能力，因此我们的简历要做到的就是提供足够的细节。

细节往往需要数字来帮助，一个最简单的例子是“显著提升公司上年度销售额”与“促进公司年度销售额提升35%”相比，后者明显更具体，数字“35%”也更容易让建立阅读者产生横向对比，量化它的意义。在简历的“项目经历”一项中，完成数据的数量、参与项目的数量、时间频次、结果变化的百分比、结果的绝对数值、数据列表等都可以作为数字细节填充，让经历的描述更加生动。

例如以下描述：

参与15个CDISC标准下SDTM数据的开发与检验工作，包括DM、AE、LB、QS等对接7家下属企业，与团队成员共同编写了196页的年度计划。

通过互联网、线下等方式发放调查问卷，在两个星期内收获有效问卷1094份，使用线性回归等方法对问卷结果进行研究，得出了显著性<0.05 的诸多结论并发表在校园报上。

这些内容相比起空洞无味的“参与数据开发”“对接企业并编写年度计划”“发放问卷并进行统计分析”的描述要有效得多。

关于简历创作，与一般建议从头开始自己写不同，笔者建议在网络上选择一份美观、工整、不花哨、包含本小节开头所述内容的简历模板，跟随着模板内容进行创作。相信绝大多数人都是第一次写简历，经验不足是难免的。另外简历的质量很难试错，或者说试错成本很高，我们不可能投递数十份简历之后通过判断反馈结果来了解自己简历创作的质量，因此选择已经成型的模板风险更小。

另外一个方法是向已经入职的学长/学姐要一份他们的简历，然后按照相同的格式把内容替换成自己的。学长/学姐的简历其实是已经经历过市场检验的结构，具有一定的可靠性，又因为相似的专业背景，内容上修改起来也会更容易。

关于简历的长度，笔者建议将其控制在一页之内，而工作经历超过两段的求职者可以提供两页的简历。无论是一页还是两页，应当力求将页面填充完整，如果内容超量或者不足，可以通过调整行距、段前距段后距的方式进行修改，充满整张纸的简历本身就表现了求职者充沛的能力。

最后笔者需要强调，有人认为，简历一定要有出彩的地方，让 HR 一眼就能感受到你的与众不同，这个观点笔者并不认可。求职者写简历的数量和 HR 看简历的数量完全不成比例，求职者一生可能也不会创作超过 10 份简历，而一位 HR 在招聘季每天可能就要看上百份简历，因此在简历创作上可以说每个 HR 都是专家，神经早已对外界刺激免疫，如果想通过一些出奇制胜的方法博取眼球，结果并不会太理想。

10.2.2 面试——真的让人那么头疼吗

提起面试，很多参加面试者的第一个反应就是紧张，毕竟这可能是很多人人生第一次进行商业化沟通的场景。在本小节之前，笔者需要透露一个秘密：其实很多面试官对于面试同样紧张！

面试简单可以分为综合面试和专业面试两个阶段。其中，综合面试是 HR 或者公司的管理层对求职者展开的面试，主要考查面试者的综合能力，并且经常结合面试者的简历询问过往经历，这是对面试者的基本考查。专业面试往往由招人团队的管理者负责，直接对面试者的专业知识展开询问，确认实际技术能力。

再进行细化，我们发现面试中的问题可以分成四种：一般问题、经历问题、专业问题和情景问题。这四种问题所关注的侧重点不同，往往在一场面试中同时出现，从不同方面考查面试者的能力。

1. 一般问题

一般问题是指在所有面试中都会出现的普遍性问题，包括自我介绍、为什么要选择我们公司、你的优点与缺点、薪资期待等，这些问题的特点是容易准备但很难回答出彩，同理也并不会在太大程度上决定你的面试结果。所以笔者建议对于这种题目，准备的核心是四个字：四平八稳。这是面试官了解你的第一步，不要因为很难用它脱颖而出就完全不准备，也不要试图通过简单的几个问题就想让自己在面试官心里留下深刻印象，如果你真的留下了什么深刻印象，大概率也是不好的印象。一般性问题往往在面试开始，可以让面试者进入面试的状态，所以在回答问题时注意大方、真诚和亲近感的塑造，也方便我们下面的发挥。

2. 经历问题

经历问题是根据简历的内容进行提问，需要面试者结合简历中所写的内容来作答，常见的形式有“你在简历中提到的×××经历可以具体讲讲吗？”“你在做×××的时候是否遇到过什么困难？”这种问题可以比较综合地考查面试者的业务能力和表达能力。

针对这种问题，笔者建议在面试之前，应聘者一定要认真审阅自己的简历。很多人觉得自己的简历既然是自己写的，自然应当早已完全了解，为什么还非要审阅一遍呢？这是因为我们创作简历的时候，为了体现出自己的能力，往往会加上一些自己并不完全掌握的条目，这是人之常情。应聘者在审阅时一定要思考这些点如果被问到，是否可以给出一个比较有说服力的描述。如果时间充裕，还应该为每一条简历上的信息准备一个回答。

在回答问题时，除了专业的技术，条理清晰也是一个重要的加分项，毕竟企业招聘数据分析师，不仅希望他们能做对事，还希望能把事情做得有条理。

3. 专业问题

专业问题是最考验一名应聘者专业能力的问题。一个好的专业问题一般有两种思路：一种是将细节问题放大化，询问应用场景；另一种是将普遍问题聚焦化，询问处理方式。我们分别来讨论。

将细节问题放大化是把一个具体的技术推广到它可能使用的场景中，考查应聘者的整体思考能力。例如一个典型的 SAS 数据分析的面试题就是“请问你一般在什么情况下会使用宏程序中的%do 循环？”宏程序中的%do 循环是一个细节，面试官没有专注于这个细节知识点的语法，而是直接跳到了应用上去，在回答时应聘者需要快速思考自己曾经用到过的场景，比如 SDTM 标准下创建 SEQ 变量、循环生成名称含有循环节的数据集、用 proc report 生成多页图表等。

另一种典型的询问方式是普遍问题聚焦化，将一个普遍概念放到具体的应用场景里，这种方式可以有效地考查应聘者对细节问题的记忆和专业程度。例如，面试官可以询问 Python 中的 MySIAM 和 InnoDB 的对比，如果需要回滚，应当选择哪一个。这道题就是典型的普遍问题，但实际是聚焦到回滚这个细节上：InnoDB 支持事务这种高级处理方式，如在一系列增删改中，只要出错，就可以回滚还原；而 MyISAM 就不可以。

4．情景问题

最后一种面试题是最复杂的，笔者称之为情景题目，它把工作中遇到的问题还原到当时的情景，要求应聘者快速地作出反应，并且主要考查应聘者的全面思考能力、领导力、项目管理能力等综合能力。举例来说，一道比较著名的题目就是“你是一个团队的领导，在项目截止前五天发现所剩工作有点多，需要全队大约七天才能完成，你打算怎么做？”

这种题目的特点是两难或多难抉择，并没有完美的解决办法，比如上例中，既可以要求团队加班完成，也可以跟领导申请额外时间，但不论哪种选择都一定有所损失。很多人会以为这种题是考验临场反应或智力，希望给面试官一个从未想过的完美方案。但其实这个方案并不存在，真正合理的答题方法是表示自己理解两难的处境，然后分析各种选择的利弊，自己再选择一个尽可能兼顾的答案并说明原因即可。

在面试过程中，我们应当尽量判断面试所考的题目属于以上哪一种，这虽然对于我们回答问题没有直接的帮助，却可以帮我们塑造掌控感，这是面试信心的来源。无论如何，自信是面试中需要体现出来最重要的品质，只有你自己确认自己有价值，公司才可能作出相同的价值判断。

最后我们需要强调，面试是一个综合性的过程，笔者以上的内容知识对面试题这一个小分支做的讲解，其他的仪容仪表、面试礼仪、紧急情况处理，乃至表情管理、态度这些细节我们在本书中就不再涉及，好在网络上有很多资料可供面试者学习，可以说只要你能学到相对靠谱的资料中的部分内容，通过面试一定是水到渠成的事情。

简历与面试都准备好了，我们就可以进行下一个问题的思考：笔者一直强调就业是双向选择，除了公司认为你的能力匹配他们的职位，求职者同样应该判断一家公司是否适合自己？这个话题我们会在下一节中探讨。

10.3　选择一家正确的公司

人是社会性动物，与所处社会有着千丝万缕的联系，也面临各样的选择；一个人的一生中都会面临两件大事：婚姻和事业的选择。本节我们就来说说如何选择一家正确的公司。

笔者在这里使用“正确”二字，并不是对应着某些公司就是错误的选择。每家公司在市场上都有不可替代的生态位，尤其对于数据分析这个新兴行业而言，即使是业务类似的公司，具体工作的内容也会有所不同。

在这种情况下，因为每个人的价值偏好与客观情况不同，作出的最合理选择自然会不同。这一小节笔者并不能直接告诉你选择哪一家公司更好，但希望通过论述，教给你一套自己选择适合自己公司的方法论。

10.3.1 第一步，完全确定自己的行业

求职人士最让人担心的不是能力不足，也不是社会经历的缺失，而是不清楚自己的目标，这个行业也想去，那个行业也想试试，生怕错过时代的风口，也担心风很快就吹过。笔者也与这样的求职人士交流过，他们中有的觉得自己去哪个行业都可以，就看哪个行业招人更多，有的看似有规划，但是一说出口就是想进入金融、医药或者互联网这种跨度很大的行业。

如果你距离毕业不足一年，笔者建议你在读过本节之后就思考并确认自己要进入的行业，这个行业必须是具体的某一个类别。这样做的原因有很大的好处。

（1）确认自己数据分析能力与行业的匹配性。本书多次提到过，数据分析的主流工具不下五种，具有一定行业使用率的工具更是超过 10 种。

虽然数据分析工具非常多样，但在某个行业中，最多只会有 2~3 种工具并存。如果没有提前确定行业，很难有针对性地准备自己的能力，而容易造成笔者所说的样样粗通也样样稀松，掌握了 R 语言、Python 的基础语法，考了 SAS 的证书，也跟着网课学过 Tableau 和 MATLAB，但每一门都没有实战项目的经验。

（2）节约简历创作时间。一般而言，学生求职不能只有一份简历，而是根据行业中不同公司的要求准备 2~3 份简历，它们大体结构和主要内容相同，但在细节上却有所区别，例如有的简历侧重市场营销的经历，有的简历侧重项目管理的经历。

简历创作的思路一般是完成一份后进行微调，如果就业方向不明确，就需要为每个行业单独设计一份简历，这样耗时耗力，加之方才说的工具问题，可能每一份简历都不出彩。

现在学校教育学科安排有时不能完全适应市场的要求，数据分析本身也属于跨界学科，很多同学可能确实无法确认自己的就业方向。针对这种情况，笔者的建议是随大流。

随大流经常被认为是随波逐流，但实际上，如果流水的方向是光明的远方，随波逐流又何尝不是一种智慧的选择呢？根据学校发布的毕业生就业方向统计，选择自己专业中最多就业方向的行业，往往不会出错。

（3）请不要把选择行业看成是“一锤子买卖”。笔者从事临床数据分析行业教育多年，有很多人都会询问一个问题：如果这个行业不行了，或者被人工智能取代了怎么办？笔者的回答很简单：不行了就去其他行业。我们现在所面临的是一个开放社会，就业的选择不仅多，而且可以随时转换，并不存在一个人一辈子绑定在一个行业的情况。

另外，数据分析本身作为一个学科，从事它所获得的经验积累就是一个人提升自身价值的过程。优秀的数据分析师都是需要从实践中积累经验指导自己的工作。因此数据分析师并不会被行业所限制住，只要数据仍然在发挥作用，分析师就有机会在各个行业中贡献价值。

10.3.2 城市，真的很重要

确认自己所在行业之后，下一步就是选择公司，而在选择公司的种种因素中，笔者认为城市，或者说地域，是最重要的一个考量因素。

我国现在有 4 个直辖市、2 个特别行政区、293 个地级市，常住人口城镇化率达 63.89%。城市中往往诞生复杂的商业模式，数据分析作为人才密集型行业，一般也存在于城市，特别是大城市之中，数据分析师入职热门的科研机构、药厂、互联网公司、金融企业。一个人的发展与城市的发展高度相关，所以城市是考量就业的第一因素。

如果把城市分类，我国的城市可以大致分为一线城市、二线城市和三线城市。笔者认为，城市的选择应当尽量选择更大的城市，因为大城市的企业密集度与小城市的企业密集度不可同日而语。根据数据统计分析，中国大企业、中小企业的平均寿命分别为 7~8 年、2.5 年，而以 25 岁开始工作计算，我们大约有 40 年的工作时间，因此与传统的认识不同，每个人的职业生涯中跨越多个公司乃至多个行业才是常态。

基于以上原因，选择大城市其实在某种程度上降低了生活成本。因为在城市内更换工作容易，很可能新公司距离老公司只有一站公交车的距离，搬家成本就被节约下来了。另外，因为公司密度足够高，两份职业之间的间隔期也可能更小，这也无形之中节约了待业状态的成本。因此笔者建议选择一个产业密集的城市对数据分析师更加有利。

这样的筛选方法并不足以帮助你筛选出最终工作的城市，这里笔者推荐一个城市选择三步走的思路：上学城市—家乡城市—心仪城市。把这三条当成三个漏斗逐步筛选。

第一考虑的应该是自己学校所在的城市。表 10-1 所示的是截至 2020 年 6 月我国本科大学数量的城市排名。我们发现这些大学都集中在产业密集的一二线城市，因此本身就业环境优秀。

表 10-1 截至 2020 年 6 月我国本科大学数量城市排名

城市	本科大学数量	“双一流”院校数量
北京	67	34
武汉	46	7
西安	44	6
上海	40	13
广州	37	5
南京	34	12
天津	31	6
成都	29	7
杭州	28	2
沈阳	28	2

笔者推荐将上学城市作为自身的选择，是因为大学 4 年或研究生 2~3 年的学习期间，你已经对一所城市具有足够的了解，选择它们让你无须在一个完全陌生的城市中重新摸索，节约了隐形成本。通过考察一所大学的毕业生，也能发现大部分学生在本地就业，这样的选择无疑扩大了自己交友圈的范围。因此大学所在城市是求职的第一选择。

出于种种原因，如果无法选择自己上学的城市，那么就要进入思路的第二序列，即选择家乡城市。随着我国城市化的发展，越来越多的人口居住在城市，而随着网络等基础设施的建设，也有很多数据分析公司选择扎根在非一线城市，这就给了大学生在家乡数据分析企业就业的机会。

选择在家乡就业同样好处多多。一方面，若家乡就业，则有机会与家人住在一起，相对生活成本可以降低不少。另一方面，家乡是一个人截至求职为止生活时间最长的地方，与学校城市相似，都可以有效降低进入新城市的隐形成本。

最后，也有一些求职者既不愿意选择自己学校所在地，也不愿意选择家乡，而是希望选择一个有活力的城市从头开始打拼，笔者同样尊重这样的求职者。在城市选择上，除了应该有足够的数据分析就业前景，城市活力、治理能力、治安水平也是综合考量的因素。作为年轻人，我们当然不希望自己未来几年乃至十几年工作的城市是老气横秋的感觉。百度发布的《2020 年中国城市活力研究报告》指出，深圳、广州、东莞三座城市具有很强的人口吸引力指数，北京、上海、成都、苏州、重庆、杭州、佛山等城市同样入选。

通过网络查询、亲朋介绍，相信你也可以确定一座自己心仪的城市。无论哪种城市筛选方法，笔者都认为，城市是就业非常重要的考量因素，并且需要在求职早期尽快确定。

10.3.3 公司规模的大与小

除了城市，笔者认为求职需要考虑清楚的第二个问题就是公司规模，你是想去一家稳定的大公司，还是想去一家充满活力的小公司？这是每个人都面临的抉择。我们首先从行业普遍性来看一看大公司与小公司的区别。

大公司往往代表了稳定、完善和专业化。稳定是指相比起小公司而言，大公司已经积累了足够的资产和产品护城河，一般存续时间可以比小公司更长，工作环境的稳定性较高，不必担心公司关闭而致自己失业的问题。完善是指大公司一般都有完善的晋升体系，做到一定年头或者足够优秀，总会有上升的空间让职场人士攀爬。专业化是相比起有些小公司的综合性，大公司内部门林立，每个部门和团队只需要负责手头的专业化任务，其他工作内容交给其他团队即可。这样职场人士在大公司内可以快速强化专业技能。

小公司同样也有一系列正面关键词，笔者总结为进步、机会和视野开阔。如果你处在一家快速进步的小公司内，公司的能力与你的能力同步增长，就业者更容易感受到工作的意义，被称为职场成就感，是一种重要的内奖动力来源。同样，小公司如果发展足够好，从业者也有机会分享发展过程中的红利，实现弯道超车。最后，小公司因为人员的不足，经常一个人要身兼多职，有机会接触跟自己业务相关的业务，能够开阔视野。

通过对比我们其实就能发现，大公司的优势其实正是小公司的劣势，而小公司的缺点在大公司也全能得到解决。笔者更希望各位求职者以一种相对性的眼光来看待大公司与小公司的问题，并且结合自身实际与兴趣，选择岗位。

另外一个现实问题是，大公司比小公司更难进入。以笔者从事的临床数据分析行业为例，行业内的头部企业辉瑞、诺华、精鼎等公司，无数毕业生挤破了头都希望进入，但一些小型内资的 CRO 或药企，可能整个数据团队不超过 10 个人，并且经常面临人员不足又招不到人的情况。

造成这种现象的原因是多方面的，但可以总结为市场因素和心理因素两大类。大公司提供的薪资水平一般更高，笔者在 BOSS 直聘上，按照人数对公司规模进行划分，将 5000 人以上的公司定义为大公司，100~5000 人的公司定义为中型公司，100 人以下的公司定义为小公司，然后搜索数据分析岗位，得到了薪水的分布图，如图 10-12 所示。

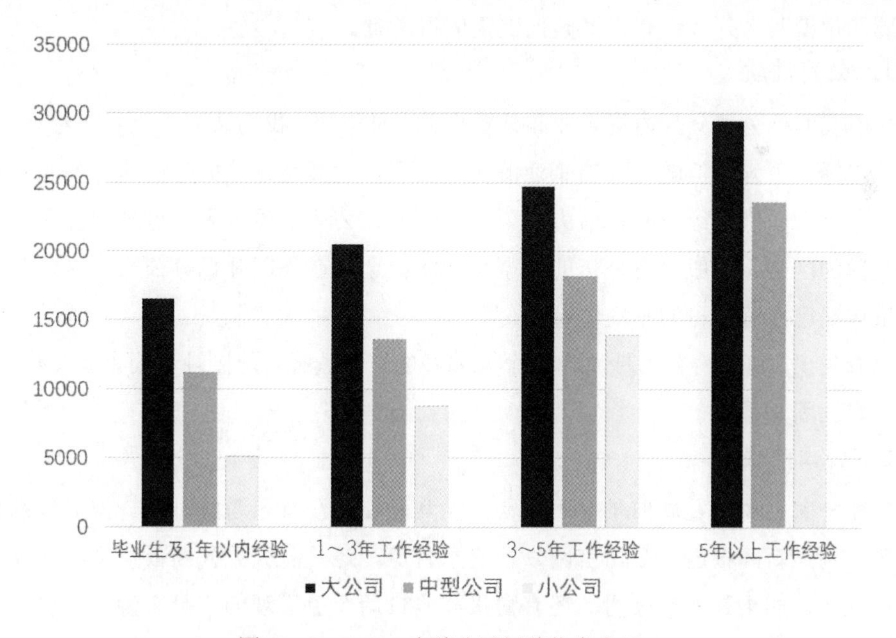

图 10-12 BOSS 直聘公司招聘信息水平

可以看出来，无论哪个工作经验的区间，大公司都明显比中小型公司可以开出更高的薪酬。如果我们严谨考量，其中有一部分因素是大公司集中在一线城市，本身薪资水平就更高。但如果把公司限制某个城市，得到的结论中不同公司类型的薪资差别会减小，但差别本身仍然存在。

心理因素的影响同样存在，也就是从就业者主观感受来看，就职大公司会显得自身水平更高；反过来，大公司的行业背书也是自身提升身价的重要手段，所以就造成了大家都爱去大公司的局面。

笔者有幸在大公司与小公司都有过工作经历。在大公司中，数据分析师的工作内容更加流程化，开会、制定项目时间、写程序，每个过程都有大量已有案例参考，并且有公司内部的参考标准，很难办错，同时也很难做得出彩。小公司则是另一番工作体验，经常被任务推着走，今天需要与领导沟通项目进度，明天又因为临时的项目组成全新小组快速响应，工作内容很充实。

从以上分析和笔者的经历来看，不同规模的公司因为发展阶段不同，其实不存在更优选项的问题，明确它们的区别才能更好地做出适合自己的选择。

10.3.4 其他考量因素

就业很多时候就像找对象，我们判断一个人是否能够共度余生，绝不会只关注他/她一两项的品质，而是需要对整个人做综合性的评估。选择公司也是如此，除了以上所说的地域和规模两点外，还有很多其他因素值得考量。

1. 公司性质

一般我们把公司分为内资企业和外资企业。早年间，我们认为外资企业管理更成熟，项目的国际性更强。但随着我国企业的快速发展，尤其是在数据分析这样的高科技行业的发展，这个区别已经没有以前大了。很多时候，公司性质带来的这种观感区别主要是企业规模的区别。一般只有外资的大型企业才会选择在我国开设分公司，这些公司的平均体量自然比内资公司的平均体量大。

笔者建议，可以将公司性质作为个人偏好的一种选择，是接触不同企业文化的机会，而非决定性因素。

2. 公司前景

判断一家公司的发展前景并不容易，尤其是在还没有入职的时候。但通过综合其他信息源，例如新闻报道、公司官网、社交平台等，还是能大致判断公司现状和发展前景的。特别地，如果是上市公司，还有财报和股价两个更直观的信息来源，但这也需要求职者具备一定的金融知识。

3. 企业文化

企业文化是一个看起来比较虚的东西，但它却时刻影响着在工作中的体验。一般企业的文化会写在官网上，除了这个渠道以外，通过某些社交平台，也能快速了解企业的员工信息。既然公司是由人构成的，那么这些人自然也对企业文化的形成有着重要作用。

通过以上考量因素，相信你已经有足够的能力筛选出一家符合你心意的公司。需要注意的是，每个人的现状、能力、意向都不相同，并没有某一家企业是适合所有数据分析师的。因此在考量企业的时候，一定要按照自己的价值判断，不能人云亦云。

企业挑选足够优秀求职者的过程，实际也是求职者对企业进行筛选的一个过程。希望你能建立起更加主动、进取的职业观，就业是双向选择，我们应该根据自己的需求来选择企业。

10.4 工作环境中的底线和规则

在求职面试这个场景里，拿到一家公司的 Offer 代表着这个阶段的结束，但在职场生涯中这恰恰表示一段新人生的开启。作为一名新手数据分析师，除了技术以外，我们还应该了解这个行业中的底线和规则。

有些底线和规则会清晰地写在工作守则中，甚至需要你签字确认，但社会是复杂的，每个环境中都有一些潜在的被人默默遵守的行为准则，它们不需要明文规定，乃至不需要用语言传递，是每一个分析师都应该了解并运用的，这些也可以被称为潜规则。

10.4.1 潜规则，不是暗规则

本节最开始，我们需要明确潜规则这样一个概念，这个词经常出现在新闻报道中，我们也会看到诸如公司年会上被强制灌酒导致胃出血住院、领导强制要求加班等内容，无数职场人士看到这里就会义愤填膺。潜规则一词同样逐步动词化，现在说起某某被潜规则了，公司 CEO 潜规则下属员工，每个人都理解它是什么意思。这些现象不仅有违公序良俗，甚至涉嫌违反法律，是任何人都应该批判的。

但有些规则实质上也推动了公司和行业的发展。

我国学者吴思在他的《潜规则——中国历史中的真实游戏》一书中通过大量古代历史案例论证了潜规则的形成、运行和演进方式，证明了潜规则存在的土壤是交易双方和更高层次的正式制度代表合谋的结果。在某些程度上，潜规则维护了庞大系统的稳定性和运转。

笔者在求学期间就读过这本书，它较强势地改造了我的世界观和价值观，让我在就业之初对潜规则并不抵触，而是努力地学习它们，并以尽量客观的视角看待它们的价值所在。

吴思老师的创作实际是在矛盾中前行，一方面他本人也肯定了潜规则对于古代官僚系统稳定的推动作用，另一方面在所举出的例子中也包含了对无理潜规则的鄙夷。

在该书的第二等公平这一章中，吴思阐述了不同等级公平的情况。

第一等公平，自然是在法律条文、正式规定里堂而皇之写着的。这些条文、规定大部分都是遵照儒家“民为贵君为轻”“水能载舟亦能覆舟”“为官一任造福一方”的理念写的。所以听起来都是很不错的。

不过基本上老百姓对于这些听起来很美妙的规定都是不寄予希望的。他们指望的是“第二等公平”。例如官老爷可以贪污，但不能草菅人命；可以受贿，但不能逼良为娼；可以欺负老百姓，但不能搞出人命……

也就是说，这所谓的“第二等公平”，是官民双方反复磨合之后，一条默认的边界。在这条边界上，官员能够获得比明文规定更多的利益，也能对百姓作更多的欺压，但必须给百姓留一条生路，不能把人给逼绝了。

考察这段描述所处的环境，其一是古代社会，其二是封建社会，而这两个环境在如今已经不复存在，因此比起第二等公平，当前职场讲究的是“第一等公平”。笔者认为，所谓的第一等公平应当符合以下三点：能者多劳、能者多得、路径透明。

能者多劳是指真正有能力的从业者应该更多地劳动。假设有两位工作者，甲的能力很强，每周可以完成100单位的工作，乙的能力稍差，每周可以完成50单位的工作，那么公司利益最大化的做法很简单：每周给甲安排100单位的工作，给乙安排50单位的工作。这样既不会让甲因为效率高无事可做，也不会让乙追不上团队的进度而产生负面情绪，是一种三方共赢的局面。

然而能者多劳一定要对应着能者多得，也就是提供一个能者的晋升机会。在当前职场，尤其是技术驱动的行业，我们实际上也经常看到这种情况，虽然获得晋升的人不一定是技术实力最强的，但一定是综合表现最好的，从技术能力到项目管理、人际关系，全能型的人才更容易获得晋升的机会。

第三点，就是公司应当为晋升提供清晰的路径，并且这个路径是团队人都应知道并且信服的，很多人都曾为公司不透明的晋升制度而苦恼，自己辛苦工作积累能力，最终却没有得到晋升的机会，而别人的收入和职位很快得到了提升，无论他人有没有使用不光彩的手段，我们总会下意识地认为对方使用了，这就是职场的困境之一。如果公司不提供清晰的晋升路径，那么员工必然会陷入猜疑之中，最终造成企业人才流失。

这三点是优秀公司中一定包含的潜规则，它们可能没有在公司条文中体现，但观察公司的每一个决策，都符合以上三点。

10.4.2 数据分析行业的铁律

具体到数据分析行业，我们同样有一些规则需要遵守，这些内容包含分析方法的使用、数据可视化呈现方式等。但如果让笔者总结凝练行业最重要的规则，我认为是数据的真实性与分析的客观性。

数据的真实性是指数据传递到分析师的路径上没有遭到篡改、增添和删减。数据在到达分析师手上之前可以经历很多节点，从数据收集、记录，到打包、传输、前处理等多个步骤，更何况当前还有很多第三方数据外包公司，而数据在每一个环节上应当保证真实。这一点在绝大多数公司都只有简单的陈述，其实是数据分析行业必须遵守的第一法则。

数据分析的目的是从客观收集的数据中得到信息和知识，如果数据被篡改，或者直接是人造数据，那么分析得到的信息和知识就没有意义，数据分析师的工作实际也失去了根基。如果数据分析师使用错误的分析和统计方法得到的是不可靠的结论，那么使用虚假数据进行分析得到的就是完全无用的结论。

很多数据的不真实性甚至无须修改数据，只需要屏蔽掉部分数据，就可以改变预期的分析结果，例如在临床试验中，将试验组患者的副作用选择性地汇报，将对照组患者病情好转的信息直接屏蔽，这就造成了试验组有效又安全的假象。

在拿到数据后，分析师应使用恰当、客观的分析方法，不能凭借自己对数据的偏见或认识误区开展数据分析，也不应该使用不正确的方法分析。

关于数据分析的常见错误，辛普森悖论是一个很有趣的案例，这是英国统计学家辛普森于 1951 年提出的悖论，即在某个条件下的两组数据，分别讨论时都会满足某种性质，可是一旦合并讨论，却可能导致相反的结论。

例如某公司制定了网络广告和地铁广告两种广告媒介的营销方案，并且设计了两种视觉效果进行投放，现在得到了如表 10-2 所示的数据。

表 10-2　某公司投放广告成果

投放类型	地铁广告—A 方案	网络广告—A 方案	地铁广告—B 方案	网络广告—B 方案
曝光人数/人	19500	34000	75000	14000
转化人数/人	500	1000	5000	1000
转化率	2.6%	2.9%	6.7%	7.1%

从表 10-2 中，对比 A 方案和 B 方案在相同媒介中的转化率，可以发现 B 方案在地铁和网络广告中的成绩都明显好于 A 方案，然而事实真的是这样吗？

我们把 A、B 两种方案的曝光人数和总人数计算到一起，得到的 A 方案综合转化率是 5.8%，B 方案综合转化率却只有 4.1%，A 方案的综合表现显然更优秀。

造成这种悖论的原因简单说就是不同分组下的样本数量不一致，而这在真实数据中经常出现。为了避免这种情况，我们一般需要对数据进行加权处理。如果没有很好地选择分析方法，导致了辛普森悖论的发生，那么分析所得到的结论就没有指导作用，分析师的工作也就失去了意义。因此笔者认为这也是一条每一位数据分析师都应该遵守的行业潜规则。

从以上案例可以看出来，数据分析行业虽然成文的规定很多，但不成文的规定可能更多。这些不成文的规定被每一个从业者和公司遵守，最终对于个人、企业、行业都有利，这就是优秀的潜规则。

10.4.3 对职场陋习说“不”

虽然笔者力图证明潜规则不全是不好的，但事情总有两面性，我们不能因为潜规则中包含阴暗的内容就对它避之不及，也不应该因为它有正面的作用就全盘接受。

职场潜规则同样有其不应该存在的一面，以下就举几个你可能遇到的例子。

1．数据造假

数据造假在有些公司中普遍存在，这是一种与我们上述潜规则相反的规则，笔者对此深恶痛绝，并且相信每一个有良知的企业和个人都会明确反对这种做法。数据造假的源头有两种，正是笔者上述所说的收集传输过程和分析过程的造假。对于数据分析师而言，在收集传输过程中的造假我们可能接触不到，但分析过程的造假可能很多人都被要求过。

作为最影响数据行业的潜规则，笔者认为，数据造假应当坚决杜绝，尤其是医药、制造等关乎人民安全和国计民生的行业，数据造假推动本不合理的项目前进，可能造成极大的损失。

2．霸占劳动成果

这也是职场上常见的一个现象，很多人都曾抱怨过自己辛辛苦苦的工作成果，被别的团队成员或者别的部门拿走，冒充成自己的功劳，进而加薪升职，而自己却什么好处也没得到。这是一种自古以来就有的职场陋习，甚至很多职场人士经过几年的挫败，从厌恶这种行为最后也变得同流合污。

好在数据分析行业本身的劳动归属权比较清晰，一个人开发的学习模型，或者做的分析报表，一般都可以被溯源追踪，无论好坏都能找到具体的责任人。但这并不代表数据分析师不需要主动保护自己的劳动成果，分析师在提交周报、月报中，完全可以把自己已经做了和计划要做的事情条分缕析地写进周报，让团队提前知道你的计划。

另外，当自身权益被别人侵害时，应该第一时间站出来，用一种委婉而不卑不亢的方法提醒周围人和领导自己的工作成果，这并不是相互倾轧，而是自我保护。

3．职场霸凌

职场是一个上下级明确的社会体系，每个人都清楚地知道自己的领导和下属，有些人会将工作关系带到日常生活中，认为领导对下属拥有无限的权威，进而产生了职场霸凌。随着社会开放程度的提升，职场霸凌这个过去隐秘的现象，逐渐浮出了水面。

根据智联招聘发布的《2020 年白领生活状况调研报告》数据显示：面对职场霸凌，66.42%的白领选择离职逃避；52.98%选择向同事吐槽，以获得宣泄；还有 44.01%选择忍气吞声；只有 26.88%的白领选择正面理论；6.49%会利用社交媒体进行公开爆料，但很少有人选择维权。

首先，我们应该明确，面对霸凌，极端的反击行为和忍气吞声其实都不可取，与之相对的离职、据理力争和争取舆论支持等方法都是笔者和社会主流价值观所支持的维权方式。很多人之所以选择忍气吞声，是因为担心自身能力不足无法找到下一份工作。但实际上，当前数据行业处于高速发展期，没有一家公司是不可被取代的，与其忍受霸凌，不如勇敢拒绝，以给自己一次新的成长机会。

以上是笔者所了解到的数据分析行业中常见的陋习，或者我们可以说它是潜规则的阴暗面。笔者并不希望塑造出数据分析职场完美无瑕的状态，这与事实不符，也无端地拉高了从业者对行业的整体期待。笔者更希望分享一个真实的数据分析行业，它有自己的原则，也经常被某些人打破。

本章到这里，对一个新人从个人能力的提升到入职之后的准则分节做了阐释，相信已经覆盖了从入门到入职的整个过程，不论你当前身处哪一步，都可以翻开本章为自己做系统化的梳理，找到下一步自己应该做的事情。

在下一章，也就是本书的最后一章，我们不妨从思维方式的角度，重新认识数据分析行业。

第 11 章　数据分析师应有的思维框架

创作到本书的最后一章时，笔者重新回顾了一下之前的章节，力图让本书的内容尽可能地覆盖数据分析行业的各个方面，从产业到行业，再到具体的技术，笔者竭尽所能在每一个层级，本书都提出了具有洞察和源自实践的想法与建议。

然而如果在上一章就完结本书，笔者总觉得尚有一块重要的拼图未被提及，即从人的角度重新观察数据分析行业。作为深度嵌入公司和行业的从业者，行业整体的变化不会波及我们，而具体的技术也往往长期保持不变，所以个人的能力和思维方式反而是一名数据分析师脱颖而出的关键。

作为本书的最后一章，笔者计划将内容拉回到“人”这个角度，探讨数据分析师如何将自己修炼得更强。作为一个技术驱动的行业，技术虽然是数据分析师立身之本，但并不是唯一需要提升的地方，因为数据分析同样是一份“想法大于行动”的工作，想法是指导具体工作的驱动力。本章的内容就是从思想层面上梳理数据分析师的晋升之路。

11.1　程序思维 vs 项目思维

笔者在拙作《SAS 数据统计分析与编程实践》一书中，阐述过从程序思维到项目思维的转换，书中提到：

工作经验不仅仅是你在工作中积累的一些应对特定问题的方法和思考，更是你通过这些特定问题而总结出的一般性理论框架。拥有工作经验不仅仅是你比别人做得更快更好，而是对项目有一个统筹管理的能力。在每个阶段，一个人所拥有的能力是不同的，只有确认自己所在位置，并明确下一步提升的要点才能有针对性地培养能力。

虽然以上内容是针对 SAS 程序员的职场建议，但实际上这种思路可以推广到一般的数据分析行业中，每一个数据分析师都需要在程序思维和项目思维中切换，而这恰恰是优秀分析师的能力之一。

11.1.1　什么是程序思维和项目思维

关于思维方式，我们在网上可以看到很多，什么感性思维、理性思维、产品思维、逻辑思维等，每一种思维方式都代表了一种理解工作或世界的方式，每种思维模式代表了一种群体的思考方式。

笔者认为，数据分析师经常具有的思维可以分为程序思维和项目思维两种。两种思维方式都是分析师走向成熟的标志。

程序思维是指使用编程语言的逻辑理解数据分析过程的思维方式。但如果仅仅使用程序两个字代表这种思维模式，其实无法清晰地描述出它的本质。

试想现在的数据中存在异常值，我们需要把它们挑选出来并填补。不具有程序思维的人可能只能说出几个简单的步骤：发现—找到—填补，但计算机或者说程序无法通过这样几个简单的描述就帮你完成工作。具有程序思维的人会将这个步骤细化，做到每个步骤都有明确的输入和输出。

例如，寻找异常值，第一步是选择合适的方法，分析师选择两倍四分位数的方法判断，首先对需要处理的变量计算统计量，获取它的四分位数，将四分位数的两倍与每个数据进行对比，如果数值大于四分位数的两倍，则证明这是异常值，将异常值的记录标记出来，并使用四分位数的两倍进行填补。

观察以上过程，我们发现程序思维的核心就是清晰的路径，上一步的结果是下一步的输入。将以上思维过程做成图将是如图 11-1 所示的样子。

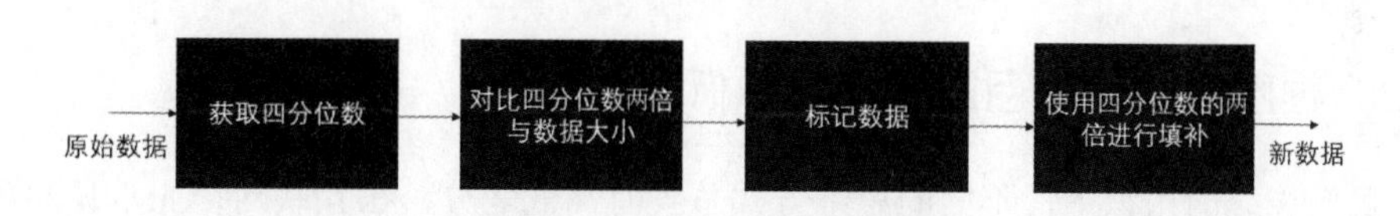

图 11-1　程序思维过程示意

这种思维方式对于数据分析师，尤其是初入门的数据分析师而言是非常重要的。如果各位读者刚刚参加过数据分析师的面试，对此可能更有体会。很多面试官都喜欢在某个细节问题上不断深入询问，其实这就是考查面试者是否具有程序思维，并将具体细节不断深化，拆解为具体的、相互连接的步骤。

在另一个层次上，项目思维与程序思维有所不同。如果在网络上搜索项目思维这个词，我们会发现它经常被用来与产品思维进行对比。项目思维注重产出，而产品思维注重结果，项目思维注重项目的时间和资源安排，产品思维注重整体的解决方案。两种思维模式的对比经常被用于互联网行业。

数据分析虽然与互联网行业具有紧密的结合，但本书此处提及的项目思维与互联网行业的项目思维并不相同。在数据分析行业，项目思维是指将数据分析工作作为一个整体，并将其拆解为若干递进或平行步骤的思维方式。

如果说程序思维是线性的，并且重视每一个步骤之间的关系，那么项目思维就是发散的，需要考虑数据分析项目的每一个组成部分和它们之间的关系。项目的每一个组成部分既可能是相互依存的关系，也可能是平行的关系，这需要分析师对数据分析项目具有很强的掌控能力。例如，同样是寻找和填补缺失值，使用项目思维我们可以得到如图 11-2 所示的一张图。

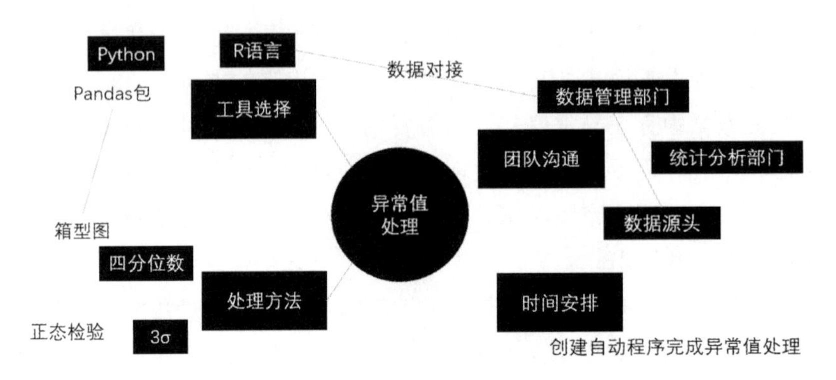

图 11-2　项目思维过程示意

相比起图 11-1 所示的流程直观性，项目思维过程形成了一张网，在这张网上，异常值处理不仅包含了技术和使用的工具，还要考虑到项目的时间安排和团队沟通，它们互相交织到一起，形成了一张包含异常值处理的项目大网。

11.1.2　程序思维与项目思维孰高孰低

在我们传统的认识中，不同的思维方式总会有高低之分，在互联网行业常见的项目思维与产品思维的对比文章中，我们也可以看到夸赞产品思维优秀而批评项目思维过时的论点。

但笔者在本节对程序思维与项目思维的论述中，并不想提出二者高低的区别。恰恰相反，笔者认为程序思维与项目思维都是分析师应当具有的思维方式。

笔者在《SAS 数据统计分析与编程实践》一书中，提到了荀子在《劝学》中对于螃蟹和蚯蚓的评价，“蚓无爪牙之利，筋骨之强，上食埃土，下饮黄泉，用心一也。蟹六跪而二螯，非蛇鳝之穴无可寄托者，用心躁也。”荀子对于蚯蚓和螃蟹有明显的褒贬态度，而笔者对于蚯蚓和螃蟹所代表的两种思维模式都持肯定态度。

蚯蚓所代表的是程序思维。程序思维讲求的是将过程细化，并且形成流程，这恰恰如蚯蚓在土里所钻出的隧道一样，每条隧道在地下纵横交错，运送了植物所需的养分和氧气，让蚯蚓有了“生态系统工程师”的称号。

将所有数据分析的步骤运用程序思维拆解到细小的步骤，将这些步骤统一整合起来，就能构成一张数据分析过程的大网，其中的每一个节点就是数据分析的一个步骤或操作，它们可以指导数据分析师的具体操作。

螃蟹虽然在荀子的认识中“用心躁”，却也不是全无优点。螃蟹的特点是“六跪而二螯”，长长的蟹钳可以触及身体周围很远的区域，也让螃蟹对各种信息都有感知力，这正如项目思维一样，需要全面考虑一项数据分析工作的全部内容，从具体的技术、使用的工具，到分析的目的、数据传递流程等信息，都需要通过项目思维将它们综合到一起。

从以上说法来看，程序思维与项目思维并没有优劣之分，而是对于数据分析项目不同角度的思考和理解。如果使用图示来表述两种思维方式的路径，可以发现程序思维是一条直线，而项目思维是一张网络，如图 11-3 所示。

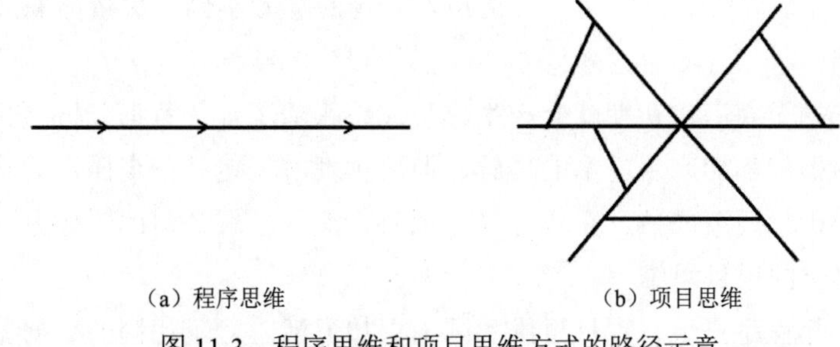

（a）程序思维　　（b）项目思维

图 11-3　程序思维和项目思维方式的路径示意

11.1.3　从程序思维到项目思维

虽然程序思维与项目思维都是数据分析的重要思维方式，但数据分析师在形成二者的过程中还是有先后顺序的，一般而言是先形成程序思维再形成项目思维。

这一点笔者可以举一个经常遇到的例子。笔者开设了临床数据统计分析公众号，并坚持为读者提供答疑服务，笔者发现很多尚未工作或者工作时间较短的朋友，都喜欢针对一些具体问题提问，例如某个数据处理方法使用什么函数实现，函数的参数应该怎么使用，面试有哪些题目是重点等，但如果工作过一段时间，问到的问题就会变成某些数据处理的思路是什么，编写宏程序处理问题需要考虑哪些可变因素，数据异常应当从哪些角度入手等。

以上的例子就是分析师从程序思维向项目思维的转变。在刚刚入职的时候，分析师关注的一定是“怎么做”这个具体的问题，当重复过无数次“怎么做”之后，分析师心中就产生了流程化地对工作的理解，这就是程序思维。

但重复的“怎么做”做多了，分析师逐渐就会创建出网络的思维方式，从多个角度思考“怎么做”，例如进行数据可视化，既需要选择合适的可视化方案，选择可视化工具，也需要理解可视化数据，明确可视化目的，这些都是不同角度的“怎么做”。当分析师在可视化这个问题上可以自信轻松地说出：“这份人口统计学与投资决策相关性分析的可视化，我们应当使用柱状图展现不同分组的投资风险性，并标注置信区间，公司有相似的项目使用 Tableau 实现，我们也参考原有 Tableau 内容改写，节约时间。考虑到分析结果需要发布在期刊上，可视化结果应当使用黑白灰三色呈现。”我们就认为分析师已经进入到项目思维的层级了。

程序思维到项目思维其实并没有一个清晰的分界点，程序思维是贯穿我们工作始终的思维方式，无论是一线的数据分析师，还是未来成为项目主管、公司领导，如果始终能够保有程序思维，将在和人沟通时可以直入主题。笔者在刚工作的时候，就与一位非常优秀的生物统计师合作完成项目，按道理，生物统计师对于SAS编程的具体细节无须理解，只需要指出统计分析方法即可，但这位统计师可以直接具体到使用SAS的哪个proc，里面的参数都需要如何定义，这让初入职场的笔者学到了大量的职业技术，为职场发展打下基础。

项目思维在每个人工作初期就会产生，当完整跟随了几个数据分析项目后，每个人对于项目总体的框架都能产生基本的理解，但这种理解一定并不全面，无法考虑所有的方面。只有当分析师逐渐成熟，完成过多个项目，深入了解公司的工作方式时，才能更好地创造属于自己的项目思维。

另外，相比起程序思维，项目思维实际上更加灵活，对于相同的数据分析项目，有些人重点考虑项目的时间安排，关注现有资源是否足够；有人关注数据安全，希望建立一套安全规范；有些人关注数据分析的工具，将更多的重点花在工具选择上。这样绘制出来的项目思维导图可能千差万别，但并没有对错之分。

在本节的最后，笔者仍然需要强调，程序思维与项目思维都是数据分析师必须具备的思维方式，并且它们都需要随着工作经验的增长而逐步完善和丰富，只有具有优秀的程序思维和项目思维的分析师，才可能在快速发展的数据分析行业站稳脚跟，攀登更高的山峰。

11.2 平衡数据安全的得与失

在数据行业中，有一个贯穿产业链始终的话题，就是数据安全。这是一个随着数据量增大和数据隐私性越来越被关注而愈发重要的领域。数据安全有两个方面，一是保障数据不损坏、不丢失，二是保障数据只被有权限的人使用。

关于数据安全，公司管理、流程控制、权限分配、数据监控，每一个角度都可以讲出一套非常复杂的决策和思维方式。在本节内容中，我们从不同角度简单地理解一下数据安全。

11.2.1 不出错和不被偷

数据安全也被称为计算机系统安全，国际标准化组织（ISO）提供的定义是为数据处理系统建立和采用的技术和管理的安全保护，保护计算机硬件、软件和数据不因偶然和恶意的原因遭到破坏、更改和泄露。

如果把数据当作是写在一张纸上的秘密，对于这个秘密，我们最担心的无外乎两点，这张纸被烧掉、丢失，或者被别人看见。这其实与数据安全的概念相似，我们所担心的数据安全问题也集中在两点：数据损坏和数据丢失。数据安全正是为了解决这两个问题而诞生的行业，简单说就是让数据不出错和不被偷。

数据损坏是指因为存储介质的问题或者存储方式不当，有些数据在存储一定时间后就会丢失或损坏，这样的情况无疑会给数据的完整性带来很大的隐患。当前我们熟悉的存储介质，实际上都有一定的保质期（见图 11-4），像光盘这样的比较脆弱的存储介质，设计寿命一般是 10~20 年，但实际上如果保存不当，短则 3~5 年就会出现各种读取问题。各位读者可以尝试打开小时候购买的光盘，可能发现它们已经无法读取。

而可靠性长一些的机械硬盘，因为使用磁极存储数据，意外的磁极偏转或者保存不当，也容易造成损坏。机械硬盘是当前保存重要数据的首选方法，但想要长期保存数据，它可能并不是一个很好的选择。

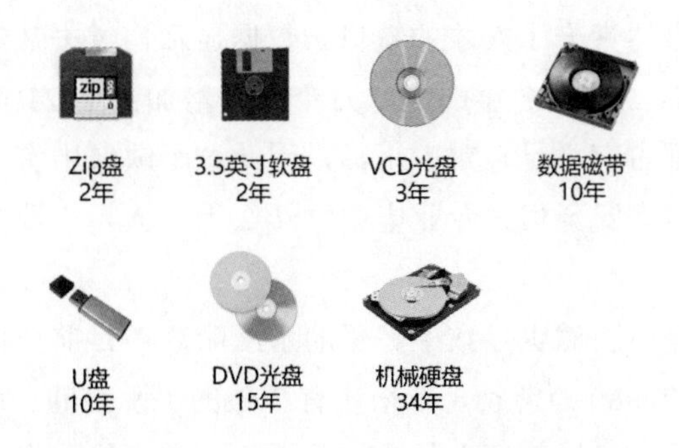

图 11-4　常见的在理论上最大寿命的存储介质

相比起数据损坏，数据被盗窃则对数据的拥有者造成更加严重的损害。随着数据的价值被逐渐认可，打起盗窃数据主意的犯罪分子也与日增多，笔者在创作时在网上查询，就能看到数十起数据盗窃案件的报道，有的是盗窃比特币、以太坊等虚拟货币，有的是盗窃支付宝、微信支付账户，有的是窃取公民个人信息转售，有的是盗窃网络游戏装备，不一而足。

除了造成经济损失，数据盗窃还会让数据持有公司的威信下降，进而影响公司发展。因此对于每一个持有数据的公司，尤其是数据驱动的公司而言，数据安全都是必须考虑的重点。

在数据被愈发看重的今天，很多公司都把数据称为数据资产。一个企业拥有的数据不一定都是资产，资产一般被定义为未来可以产生价值的资源，例如购买股票可以获得股息，购买房屋可以获得租金，这些都被称作资产。

数据资产是指由企业拥有或者控制的、能够为企业带来未来经济利益的、以物理或电子的方式记录的数据资源，如文件资料、电子数据等。在企业中，并非所有的数据都是数据资产，数据资产是能够为企业产生价值的数据资源。

正如很多人都意识到资产的重要性一样，很多公司也对数据资产进行了保护。就像为房屋购买保险，公司对于数据的保护也让数据安全这个行业快速发展。

11.2.2 越来越昂贵的成本

数据安全作为数据产业下的一个分支，已经得到了越来越多公司和个人的重视，到现在为止已经形成了一个重要的产业。

根据数据显示，2021 年，我国数据安全产业市场规模已经达到 69.7 亿元人民币，更值得我们关注的是，近几年数据安全行业一直处于高速增长的状态。赛迪咨询统计，2018—2021 年，国内网络安全市场规模整体增速 20%~23%，同期数据安全市场增速 30%~35%，是同期网络安全整体增速的 1.5 倍以上。这个数字在全球也基本保持了相同的数量级，可以说数据安全行业正在以一种高速的形态增长。

快速增长的行业自然带来了人才的缺口。数据显示，过去八年全球网络安全空缺职位的数量增长了 350%，从 2013 年的 100 万个职位增加到 2021 年的 350 万个。我国的数据科学行业在全球都占有举足轻重的份额，因此这个缺口中有一大部分都是我国的人才缺口。目前，每年网络安全相关专业毕业生仅 2 万多人，而我国在这方面的人才缺口高达 50 万~100 万人。

这样巨大的人才缺口当然也导致了薪资的水涨船高，目前数据安全和网络安全一线工作人员的年薪在 30 万~80 万浮动，未来还有 30%的上涨空间；而中高层管理人员，尤其是大型互联网企业的中高层管理人员，年薪百万也有可能。将以上的信息总结成可视化结果，如图 11-5 所示。

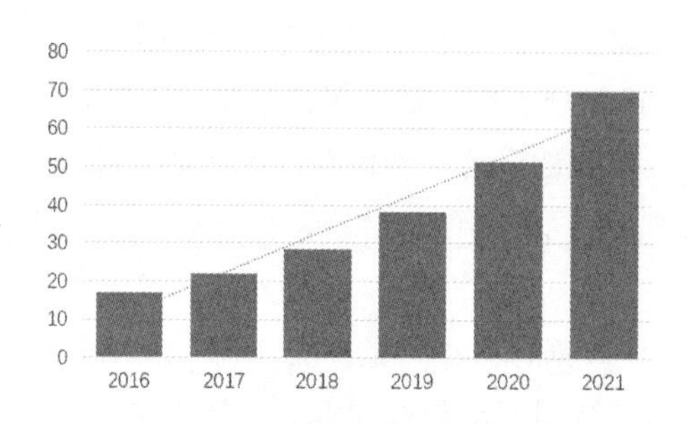

（a）数据安全市场规模（单位： 亿元）

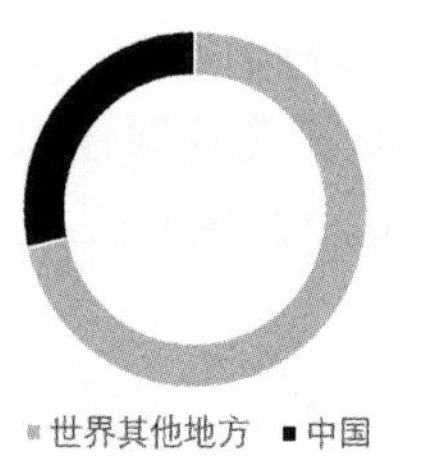

（b）人才缺口占比

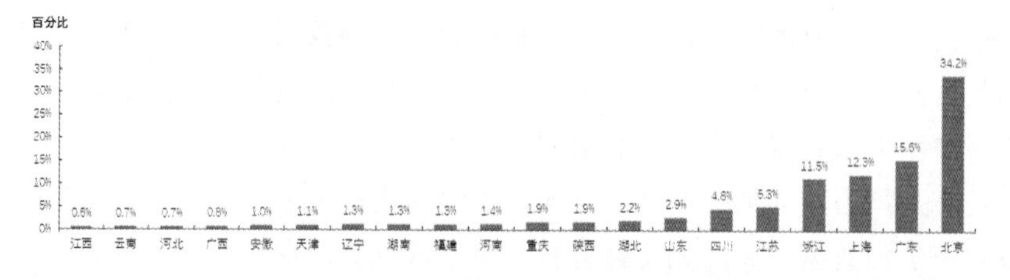

（c）2018 我国各地区网络安全人才需求占比

图 11-5　数据安全的可视化结果

很多人在描述数据安全行业时，都喜欢使用保险行业作为类比，认为数据安全实际上与保险行业相同，都是为数据资产提供保护的一种行为。但实际上，保险行业更多是一种风险消除手段，使用少部分资金为大量资金购买保险，以保证大量资金发生风险后得到偿付。

但数据安全行业并非如此，对于很多企业而言，数据资产的价值非常重要，甚至难以估量，进行数据安全投资的目的是保障数据 100%安全，或者说尽可能接近 100%的安全。因此数据安全行业是一个技术密集型和人才密集型行业，需要大量的技术投入才能在数据安全威胁越来越大的今天保证数据的安全。

11.2.3　数据安全的威胁和防护技术

数据安全包含不丢失和不被偷两个层面；而数据安全的威胁和防护技术也是从这两点出发的。

数据丢失的原因往往与存储介质有关，最常见的原因就是存储介质的损坏，在之前的小节我们说过，虽然数据存储介质的设计寿命往往高于我们的使用时间，毕竟一张磁盘在计算机里运行 20 年以上的情况一般不存在，但如果数据规模庞大，则需要对数据进行冷备份，将不常用的数据存储在低速、大容量的存储介质中，时间可能长达数十年。

更重要的是，存储介质并不能独立运行，需要配套的电力、网络设施、温度控制设施，而拥有数据的公司并不能管理这些设施，一旦这些设施出现问题，存储介质就可能出现问题。很多数据中心断电、断网导致系统中断运行的新闻屡屡见诸报端。

同时，数据安全还面临着外部灾害，地震、火灾、水灾等灾害威胁着数据安全，虽然数据中心一般建在相对安全的地理区域，但考虑到数十年的使用时长，期间发生各种灾害的可能性仍然存在。简单的概率计算告诉我们，只具有千分之一安全隐患的数据中心运行 50 年后，发生灾害事故的几率也达到了 5%。例如 2021 年，欧洲云计算巨头 OVH 位于法国斯特拉斯堡的机房发生严重火灾，导致该区域 4 个数据中心中的 2 个数据中心被烧毁。

为了避免这些问题带来的数据安全隐患，数据安全师会主动评估数据存储的介质、存储频次和方式、设备的安全情况、建筑安全等多方面的因素，并且制订数据安全方案。这已经超出了纯粹的数据科学，而是一个跨学科的领域，对于人才的要求更为全面。

相比起概率和自然灾害，防止数据被盗窃的安全工作则更为人熟知。笔者统计了 2016 年以来较大的数据泄漏事故，发现它们的泄露规模都在数十万条以上，泄露的原因以内部人员贩卖和黑客非法获取两种途径最多，而这两种途径也是数据安全防范的重点。

内部人员，很多时候就是指我们数据分析师。分析师想要分析数据必须要有权限接触数据，这让数据泄露成为了可能。笔者因为身处医药行业，更能感受数据安全的重要性，因为临床试验数据既是患者隐私，也是医药公司的重要资产，因此笔者本身就经历过很多数据安全的防范措施和考核。

在很多公司，员工并不能访问所有的数据，而是只能接触与自己工作相关的数据，如果被分配了新项目，就需要申请额外的权限，批准后才能访问。这种方法被称为数据隔离，让分析师只拥有自身所在项目的数据权限，可以避免因为误操作或者故意泄露而带来的数据损失。

相信各位读者也可以看出来，以上这样的做法其实只能降低损失，而不能杜绝损失。数据恢复在这时就派上了用处。很多公司都使用磁盘阵列的方式将数据冗余存储并且互相检验，一旦发现数据错误，则使用备份的数据恢复。

磁盘阵列具有不同的级别，最简单的是 RAID 0，也就是使用多块磁盘当作一块磁盘，在存储数据时将数据的不同部分写入不同磁盘，不仅增大了存储量，还增加了读/写速度。但如果某块磁盘损坏，数据整体就会报废；而 RAID 1 则是另一种极端，即使用多块磁盘存储相同的数据，这样一块磁盘坏掉了，另一块磁盘依然可以保证数据的完整性。它的缺点也很明显，会成倍地增加数据存储成本。

基于以上两种方式的优缺点，数据安全专家开发了更多磁盘阵列的方式，例如 RAID 3 和 RAID 5。RAID 3 是将数据按照 RAID 0 的形式，同时写入多块磁盘，但是还会额外留出一块磁盘用于奇偶校验。例如，总共有 N 块磁盘，那么就会让其中 $N-1$ 块用来并发地写数据，第 N 块磁盘用记录校验码数据。一旦某一块磁盘坏掉了，就可以利用其他的 $N-1$ 块磁盘去恢复数据。但第 N 块磁盘读/写次数显然最多，因此如果这块磁盘坏掉，数据安全性仍然无法保障。

RAID 5 把校验码信息分布到各个磁盘上。例如，总共有 N 块磁盘，将要写入的数据分成 N 份，并发地写入 N 块磁盘中，同时还将数据的校验码信息也写入 N 块磁盘中。一旦某一块磁盘损坏了，就可以用剩下的数据和对应的奇偶校验码信息去恢复损坏的数据。

更安全的方式还有 RAID 6、RAID 10 等，篇幅所限我们就不详细介绍了。表 11-1 展现了不同磁盘阵列的特点。磁盘阵列是一种被广泛采用的数据安全手段，它很好地保障了数据的完整性。

表 11-1　不同磁盘阵列的特点

RAID 模式	最少磁盘数	容量	安全性	速度
RAID 0	3	大	中	快
RAID 1	2	大	低	很快
RAID 3	2	小	高	慢
RAID 5	3	大	中	中
RAID 10	4	中	高	很快

除了以上的手段，数据安全意识是一个贯穿于日常工作中的事情，而这则是与数据分析师最相关的内容。笔者的工作邮箱偶尔会收到邮件，提示快递到货、文件签收等信息，初入职场的笔者点击链接，发现屏幕上显示的却是一个大大的叉，提醒笔者本次安全性考核没有通过。

其实这是很多公司常用的“钓鱼邮件”法，用假的欺诈邮件引诱员工点击，然后让员工形成对这类邮件的警觉，从而避免进入钓鱼邮件的陷阱中。另外在公司开启某些权限之前，要求员工完成相应的安全培训课程，也能不断提醒数据分析师加强对数据安全的认识。

以上这些办法并没有什么高大上的技术，相反是很多公司通过经验积累总结出的办法，相比起复杂的网络安全防火墙、数据热备份、可疑方过滤等一般数据分析师无法感知的办法，以上方法与我们的距离更近，实质上也发挥着数据安全最后一道防火墙的作用。

然而本节至此，我们还没讨论本节题目的内容：数据安全不是只有收益，相反它也带来了大量成本的增加，而平衡得失或者说成本与收益，才是数据安全更重要的问题。

11.2.4 数据安全中的平衡

数据安全事故发生是一个小概率事件，但它可以造成非常大的损失。但为了防范这个小概率事件的损失而不计成本地投入，既不符合公司发展的要求，也不符合经济规律。

一般情况下，考量投资收益比的办法是计算期望，例如不投资数据安全，事故发生的概率是 1%，一旦发生会为公司带来 1000 万元的损失，那么花费 10 万元以内保护数据安全就是一个值得的投资，但如果需要花费 20 万元，就不应当投资。

这样的投资逻辑在很多事情上都是正确的，但在数据安全方面却有待商榷，原因在于数据泄露损失的复杂性和破窗理论。

数据泄露所造成的损失是多种多样的，比较容易计算的是因泄露而造成的直接经济损失、公司商誉损失、潜在客户损失等，这些可以借由一些公式计算出来，但另一些损失则无法计算。

数据泄露与其他资产被盗有一个很大的区别，就是它的不可补救性，像银行卡、支票被盗，可以冻结银行卡、作废支票；但数据一旦泄露，尤其是与个人信息相关的数据泄露，数据就会永远有效。我们看到一些用户账户被盗的公司会发布消息要求用户修改密码，但一个人的饮食偏好数据、出行数据、资产交易数据等很难改变，不可能因为数据泄露就要求客户搬家或者卖出已有的股票，而这些信息未来仍然有被犯罪分子利用的危险，因而造成的损失是很难计算的。

另外，破窗理论告诉我们，那些不注重数据安全的公司，数据就更有可能被盗。假设某家公司以 1‰的概率计算行业平均数据安全事故率得到了某个参考指标，从而只采取简单的或不采取数据安全措施，那么这家公司很有可能就被数据犯罪分子盯上，因为这是一个“破窗户”，从这里入手显然难度更低，那么这样公司数据泄露的几率就会成倍增加。

在评估数据安全投入和收益时，目前行业内还没有一个权威的公式，但笔者建议应当将公司可计算损失乘以一个系数，系数的范围为3~10倍，根据行业数据敏感性的不同确定，然后用计算后的值作为参考确定数据安全的投入工作。

如果说经济成本还好计算，那么为数据安全投入的人力和时间成本就不好计算了。以医药公司为例，新聘用的临床数据分析师往往要经历两周到一个月的培训，公司越大，培训时间越长，这里面大部分时间都花在数据安全上，而这显然会造成人力成本和时间成本的消耗。

笔者在之前小节讲的公司安全方案，无论是发假的钓鱼邮件还是权限审核，其实也都消耗了成本，公司需要投入成本建设权限系统，或者付费给外部安全公司让它们发送测试邮件。可以说，每一步数据安全的建设都对应着成本。

最后，作为数据分析师，在个人的角度上，我们的确有一些零成本保障数据安全的办法。首先就是跟随公司的数据安全系统，在入职学习期间不要偷懒。数据安全因为具有一票否决的权利，很多公司在没有通过数据安全验证前是无法开始工作的。此时与其心不在焉地参加培训，不妨利用这段时间理解公司的数据安全系统，避免以后重复学习。

另外一点就是少谈论公司数据的话题。当前社会数据的价值越来越被人重视，跟外人讲自己可以看到什么数据，就如同告诉陌生人自己家存着大量现金一样，如果被不法分子利用，就可能让自己成为突破口。

数据安全是一个关乎行业、公司和个人的重要问题，在当前蓬勃发展的互联网社会显得尤为重要。数据安全同时有边际效应，即无限的投入只能降低数据安全事故发生的风险，而不能杜绝，数据持有者需要权衡数据安全的投入与回报，但需要考虑金钱成本以外的其他因素。最后，数据安全也是每个数据分析师心中需要时刻关注的问题。

11.3　六顶帽思维模型

大一统理论一直是各行各业的学者所追求的目标。像在物理学中，前沿的M理论、统一场论等都是为了使用一套系统对客观世界进行描述。其他行业也有这样的思想。

笔者在创作时一直在思考，如何将数据分析人才应当具有的能力使用一个大一统的理论归纳起来，但数据分析应当算是一个社会科学，而论及人在社会中的行为，则难度无疑更大，想要找到这样一个大一统理论并不容易。

但好在社会科学并不是严格的科学，虽然也要求论之成理，持之有据，但也可以随着社会变化而对理论进行增补。笔者本节所介绍的六顶帽思维方式就是这样，它的提出距今已有近40年的时间，但仍然在很多行业中具有指导意义。

六顶帽思维模型是爱德华·波诺博士发明的一种思考方式，最初发表在他的作品《六顶思考帽子》之中，该书一经出版即获畅销，累计销售 3000 万册，可以说影响了很多人的思考方式。

作为一名心理学家，波诺博士的书中包含大量心理学的分析成果和分析方法，但难能可贵的是，它将这些内容凝练成为六顶帽子，让每名普通读者都可以理解这个理论浅表的意义。

波诺博士的六顶帽子分别是白色、红色、黑色、黄色、绿色和蓝色，使用不同的颜色所代表的意象表示一个思考角度。其实这也与我们现实中思考问题的情况相似，在特定时间或者特定问题中，人们习惯于使用一种思考方式，或者说只从一个角度思考问题，就像一般人出门只会戴一顶帽子一样。但六顶帽思维模型提示我们，每个人家里都有一个衣柜，衣柜里有不同颜色的帽子，即使戴着一顶帽子也不要忘记思维的角度可以多种多样。

本节我们就从数据分析工作这个角度出发，来看看六顶帽思维方式究竟代表了什么，更重要的是在遇到数据分析问题时如何运用这六顶帽子。

11.3.1 白色帽：公正与客观

数据分析的工作无疑是公正与客观的，这样白色帽天然存在于数据分析的思维之中。这是数据分析的基础。

追寻公正与客观的结果是人类的本能，从非洲草原上刚会直立行走的智人，到高楼大厦内西装革履的金融分析师，人们从对天气确定性的追求一直到金融市场变化的追求，从来都是希望得到公正客观的结果。

然而公正客观从来都具有相对性，当古人从占卜预测天气变成观察星象预测天气时，结果的客观性有所提升，但与我们今日的气象学复杂系统比起来仍然差得远，未来再看今日客观的手段，也必然存在种种缺陷。

与公正性相对的是造假，通过提供并不存在的信息扭曲人们的认识，这种方法在过去和未来都会长期存在。但我们现在遇到更多的情况则是数据的选择性展示，例如通过只展示一部分筛选后的数据得出某个结论。

例如，某款药宣称对某种疾病的治愈率高达 80%，通过医药公司发布的数据的确可以得出这样的治愈率，但实际上，医药公司通过患者筛选找到了病症较轻的患者，开展的多次试验，仅将其中最好的结果作为数据展示，并且没有展示对照组患者的治愈情况，很自然地造成了这样的错觉。

对于数据分析而言，公正与客观是工作的追求。分析师应该做到不以自身的好恶展现数据，更不应该出于自身和团体的利益有选择性地筛选数据。

在具体数据编程过程中，有一种行为被称为 hardcoding（硬编码），它是指选中某条或某一类数据中不具有特性的变量的方法将数据人为保留或删除的过程。例如，在临床试验数据分析中，仅针对男性或女性分析并不算 hardcoding，但如果仅针对某条患者的 ID 进行筛选，就算作 hardcoding。

hardcoding 在数据分析的工作中应当避免，因为这样修饰过的数据实际上已经丧失了客观性与公正性，是为了分析结果所做的分析过程，对于实践并没有指导性。

白色帽作为一种数据分析常见的思维方式，相信即使笔者不再多讲，各位读者也能轻松理解它所代表的意义。

11.3.2 红色帽：激情与情感

红色帽代表了从感性的角度去思考数据分析工作，或者说数据分析工作的激情。

很多人会问：数据分析应当是一个纯粹理性客观的过程，激情在其中真的能起到什么作用吗？带着情感来工作难道不会导致数据分析工作产生错误码？

其实，数据分析是一个可以带来成就感的工作，因为它的输入与输出结果差别很大。数据分析师拿到的是纷繁复杂甚至包含部分错误的数据，但通过自身的工作，可以将数据标准化、填补缺失值和异常值、使用统计分析的方法得到清晰明确的结论，这个过程中分析师可以建立一种重大的成就感。

奖励对于一个人完成一项工作非常重要，而奖励的分类可以分为内奖和外奖，外奖是外在物质或精神奖励，例如奖金、表扬等，而内奖是一个人内在对工作所产生的满足感，就像在读书期间，总有很多同学锲而不舍地研究数学难题，每当完成后都会非常开心，这就是内奖的力量。

在数据分析的工作中，也存在着内奖和外奖。外奖是每个人都能看到的工资、奖金、领导的肯定等，作为数据分析师，这些外奖随着行业的发展无疑会越来越高。但数据分析师同样应当注意内奖的用途，其中最重要的就是完成数据分析工作时候的满足感。无论是数据处理步骤、统计分析步骤还是数据可视化步骤，每个步骤都让数据产生了变化，而这些变化都是通过分析师的智力劳动所获得的。

如果不进行内奖的强化，那么对内奖的追求很可能变成对外奖的追求，进而会因为外奖的反复刺激导致感知力的减弱。笔者建议分析师每当完成一部分数据分析工作后，可以通过一些特定行为强化内奖信号，例如去茶水间喝一杯咖啡，起身活动身体等，这些都建立了内奖与身体愉悦感的连接。

红色帽所代表的思维方式不仅仅是简单的工作激情，如果忽略对工作意义的认同感，只强调工作应当饱含激情，就如同期望一个运动员不参加艰苦的训练就获得世界比赛冠军一样，是不可能的。当你认为数据分析工作无法给你带来足够的快乐时，不妨主动调动起自身的内奖机制，让完成工作成为一种愉悦身心的方式，进而激发出对数据分析工作的激情。

11.3.3　黑色帽：必要的压力与警惕性

在说完红色帽所代表的工作热情和内奖机制后，我们更需要讲解六顶帽思维方式的另一个侧面——黑色帽，它代表了事物的负面因素，是对事物负面因素的注意、判断和评估。这是真的吗？它会起作用吗？缺点是什么？它有什么问题？为什么不能做。

以上这些问题并不是让分析师思考数据分析工作本身，而是针对特定的数据进行的思考。

很多分析师都可以把数据分析步骤拆解，然后机械地完成每一道工作。但实际上，在数据分析的最初，还包含理解数据这一道步骤，而这道步骤是数据分析工作的起点，也决定了之后数据分析的方式。

现实中，我们遇到的数据经常包含了各种错误和问题，比较容易发现的是缺失值和异常值，比较难发现的是不一致性。前面我们讲过，缺失值会占据数据的 3%~20%，异常值占据 1%~3%；但也有例外，如果数据质量较差，我们会看到更多的数据问题，这对于后续数据分析工作的开展是很致命的。

除了以上常见的数据问题以外，因为数据来源的多种多样，它们还可以存在各种自身问题。例如临床试验数据中，患者的来访次数超出了试验设计方案；股票交易数据中非开市日股票仍然存在交易记录，这些都不是分析师依靠数据本身就可以判断出的问题。

此时，黑色帽的思维方式就派上用场了。数据分析师应当在拿到数据的时候首先考查数据可能产生问题的角度，针对每一个变量进行横向与纵向的比对，在第一时间总结出数据中的错误。这并不是一个简单的过程，而是严重依赖经验。具有经验的数据分析师更容易从更多的角度思考。

需要注意的是，大多数检查数据的步骤其实都无法找到数据中的错误，因为数据错误本身就是一个低概率事件。如果希望查询到数据的潜在错误，就需要从不同的角度撰写数据查询的相关代码，这时需要首先认定数据中很有可能存在错误，之后将这些可能性依次使用代码排除。

黑色帽思维并不是让我们对数据分析工作产生消极的理解，而是首先承认数据的不完美性，之后努力找出这些问题，在数据分析工作开始之前就将它们消除掉。

11.3.4　黄色帽：乐观与正面的期待

与黑色帽相对，黄色帽代表了数据分析的另外一个角度，即它能够做什么。

在使用黄色帽思维方式时，我们经常在内心中提出的问题就是为什么这个值得做，为什么可以做这件事，它为什么会起作用。可以说，这些问题都是结果导向的问题，追寻的都是数据分析工作的成果。

在很多数据分析项目中，分析师可能并没有被赋予足够的目标，尤其是小型公司或者尚未产生标准化流程的行业，分析师更多时候需要与团队成员合作，确定数据分析的目的并产出结果，此时黄色帽所代表的思考方式就派上了用场。

数据分析是一个以结果为导向的工作，笔者在本书中也强调过，数据分析的所有手段，无论是工具选择、统计方法、可视化效果，都是为了得到信息这个目的而服务的，但如果缺乏对目的明确的了解，就可能沉迷于使用什么工具、如何设计可视化这样的非核心目标之中。

当数据分析的目标不明确时，笔者建议分析师从结果提交的对象入手，考虑应当如何制定合理的数据分析目标。例如同样的一份交易订单数据，对于营销部门而言，他们一定更希望看到消费者的下单时间、消费数额等信息；而风控部门则希望能够找到其中存在风险的交易信息，不同部门的分工让他们对数据关注的侧重点不同。

另外一种确定分析方案的方式则是使用类比方法，通过在公司内外寻找类似的数据分析方案和项目，来确定自身应当采用的分析方法。在临床试验数据分析中，这种方法经常被采用，每当团队计划产生某个统计分析图表时，我们都会翻看历史项目中类似图表的结构，然后使用相同或相似的结构完成新图表。

总而言之，黄色帽的思维方式是一种以结果为导向的思维方式，在数据分析中它表现为直接关注数据分析的目的，从结果导向反推数据分析过程的一种思维方式。使用黄色帽思维方式有一个基本的假设，就是一切数据分析工作都是可行的，只要数据真实、足够，一定会有路径通向我们希望的结果。

11.3.5 绿色帽：不同的想法，可能的新结果

在波诺的著作中，使用了一个我们不经常用到的绿色帽子来代表一种思维方式，不过绿色所代表的是完全正面的创意与创造性的新想法，这也是数据分析师必须掌握的一种思维方式和能力。

数据分析并不是一个循规蹈矩的工作，体系性的创新和细节的创新无处不在，让数据分析行业处于一个快速变化的过程中。体系性的创新是指行业中诞生的框架性的理解数据的方式，其中的著名案例就是沃尔玛啤酒与尿布的故事，相信大家都已经了解。这是一个体系性的数据分析方法的创新，已经将相关性分析的方法与超市销售数据结合。今天看来这是一种常见的分析方式，但沃尔玛的确开创了相关数据分析方法在实践中运用的先河。

细节处的创新在数据分析中更是无处不见，以可视化为例，在几年前，一位财经话题的视频博主使用了一种动态的横向柱状图，用以代表不同组别数据的绝对数值，并让这些数值在时间轴上动态变化，让观看者可以在了解绝对数值的前提下了解组别之间的变化情况，如图 11-6 所示。

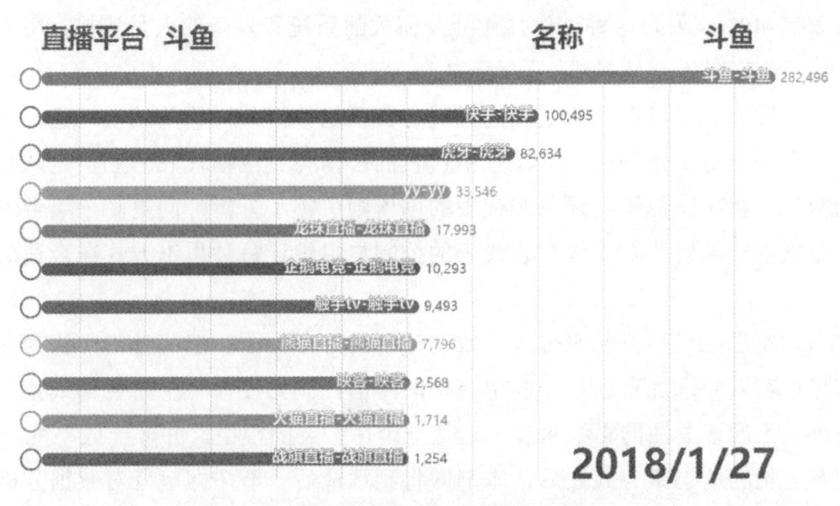

图 11-6 直播平台用户量动态图（单位：千人）

这种数据的展现方法在 Tableau 等专业的数据可视化软件中并不难实现，但对于非数据分析专业的人士而言，这个创意的确提供给了他们很多灵感，此后笔者发现有很多视频创作者都使用了这种办法来进行数据可视化，这就是从细节处的创新。

分析师在面对数据时，在完成本职工作尚有余力的情况下，应当运用绿色帽的思维框架，思考诸如是否有不同的想法，如果假设改变可能产生什么结果，可能的解决办法和行动的过程是什么，其他可能的选择是什么。通过这样的思维方式可以扩展数据分析的视野，从不易被注意的地方得到有价值的信息。

11.3.6 蓝色帽：控制与组织

六项帽思维方式的最后一项是蓝色，它是天空的颜色，也如同天空笼罩大地一样，代表了对其他思维方式的控制与组织。

数据分析是一项流程化的工作，这一点在之前的章节中进行过着重叙述，而对数据分析理解的思维方式同样应当保证流程化。一般而言，我们应当首先完成目标明确的分析工作，再考虑可能的创新。

在工作时，也应当注意工作内容的优先次序。我们可以将工作内容拆分为紧急且重要的、不紧急但是重要的、紧急但不重要的、既不紧急也不重要的等四类；例如公司第二天战略会议上需要用到的图表，就显然是紧急且重要的，而某个分析模块的自动化系统搭建，虽然对公司发展至关重要，但一般并不会特别紧急。

显而易见，紧急且重要的事情应当首先完成，并且投入最大的精力和时间，不紧急且不重要的任务一定是放在最后，真正让人头疼的是不紧急但是重要与紧急但不重要工作之间的取舍。笔者认为，其实不紧急但重要的事情应当在每天的工作中占据一定的时间，比如 20%~40%，因为这种工作往往涉及庞大的系统和复杂的人员安排，每天都花费一定精力让工作有条不紊地推进。

六顶帽思维方式中，白色帽代表的客观与公正是数据分析的基础，红色帽代表的激情是分析师专注自身工作的条件，黑色帽代表的警惕与黄色帽代表的期待是从正反两个方向推动数据分析工作前进，绿色帽代表的创新则引领了分析师向更高一级台阶迈进，这些思维方式统一被蓝色帽管理，它代表的控制与组织让每种思维方式在合适的时间发挥功效。

虽然六顶帽思维模型看起来覆盖了数据分析的方方面面，但笔者仍然认为每位数据分析师都可以在其中添加自己从经验中获得的感悟，比如设计一个粉色帽或紫色帽，用它们代表你认为应该关注的思维角度。这是一个可扩展的模型，并非一成不变。

在拥有了优秀的思维方式之后，本书即将到达最后一节，即笔者对数据分析人才模型的理解，在这个模型中我们会更好地理解数据分析师这个职业应当具备的能力。

11.4 数据分析“士”型人才模型

在本书的最后一节，笔者希望探讨一个更为宏大的话题，即数据分析人才应当具备的能力。

其实管理学界有很多人才定义的标准，很多标准都是以一个字母或者数字作为代表，例如“1”型人才、“T”型人才等。横向表示一个人才知识的广度，纵向表示知识的深度，用一个数字来表示人才在知识的广度与深度上的比例。

这种人才的评判方法，现在看有些简单和抽象，并且没有考虑个体差异性，因此被越来越复杂的人才理论所取代。但笔者认为，尊重世界的复杂性是正确的，考虑抽象的可能性也是正确的，复杂的理论更多成为学者研究和大企业总体用人决策所采纳，对个人成长没有直接的帮助。

如果希望更深入地了解自己，发挥长处，弥补短板，简单而抽象的定义是最有用的工具。进化论告诉我们，每个人的大脑都是有限的，如果没有足够的抽象能力将复杂的世界抽取为一些概念网络，人类在远古时代很难生存下去，也就无法将基因传递。因此我们每个人的大脑都具有一定的抽象能力，也有对抽象概念还原的能力。笔者请各位在阅读本章时充分调动自己的抽象能力和还原能力，从概念入手一起来看看数据分析师究竟要成为什么样的人，以及自己与这些要求的差距和弥补方法。

笔者认为，一个优秀的数据分析师应当是一个“士”型人才，这个“士”字上面一横代表了知识的广度，中间一竖代表了既具有高屋建瓴的业务理解能力，也能向下延伸以掌握具体的技术，更重要的是底下的一横，它代表了不仅深入理解自身业务领域，还应当了解临近工作内容的具体工作方法。

在本节，笔者将讲解各种人才的定义方法，让我们一起来看看“士”型人才的概念究竟是如何诞生的。

11.4.1 “1”型人才、“一”型人才和“T”型人才

关于人才究竟应该掌握知识的深度还是广度，其实一直以来都存在争论，因此也就诞生了“1”型人才和“一”型人才两种理论。

“1”型人才理论认为，一名从业者应当专注于自己的业务本身，不断努力提高自己的业务水平，只要业务水平足够高，未来一定有提升的空间。如果专注于业务的人没有晋升，原因只有两个：一是自己的业务不够专精，二是晋升的机会还未到来。总之只要全力钻研自己的领域，成功是指日可待的。

但“1”型人才同样具有局限性。“1”型人才只重视技术本身，但却忽略了技术的应用场景。随着科技的发展，技术应用的场景一定是越来越复杂。就以数据分析为例，在统计学诞生之初，各种花样繁多的统计方法还没出现，分析师只需要把一组数据中的各种统计量计算出来，分析就算完成。但时至今日，统计学的方法花样繁多，光是假设检验就有数十种之多，如何选择合适的检验方法需要的不仅仅是对数据本身的理解，还需要结合现实，这就要求从业者拥有比较广泛的知识宽度以及团队合作能力。

另一种人才理论被称为“一”型，它与“1”型人才理论正好相反，认为钻研业务本身并不能带来任何提高，相反会让自己视野狭隘，成为阻碍个人提升的原因。“一”型人才理论认为，提升自身的主要手段是广博的涉猎和广泛的人脉。广博的涉猎可以让从业者在谈到任何话题的时候都游刃有余，也容易快速找到机会，广泛的人脉则可以在各个领域获得足够的帮助，也是个人晋升的重要方法。

“一”型人才理论虽然关注了产业链和合作，却忽略了科学技术本身的重要性。从本质上来说，并没有肯定科学技术对生产力的促进作用。在数据分析中，我们承认具有能力的管理者可以带领分析团队在纷繁复杂的数据中得出确定的信息，但也不能忽略真正具体的数据分析工作是由一段段程序、一行行代码组成的，这些都是专业化的具体问题。如果只注重顶层设计而忽略具体的工作方法，其实只是空中楼阁。

“1”型人才与“一”型人才理论，一个注重深、一个注重广，都帮助了一批从业者迅速找到自己的定位。但时至今日，我们再来看这两个理论，不难发现它们都过度偏颇，将一个方面的观点发展到极值，而完全忽略另一个维度的建设，已经被证明缺乏足够的指导性。

将“1”型人才与“一”型人才模型结合，就诞生了最多职场人士听说过的“T”型人才模型，它的出处难以考证，但无论源头如何，“T”型人才所表达的意思非常清晰，就是一位优秀的人才应当同时具有知识的深度与广度。

“T”型人才模型中，“T”的一竖表示知识的深度，从业者应当在自己的岗位上钻研，

尽可能深地向下挖掘，争取掌握所有必备的技能；"T"的一横表示知识的广度，除了钻研技术，从业者更应该了解所在行业的趋势、格局等，并对它们有一定的洞察。

需要注意的是，"T"的横与竖有一个交点，这个交点就是从业者所处的岗位。一个岗位一定既有向下钻研的空间，也有上下游产业链的配合。比如外卖送餐员这个岗位，向下钻研就是业务能力，包括送餐的速度、准确率、路线规划、服务态度等，横向也有可发展的空间，包括商户对接与沟通、各大外卖平台发展情况等，这些也是外卖员需要基本掌握的知识。如果一名外卖员只专注于自己的业务能力，而不关注平台、商户的发展，就无法在合适的时机作出及时的选择，包括跳槽到某平台、薪水谈判等；如果不关注业务能力，只关注行业发展，整日思考哪个公司给的钱多，工作轻松，也不会有太大的发展。只有两个方向兼顾，才能有所成就。

对于"T"型人才而言，需要注重纵向与横向思维方式的切换。在面对具体问题时，应当采用纵向思维，深挖到底，找出技术难点并解决。在面对横向问题时，则需要切换思维到数据分析产业链和工作步骤上，清晰理解工作步骤和项目管理。

看起来，"T"型人才是一个非常优秀的人才模型，将横向和纵向的能力都已经考虑到了，但我们不能忽略，一名优秀的数据分析师同样应该具有管理能力，而这就是一个更高维度的需求了。

11.4.2 "十"型人才的诞生

如果你在一个行业深耕多年，就会发现以"T"型人才的标准要求自己虽然可以胜任某些工作，但想要更进一步却异常艰难，在很多场合中，会发现自己的判断力不像别人一样清晰，也缺乏某些关键节点的决策能力，这是为什么呢？

原因主要是缺乏大局观。所谓大局观，通俗地说就是长远考虑与规划能力。长远考虑是指在工作中不仅考虑当前的任务，还要思考这个任务在整个项目中的地位，以及由于这个地位所带来的后续影响。

例如，如果一项临床试验数据分析任务并不紧急，并且在分析过程中积累了很多通用性的流程，分析师可以将这些流程总结，把一些过程转化为宏程序，方便未来使用，这就是长远考虑。

又如手头有两个临床试验数据分析项目，一个是 SDTM 数据集，另一个是几个试验的临时图表。SDTM 数据集是一个临床分析项目的开始阶段，而临时图表往往是一个项目最后的查缺补漏工作。两个任务很难同时进行，需要用规划能力确定先后顺序。如果临时图表的要求比较紧急，那么就将 SDTM 数据集的工作向后放一放。但 SDTM 数据集如果推迟，又会影响整个项目的进度，所以不能机械性地选择先后顺序，要根据实际情况来考量，这就是规划能力。

长远考虑与规划能力共同构成了从业者的大局观。随着大局观的重要性被发现，新型的“十”型人才模型也依此诞生，中国社会科学院研究生院副院长邹东涛提出，一个人才不仅需要同时具有业务的专精能力和广泛的知识面，还应当具有足够的大局观，对工作中遇到的问题具有统筹的视野和解决问题的能力。相比起“T”，“十”字是“T”出头，表示“十”型人才比“T”型人才更能高瞻远瞩。

11.4.3 “士”型人才，更进一步

观察“士”字与“十”字的区别可以发现，它们的区别在于“士”字底部比“十”字多一条横线。比起“十”型人才，它表示在钻研技能深度上还增加了横向的方向，这表示数据分析师除了精通自己手头的数据分析工作以外，还应当对紧密连接自身工作的流程也做到精通。

很多人会有疑惑，分工产生效能，数据分析行业现在已经高度分工，每个人都应该各管一摊，做好自己的本职工作就可以，如果按照“T”型人才或“十”型人才的标准要求自己，再稍微了解一下其他岗位的工作内容就可以，何必还需要在产业链前后也成为专家呢？

诚然，数据分析行业高速发展的一大原因就是分工的细化，以笔者所在的临床试验数据分析行业为例，很多专门为药厂进行数据分析的公司已经分化到了极致，做 SDTM 的小组不会管 ADaM，做 ADaM 数据集的小组则从来不做统计结果报表，有专门做数据提交业务的公司，也有专门做临床试验设计的公司。但公司的功能分化不代表个人的能力也应当逐步局限化；相反，一个临床试验数据分析的从业者应当在做好自己工作的情况下努力培养自己的能力，成为前后工序的专家。

相比起“士”型人才的一竖，笔者认为其上下两个横才是从业者应当努力钻研的核心，因为竖代表顶层思维到底层技术，我们作为技术行业的从业者都知道其重要性，而横所代表的广泛性则经常被忽略。

“士”字上边一横所代表的广泛性，既包括对产业链整体的了解，从数据收集、数据传递，到数据处理、统计分析、数据可视化，再到后面的数据应用、决策流程等，数据分析师不可能全部深入地掌握，但将整个流程洞悉清楚，对于理解数据和数据分析工作是至关重要的。更进一步，这将让分析师有机会和前后端的工作伙伴进行更加紧密的连接，提升合作的效率。

广泛性除了代表对产业链的理解以外，还包括良好的职场关系。

现在的职场对于人际关系有一种“妖魔化”的印象，仿佛搞人际关系就是拉帮结派，就是团结多数斗少数，这无疑是一种不正确的价值观，它首先就错误认定了财富和成绩的来源。财富和成绩的来源有两种：外部获取和内部抢夺，例如相同的销售业务，甲公司的销售部门制定了创新的销售方案，让第二年销售额提升了 50%，而乙公司的 A 销售团队见市场竞争激烈，于是从 B 销售团队处要来客户联系方式，让自身销售额提升了

50%，但 B 团队因此下降了 50%。二者相比，前者就是外部获取价值，而后者是内部抢夺获取价值。

笔者发现拉帮结派严重的公司，往往是处于平稳期或衰退期的公司或行业。这是因为，一旦增长停止或开始下降，新增的财富来源就无法从外部获取，只能靠内部倾轧得到，你这里多一份我这里就少一份，所有人自然本能地开始从内部攫取资源。

如果没有增长的动力，内部人之间的相互倾轧是很容易出现的问题，在这时所谓人际关系就变成了职场政治学。但数据分析行业的公司大部分不会出现这种情况，因为行业的普遍增长带来的是公司的普遍增长，公司数量和人才数量在增多的同时，整个数据分析的产业规模也在增加。

因此，如果你认为自己处于一个不再成长或者正在走下坡路的公司，那么往往是公司的业务能力和管理方式出现了问题，这种情况下不一定非要谋求在一家公司的长期工作。数据显示，我国小型公司的平均寿命是 3 年，大中型公司寿命也只有 8~10 年，而一个人的工作年限可以高达 40 年，所以其实公司是职场人生命中的过客。因此如果有机会选择，应当勇于突破现有的舒适圈，尝试更优秀的公司不失为一种积极的选择。

在本书最后，笔者希望引用茨威格在《越过大洋的第一次通话》中的一段话：现在，这两条电缆终于把欧洲的古老世界和美洲的新世界连接为一个共同的世界。在昨天看来是奇迹的事，今天已变成想当然的事，生活在地球上的人类能从地球的这一边同时听到、看到、了解到地球的另一边。

这是茨威格在描述跨大西洋海底电缆故事时的结尾，彼时彼刻恰如此时此刻，只是连接的方式从电缆变成了互联网，从电报变成了数据，而我们每个从业者和即将的从业者，都站在了历史的当口，每个人都有机会借助时代和行业发展的红利去博取未来的机会。

笔者祝愿每一名数据分析师都能找到自己正确的职业道路，用自己的知识、经验、能力和思想让数据改变世界的每一个角落！